생존배낭

재난에서 나를 지켜주는
대피 & 피난법

생존배낭

재난에서 나를 지켜주는 대피 & 피난법

초판 1쇄 2022년 12월 23일
초판 4쇄 2024년 4월 26일

지은이 우승엽

출판책임 박성규
편집주간 선우미정
기획이사 이지윤
편집 이동하·이수연·김혜민
표지디자인 glcm
본문디자인 고유단
본문일러스트 남산
마케팅 전병우
멀티미디어 이지윤
경영지원 김은주·나수정
제작관리 구법모
물류관리 엄철용

펴낸이 이정원
펴낸곳 도서출판 들녘
등록일자 1987년 12월 12일
등록번호 10-156
주소 경기도 파주시 회동길 198
전화 031-955-7374 (대표)
031-955-7381 (편집)
팩스 031-955-7393
이메일 dulnyouk@dulnyouk.co.kr

ISBN 979-11-5925-994-4 (13590)

재난에서
나를 지켜주는
대피 & 피난법

생존배낭

도시생존전문가
코난 우승엽 지음

들녘

저자의 말

첫 번째 책 『재난시대 생존법』(2014)을 통해서 국내 처음으로 '생존배낭'과 '재난생존법'을 소개한 지 꽤 시간이 흘렀다. 당시 책을 출판한 이후 여러 방송과 언론, 인터뷰, 강의를 통해서 생존배낭을 알리고 일반인들도 '생존'에 관심을 가져줄 것을 호소하였다. 그때만 해도 한국에서 재난대비나 생존배낭을 말하는 건 쉽지 않았다. 언론사가 내보낸 기사의 댓글마다 수많은 악플과 비난이 달리기도 했다. '한국에선 별일 일어나지 않는다' '만약 큰일이 터져도 정부나 소방, 경찰이 와서 도와주는데 쓸데 없는 걱정이다' '불안감을 조장한다' 같은 비난이 주를 이루었다. 하지만 2016년 경주, 포항 지진을 계기로 생존배낭의 필요성이 널리 알려졌고 지금은 많은 분들이 그 필요성에 대해서 수긍하는 편이다. 이 점이 저자로서 기쁘고 보람차다.

당시 책에서는 생존배낭에 대해서 한 챕터만 간략히 설명하였다. 하지만 그 뒤로 지진과 갖가지 재난이 이어지는 것을 보면서 좀 더 자세히 알려드리지 못한 것에 미안함과 책임감을 느끼게 되었다. 자전거도 용도에 맞게 여러 종류가 있는 것처럼 생존배낭도 재난 상황에 맞게 다양하게 꾸밀 수 있기 때문이다. 지금도 유튜브나 인터넷에서는 많은 이들이 나와 자기만의 생존배낭을 보여주면서 조회수를 높이고 인기도 끌고 있다. 생존배낭은 어떤 식이든 만들어두면 없는 것보다 나으니 저런 것도 괜찮겠지 싶기도 하지만, 한편으로는 본질을 놓치고 있는 모습들이 눈에 띄어 안타깝기도 했다. 특히 무조건 많은 장비, 고가의 외제 명품 장비, 불필요한 전문장비 등이 전부인 것처럼 호도되고 있는 것을 보면 더욱 그렇다. 생존배낭에 대한 이해가 거의 없는 다급한 일반인이 그런 정보를 접하면 자기도 모르는 사이 '10만 원짜리 고성능 플래시' '50만 원을 웃도는 고가의 생존배낭' 같은 게 있어야 좀 더 안전할 거라고 오해할 수도 있기 때문이다.

재난이 닥치면 권력자나 부자보다 사회적으로 취약한 계층의 사람들이 더 큰 피해를 입게 마련이다. 그런 마당에 생존배낭까지 차별을 둔다면 너무하지 않을까? 부자들만 멋지고 훌륭한 생존배낭을 가질 수 있고, 학생이나 주부, 일반 직장인이나 노동자 같은 서민들은 이를 꿈도 꾸지 못한다면 말이다. 골프나 자전거에 입문하는 초보자에게 "수백만 원짜리 전문적인 장비 아니면 못 써. 싸구려를 살 바에야 시작도 하지 마"라고 한다면 책임 있는 전문가의 조언은 될 수 없다. 생존배낭은 부자나 호사가들의 수집품이나 전시용품, 혹은 취미가 되어선 안 된다.

그동안 느꼈던 이런 답답함과 생존배낭의 본질을 제대로 알려야겠다는 책임감을 바탕으로 나는 그간의 경험과 새로 반영된 최신 내용들을 집대성하여 생존배낭만으로 책을 새롭게 준비하게 되었다. 앞으로 본문에서도 여러 번 설명하겠지만 생존배낭은 어떤 식으로 꾸리든 없는 것보다는 낫다. 하지만 이 책을 통해서 여러분은 좀 더 효율적이고 간단하게, 그리고 최소한의 비용으로 일상용품만 가지고도 충분히 꾸릴 수 있다는 것을 알게 될 것이다. 집 주위에 있는 천원샵, 다이소, 노브랜드 마트에 있는 물품들만으로도 여러분의 생존배낭을 충분히 채울 수 있다는 뜻이다. 앞으로 어떠한 위험과 재난, 사고가 닥치더라도 여러분이 정성껏 준비한 생존배낭이 여러분의 대피생활을 안전하게 지켜줄 것이다. 이 책을 다 읽었다면 흥분이 가시기 전에 얼른 아무 배낭이나 집어 들고 집에 있는 물품으로만 구성된 '나만의 최초 생존배낭'을 직접 꾸려보자. 시작이 반이다.

차례

3장 비상식량

4장 물과 정수법

5장 비상용품과 보온용품

7장 생존하라

프롤로그_바야흐로 재난의 시대다

"올해는 유달리 많은 안전사고와 재난으로 얼룩진 한해였습니다."

해마다 연말이면 뉴스에서 듣는 단골 멘트이다. 실제로 해가 거듭될수록 우리의 삶은 재난으로 얼룩지고 있다. 전 세계 평균 기온은 브레이크 없이 솟구치고 이로 인해 갖가지 기상이변과 자연재해가 급증하고 있다. "수십 년 빈도"라는 수식어조차 옛말이 되었다. 이제 지구의 위기는 수백 년 혹은 수천 년 만의 빈도급으로, 아니 초울트라급 강도로 커지고 세어지고 있다.

2022년, 해를 건너 이어온 극심한 가뭄은 유럽과 미서부, 호주, 중국을 강타하여 거대한 산불로 피해를 키웠다. 깊었던 강바닥과 저수지도 바닥을 보이면서 수백, 수천 년 전 고대 유적이 모습을 드러내어 큰 화제가 되기도 했다. 반면 파키스탄은 사상 유례없는 몇 달 동안의 초장기 폭우로 국토 3분의 1이 물에 잠기는 극심한 불균형이 나타났다. 강이 범람해 논과 밭은 물론 주택가와 도로까지 집어삼켰고 온 세상이 다 물바다가 되었다. 파키스탄은 인구의 7분의 1인 3천

300만 명 이상이 수재를 당했다. 집이 물에 잠기거나 휩쓸렸고, 당장 하룻밤을 지내야 할 대피소도 없는 암울한 상황이 되었다. 다급한 마음에 UN과 전 세계에 구호를 요청했지만 냉담했다. 이제 지구촌 전체가 다양한 형태의 큰 재난에 각기 시달리며 남을 돌볼 여유가 없어진 것이다. 이른바 각자도생의 삶이 곧 시대정신이 된 것이다.

우리라고 안전할까?

한국도 이젠 매년 초 영동지방에서의 극심한 가뭄으로 큰 산불이 연이어 나고 있다. 자정 무렵 잠자리를 준비할 때쯤 뉴스의 긴급속보나 재난문자가 울리며 산불이 빠른 속도로 접근하고 있으니 대피준비를 하라는 공지를 받게 된다.

2022년 여름은 특히 안타까운 수해재난들을 자주 겪어야 했다. 가장 편하고 안전하게 쉬어야 할 내 집 안에서도 갑작스런 풍수해로 위험하게 된 것이다. 서울 관악구에서는 반지하 집에 물이 들어오기 시작하자 119에 도움을 요청했지만 연락이 되지 않았고 결국 탈출하지 못한 일가족이 사망하는 사고가 터졌다. 한편 포항 아파트 지하 주차장에선 물이 차오르자 차를 빼러 들어갔다가 결국 살아서 나오지 못한 안타까운 사고도 일어났다. 그리고 전 세계를 몇 년째 뒤흔든 코로나19 전염병은 이젠 뉴스거리도 되지 않는다.

큰 재난은 홀로 오지 않는다고 했던가. 이제는 자연재해보다 인간들이 초래한 갖가지 사고와 인재들이 더 큰 위험이 되고 있다. 대형화재, 건물붕괴, 이태원 할로윈데이 압사 참사까지….

점점 더 커지는 자연재해에다 안전불감증, 무관심, 무능이라는 인재와 겹쳐 갑작스런 참사를 만들고, 정부가 초동 대응을 잘못하는 바람에 사태가 걷잡을 수 없이 번진다. 소방과 경찰, 공무원, 정치인들 모두 큰 재해 상황에선 아무도 컨트롤 타워를 자처하지 않는다. 책임을 지고 싶지 않기 때문이다. 컨트롤 타워로 나선 사람들조차 잘못된 판단을 내려 위기상황은 더욱 심화되며 국민들 사이에서는 잘못된 정보와 유언비어가 난무해 사회 전체가 공황 상태에 이른다.

이제 우리에게도 이런 재해 시나리오가 낯설지 않다. 큰 재해는 인적재해로 커진 재앙일 가능성이 큰데, 발생 장소나 시기는 달라도 그 과정은 기가 막힐 정도로 흡사하다.

심지어 가장 우려하던 최악의 재난까지 시작되었다. 바로 전쟁이다. 우크라이나 전쟁이 발발하고 핵전쟁 위험까지 연일 보도되면서 상상도 하지 못했던 대재난이 눈앞에 펼쳐졌다. 2022년 우크라이나 전쟁도 다들 설마하며 외면하다가 어느 날 갑자기 빵 하고 시작되었다. 인구 4500만 명의 우크라이나에선 침공 후 6일간 68만 명이 우크라이나를 버리고 이웃 나라로 탈출했고, 시골로 피난한 사람들까지 합쳐 총 400만 명 이상의 난민이 발생했다. 유럽연합(EU)은 최대 1000만 명의 전쟁난민이 발생했다고 밝혔다. 전쟁이 터지자 우크라이나 남성들은 18-60세까지 강제 징병되었다. 이에 많은 사람이 가족과 헤어지고 생존배낭과 여행용 캐리어를 끌고 울면서 길을 따라 국경으로 향했다. 비슷한 상황이 7개월 후 러시아에서도 일어났다. 전쟁 일주일이면 우크라이나를 항복시키고 종전할 수 있을 거라는 푸틴의 생각과 달리 진창에 빠져들기 시작한 것이다.

결국 푸틴은 해외 용병 동원에 이어 자국민 동원령을 내리고 무차별적으로 징집하기 이르렀다. 예비역만 징집할 거라던 애초 통보와 달리 60대의 노인, 환자, 기업의 필수 엔지니어, 노숙자와 재소자, 심지어 고등학생까지 강제로 끌고 간다는 보도와 영상이 속속 올라오기 시작했다. 겁에 질린 러시아 남자들은 곧바로 차를 타고 부자들은 비행기표를 열 배 넘는 가격으로 사서 이웃 나라로 탈출을 시작했다. 가난한 이들은 자전거나 여행용 캐리어를 끌고 몇 날 며칠을 걸어서 이웃나라 국경으로 도망치기 시작했다. 러시아 밖 국경으로 통하는 도로마다 수십 킬로미터의 정체된 차량과 이조차 버리고 배낭 하나 메고 걷기 시작한 이들의 모습이 이어졌다.

정작 이해할 수 없는 건 우리들이다.

저들의 안타까운 전쟁 모습을 매일 뉴스로 보면서도 안타까워하기만 할 뿐 나랑은 상관없다고 여긴다. 하지만 전 세계 기관, 언론, 전문가들은 우크라이나 다음으로 가장 전쟁 위험이 큰 곳으로 대만과 한반도를 지목하고 있다. 지금도 다르지 않다. 북한이 수시로 장거리 미사일을 발사하고 핵공격 위협을 노골화하며 점점 더 도발 수위를 높여가지만 국민 대부분은 거의 신경 쓰지 않는다. 접경지역이나 울릉도에 실제 공습경보가 울렸지만 현지 주민들은 대피하지 않았다. 사실 다른 지방이었다고 해도 마찬가지였을 것이다.

이 땅에 전쟁은 절대 없다는 믿음인가, 아니면 미군이나 UN군이 와서 대신 싸우고 막아줄 것이라고 기대하기 때문일까. 아름다운 나라 미얀마도 군부 쿠데타로 자국 국민들이 정부군의 총과 탱크, 전투기의 무차별 사격에 죽어나갔지만 UN은 물론 전 세계가 외면하고 있다. 우크라이나 전쟁도 불과 몇 달 만에 피로감을 느낀 유럽이나 미국, 서방세계의 관심과 지원이 현저히 줄어들었다. 앞 파키스탄 대홍수처럼 전 세계가 힘든 상황에선 외국의 재난이나 전쟁은 잠시 스쳐 지나가는 안타까운 뉴스에 지나지 않는다. 우리에게도 마찬가지 아닌가?

재난은 왜 반복적으로 일어나고 막을 수 없을까? 놀라운 것은 우리가 매번 겪는 재난과 참사가 영화보다 더 영화 같지만 실제 상황이라는 것이다. 한국에도 매년 갖가지 재난, 사고, 자연재해, 안전사고들이 급증하고 있다. 가족과 맛있는 저녁밥을 먹고 TV를 트는 순간 갑작스런 대피안내 경보를 받을 수 있다. 이럴 때 여러분은 맨손으로 집을 나와 생존할 수 있는가.

내일은 또 어떤 일이, 어떤 재난이 일어날까. 하루하루 생업을 이어가는 데 지쳐 다른 것들은 신경 쓰기도 힘든 일상에서 재난이 터진다 한들 우리 같은 평범한 일반인이 할 수 있는 일이 과연 있을까? 국가와 정부, 공무원, 소방관이 있어도 우리 개인이 살기 위해서 준비해야 할 무엇인가가 있는 걸까? 대답은 "그렇다"이다.

바야흐로 재난의 시대다.

당신의 생존준비를 시작하라.

거창하게 산속으로 도망가거나 시골로 대피할 필요도 없다. 무섭다고 큰돈을 써서 무언가를 하거나 직업과 일상을 포기하고 숨어들지 마라. 재난대비, 생존준비의 가장 중요한 원칙은 작은 것부터, 누구나 할 수 있는 방법부터 찾는 것이다.

그냥 작은 배낭 하나 준비하는 것부터 시작하라. 그것이 바로 생존배낭이다.

재난과 비상상황은 언제 어디서 어떻게 올지 아무도 모른다. 하지만 대비는 할 수 있다.

미리미리 준비하면 우리 가족의 안전은 지킬 수 있다. 거친 폭우가 올 때를 대비해서 작은 우산 하나를 준비하라. 작고 약해 보이는 우산이 당신을 지켜줄 것이다.

1장
생존배낭 준비

생존의 법칙

333

생존의 333 법칙이 있다. 위기에 처했을 때 사람이 버틸 수 있는 시간이 숨 안 쉬면 3분, 물 없으면 3일, 밥 안 먹으면 3주라는 것이다. 그러니 어떤 비상 상황에서도 너무 겁먹거나 조급해하지 말고 침착하게 대처만 잘 한다면 오래 버틸 수 있다. 크게 위험하지 않다. 지나치게 두려워할 필요는 없다. 실제 2022년 경북 봉화의 광산 붕괴 사고로 2명의 광부가 지하 200미터 아래에서 고립되었다가 9일 만에 무사히 구조되었다. 2019년 7월엔 청주 야산에서 가족과 등산을 갔던 중2 여학생 조은누리 양이 실종되었다. 하지만 11일 만에 기적적으로 발견되어 구조되었다. 이들 모두 홀로 조난됐고 모두가 포기할 만큼 시간이 많이 흘렀다. 하지만 모든 걸 끌어모아 체온을 보존했고, 주위에 떨어지는 깨끗한 물을 모아 마시며 움직임을 최소화하여 오랫동안 버틴 끝에 구조되었다. 이들은 잘 몰랐겠지만 생존의 법칙대로 침착하게 행동했던 것이 바로 생존의 비결이었다.

큰 사고와 재난이 터졌을 때 생존할 수 있는 3가지 수칙도 있다. 최근 미국과 유럽, 전 세계 각지에서 총기 테러가 잦아졌다. 2022년 인도네시아에서는 학부모가 자녀의 초등학교에 찾아가 무차별 총기 테러를 자행하여 학생과 교사 수십 명이 희생되었다. 잔혹하고 안타까운 총기 테러가 이제 미국을 넘어 전 세계로 번지고 있다. 점점 더 많은 무고한 민간인들이 테러의 표적이 되자 영국 대 테러 안전국과 미국 FBI는 '테러 생존 매뉴얼'을 배포하였다. 시민들에게 비상상황 시 준수해야 할 3가지 원칙을 제시한 것이다. 하늘이 무너져도 정신만 차리면 산다는 말이 있는 것처럼 총기 테러가 발생하다고 해도 3가지 원칙을 지키면 생존이 가능하다는 내용이다. 이것은 총기 테러뿐만 아니라 언제 우리에게 닥칠지 모르는 재난상황을 극복하는 데도 도움이 될 것이다.

첫 번째 수칙: RUN, '빨리 도망가라'

총소리가 난 곳이나 범인을 봤다면 빨리 반대편으로 도망가야 한다. 슬리퍼나 하이힐을 신었다면 즉시 벗고 맨발로 뛰어라. 뛸 때 주위 사람이나 친구에게 말해서 다 함께 뛰라고 해야 한다. 재난과 사고 생존에서도 마찬가지다. 홍수나 태풍 등 큰 재난이 닥쳤을 때 멍하니 구경하거나 맞서기보다는 일단 안전지대로 도망가는 것이 최우선이다. 위험과 맞서지 말라. 빨리 도망가고 시간을 벌어야 한다. 도망갈 때는 반드시 생존배낭을 챙겨라. 우리가 가야 할 곳은 인근 아파트의 지하 주차장, 지하 방공호, 도로 건너 지하철 역사, 10분 거리의 학교 체육관이나 노인정, 어딘가 있다는 정부의 이재민 대피소일 수도 있다. 혹은 시골이나 도시 외각의 나만의 비상 대피처나 쉘터, 혹은 피난지를 말한다. 여러분과 가족은 갑작스레 집을 떠나야 한다면 갈 곳이 있는가, 즉각 대피하거나 장기적으로 피난할 준비가 되어 있는가?

두 번째 수칙: HIDE, '숨어라'

도망가기 힘들다면 서둘러 다른 장소로 가서 숨어야 한다. 옆 교실, 방 안, 화장실, 은폐물, 벽 뒤나 두꺼운 물체, 자동차 뒤, 배수구에 숨어야 한다. 개인의 힘으로 어찌할 수 없는 큰 위기상황이 닥치면 죽은 듯 숨는 편이 안전하다. 혼자 일어서면 목표나 표적이 된다. 혈기왕성한 청년이라면 단신으로 대피하거나 피난갈 수 있지만 가족과 아이가 있다면 이동하기도 힘들다. 우리가 보통 시멘트 사각형 공그리라고 부르는 철근 콘크리트 아파트, 빌라주택이 재난과 위기상황에서는 의외로 믿음직한 대피처로 쓰인다. 어설프게 집을 떠나기보다 내 집에서 있는 게 더 안전할 수 있다는 뜻이다. 평범한 일반인의 경우엔 더욱 그렇다. 그냥 숨어라. 내가 사는 집이나 아파트가 가장 안전한 대피처이고 쉘터이다. 집 현관 문을 닫고 밖에서 소음과 비명이 사라질 때까지 지내라. 생존을 위한 전략전술? 아직 당신에겐 해당되지 않는다. 그러므로 일단 집에서 장시간 버틸 수 있는 비상식량과 몇몇 장비들, 물을 충분히 구해놓아라. 큰일 터지면 집을 떠나 산이나 시골 어디인가로 피난을 가겠다고 마음먹곤 하지만 실은 정말 힘든 일이다. 초등학생 아이가 '정글의 법칙'을 보다 말고 "나도 오늘은 산에 가서 텐트 치고 자고 싶어요"라고 말할 때 여러분은 어떤 심정인가? 바로 그런 느낌을 상상하면 된다.

세 번째 수칙: FIGHT, '싸워라, 공격하라'

도망가거나 숨는 게 힘들다면 공격하라. 테러범의 빈틈을 노려(탄창 교환 때 같은) 주위 사람들과 힘을 합쳐 공격하고 제압해야 한다. 일반인이 총기를 든 테러범을 향해 돌격하라고? 좀 무모해 보이지만 그냥 있다가 당하는 것보다는 훨씬 낫다. 아수라장 같은 재난 현장에서 많은 이들이 겁에 질리거나 패닉에 빠져 모든 걸 포기하고 될대로 되라고 하게 된다. 그러나 살고 싶으면 절대 그래서는 안 된다. 마지막 순간까지 죽을힘을 다해서 빈틈을 찾고 방법을 골라 용기내어 돌진하라. 그래야 살 수 있다. '필사즉생 필생즉사(必生卽死 必死卽生)'라는 이순신 장군의 말을 기억할 것이다. "죽고자 하면 반드시 살 것이고, 살고자 하면 반드시 죽을 것이다"라는 이 말은 재난 상황에도 그대로 적용된다. 회사에 불이 났다. 불이 점점 더 붙어가는 복도나 출입구가 유일한 탈출구라면 어떻게 해야 할까. 누가 구해주러 올 때까지 기다려야 할까? 물에 적신 담요를 뒤집어 쓰고 용기내서 뛰어 나간다든가 높은 곳에서 뛰어내리는 것도 싸우는 것이다. 2022년 러시아와 우크라이나 간 전쟁이 발발하자 모든 국민이 합심해서 총을 들고 나와 침략군을 물리친 것도 여기에 해당된다. 하지만 '공격하라'가 생존을 위한 3수칙 중 가장 마지막이라는 점 또한 명심해야 한다. 처음부터 선불리 상황을 가볍게 보고 도발하거나 경계하지 않으면 나부터 당한다.

생존배낭과 골든타임

생존배낭은 '생존가방' '생존백' '생존팩' '72시간 생존배낭' '비상배낭' '재난가방' '탈출배낭'으로도 불린다. 민간인의 재난대비 역사가 오래된 미국에서는 '이머전시백(Emergency bag)' '벅아웃백(Bug out bag)' '벅인백(Bug in bag)' '겟홈백(Get home bag)' '라이프백(Life bag)' '고백(Go Bag)' 등 좀 더 다양한 목적과 카테고리로 나누어 부른다. 어느 것이든 명칭이 어떻든 생존배낭이라는 정체성은 달라지지 않는다. 평온한 일상에서 갑작스런 재난상황에 던져졌을 때 구명조끼 같은 역할을 해준다. 위에서 '72시간'이라고 따로 지칭한 것은 지향점을 명확히 설정한 것이기도 하다. 보통 재난과 큰 사고 시 3일, 즉 72시간을 '골든타임'이라고 부르며 이를 구조시점 한계로 여긴다. 생존배낭에 들어있는 한정된 장비와 식량은 여러분의 골든타임을 책임져줄 것이므로 이것을 최대한 활용하자. 다만 사람이 짊어질 수 있는 무게와 부피에 제한이 있다는 것을 명심하고, 꼭 필요한 물품이 무엇인지 고민하는 것이 생존배낭 꾸리기의 첫 단계다.

주의할 점

생존배낭은 이삿짐이 되어선 안 된다. 작고 가볍게 꾸려라. 장비와 식량 리스트는 되도록 간단히 만들고, 용도가 겹치는 것이 없는지, 불필요한 것이 없는지 수시로 확인한다. 내가 좋아하지만 쓸 일이 별로 없거나 중요도가 떨어진다면 과감히 빼라. 가령 호신용 권총이나 서바이벌 나이프, 도끼, 망원경, 무겁고 튼튼한 전술화 같은 것은 어떨까? 얼핏 중요해 보이지만 우리집 생존배낭에는 맞지 않으니 제외해야 한다. 10-20만 원짜리 무거운 택티컬 나이프, 서바이벌 나이프보다는 차라리 2천 원짜리 작고 가벼운 과도, 접는 칼이 나을 수 있다. 물론 각각의 절대 성능은 떨어지지만 여러 개 다수로 준비하는 것이 오히려 유리하다. 물론 무인도에 갈 때는 크고 단단한 서바이벌 나이프를 잡아야 한다. 생존장비를 준비할 때엔 장소와 주위 환경, 장비 특성, 익숙함의 여부 등을 먼저 따져야 한다. 처음 생존배낭에 관심을 가진다면 더 크게, 더 많이, 더 완벽하게를 외치기 쉽다. 마치 대 테러 작전 출동을 앞둔 특공대의 완전군장처럼 꾸미고 싶어 한다. 그러나 바로 그 마음을 조심해야 한다. 모든 공격을 완벽히 막겠다며 손끝 발끝까지 철판으로 뒤덮었던 중세 판금갑옷이 역사에서 사라진 이유를 기억하라.

생존의 목표와 기간

우리는 재난영화의 주인공이 아니다. 그들처럼 모든 것이 무너진 아포칼립스 상황에서 몇 달, 몇 년을 정처없이 떠도는 것도 아니다. 이

점을 잊지 말자. 생존배낭은 안전지대나 쉘터로 가는 잠시 동안만 필요한 것이다. 가령 '구명조끼' 같은 것이라고나 할까. 배가 침몰해 물에 빠졌다고 치자. 멀리서 구조보트가 오고 있다. 하지만 그 몇 분 사이에 물에 빠져 죽을 수 있다. 구명조끼는 그 몇 분 사이를 버티는 데 가장 유용한 것으로 생존배낭도 이와 같은 역할을 한다. 물론 대피기간이 길어진다 해도 여전히 중요하게 쓰인다면 더욱 좋을 것이다. 그러나 미리 준비한 물과 식량은 72시간, 즉 3일을 견뎌내기도 힘들다. 특히 물은 더욱 모자라게 될 것이다. 이럴 때는 다른 방법과 대안을 찾아야 한다. 주위에서 구할 수 있는 빗물이나 개울물, 강물, 냉각탑의 물처럼 약간 오염이 의심되는 물 정도는 정수해서 마실 수 있다. 끓이거나 휴대용 정수 필터를 이용하거나 정수약을 쓰는 등 여러 방법이 있다.

하룻밤 보낼 쉘터가 필요하다면 주위에 버려진 천과 비닐을 가져다 보온에 도움이 되는 텐트를 만들면 된다. 추위가 문제라면 커튼, 옷, 코트, 방수포, 무너진 텐트천, 포장박스, 스티로폼, 건축자재 등을 찾아서 겉옷을 만들거나 보온에 이용할 수 있다. 많은 사람이 모여 있는 대피소에서 기껏 밥을 해도 나눠줄 그릇과 수저 등 식기가 없다면 빈 통조림 깡통이나 우유팩, 페트병 등을 잘라서 간이 식기로 만들 수 있다. 이런 때에 배낭 안의 멀티툴과 칼, 가위가 큰 도움이 된다. 고민하고 찾아보면 주위에 이렇게 대용할 수 있는 재료나 방법들이 의외로 많다는 것을 알 수 있다. 필요한 것은 여러분의 창의력과 노력이다.

아무것도 없는 북극 설원지대에서도 에스키모들은 얼음과 눈을 파내고 쌓아서 작은 이글루를 만든다. 죽은 곰의 배를 갈라 내장을 파내고 그 안에 들어가서 추운 밤을 나기도 한다. 깊은 산을 며칠씩 헤매는 심마니나 산꾼들은 커다란 비닐을 휴대했다가 밤이 되면 비닐을 뒤집어쓰고 버틴다. 안으로 들어가 원형으로 머리를 맞대고 엉덩이로 깔고 앉아서 비바람을 피하는 임시텐트를 만들어 쉬기도 한다. 장인은 도구를 가리지 않는 법이다.

생존배낭 꾸리기

주식이나 부동산 경매 같은 까다로운 내용을 공부할 때 대개 쉽고 좋은 방법으로 만화로 된 책을 권하곤 한다. 처음부터 각종 전문용어와 차트, 도표, 해설집이 있는 전문서를 본다면 이해하기 어렵기 때문이다. 생존배낭 꾸리기나 장비선택도 마찬가지다. 만화책을 펼쳐 부담없이 읽어가는 것처럼 가볍고 만만하게 가장 기본적인 것부터 시작하여 나에게 최적화한 것으로 나아가라.

기본형 생존배낭

생존배낭의 가장 최소화된 버전이다. 군인의 단독군장과 같다. 처음 꾸린다거나 구성품의 준비가 부족할 때, 혹은 다른 팀원이나 가족이 충분한 팩을 꾸렸다면 작은 기본형으로 준비한다. 가령 아이들이나 여성들, 노인분들, 학생들을 위한 용도로, 혹은 보관장소가 여의치 않아 최소한으로 꾸릴 때의 내용물이다. 배낭 안에 필수 3종 기준을 꼭

인식하여 준비한다. 첫째, 물과 식량, 둘째, 비바람과 저체온을 막을 보온의류, 셋째, 간단한 생존용품이다(플래시, 멀티툴, 호루라기 등).

1. 준비물

-소형배낭(혹은 힙색, 크로스백, 숄더백, 손가방도 가능)

-바람막이 자켓, 비닐우의, 비니, 모자, 면장갑, 두꺼운 등산양말

-생수1-2병, 다이제비스켓, 참치캔, 초코바, 에너지바

-라이터, 멀티툴(접이칼), 플래시, 호루라기, 핸드폰 충전기 및 보조 배터리, 휴지 1롤(물티슈), 마스크

2. 장점

가장 큰 장점은 누구나 바로 집 안에 있는 것들로만 이용해서 빠르고 쉽게 꾸릴 수 있다는 것이다. 특별히 무엇을 사오거나 택배를

기다리거나 시간을 끌 필요도 없다. 당장 두세 시간 뒤에 집을 나서야 할 때 즉각 준비가 가능하다. 학교나 회사에서 직접 꾸려보는 연습이나 혹은 선물로 준비할 때 기본형만 해보고 나머지는 각자의 고민과 상황에 따라서 추가하도록 한다. 간단한 만큼 가벼워서 한 손으로 들거나 메고 이동도 간편하며 체력적 부담도 적다. 여러 개를 만들어서 선물하거나 나눠주거나 집, 회사, 차 안 등에 따로 비치할 수도 있다. 물론 잃어버리거나 남에게 뺏기는 상황이 된다 해도 부담이 적을 것이다.

3. 단점

솔직히 단점도 뚜렷하다. 정말로 꼭 필요한 장비들만 준비했기에 대피시간이 하루 이상 길어지다 보면 부족한 것들이 많게 느껴진다. 하지만 시작이 반이라고 하지 않나. 이렇게 1단계 시작을 했다면 반드시 2단계로 나가 제대로 된 생존배낭을 만들어야 한다. 이 정도 구성이라면 정식 배낭에 넣지 않고 좀 더 가볍고 편한 크로스백이나 숄더백, 힙색, 컴퓨터가방, 서류가방, 봇짐, 비닐팩에 넣는 형태로도 가능하다. 배낭이 작거나 허름하다면 주위에서 의심하거나 욕심을 내지 않을 터여서 좀 더 안전하다.

표준형 생존배낭

앞서 최소화된 초간단형 배낭을 꾸렸다면 부족하다고 느끼는 것들을 더 추가해보자. 이때도 꼭 필요한 것들로 선택해서 용도가 서로 겹치

지 않는지 고민한다. 물론 한두 개 정도 용도가 겹친다 해도 큰 상관은 없겠지만 그만큼 다른 것들이 빠진다고 생각해야 한다. 배낭의 부피와 무게가 늘어나겠지만 자신의 체력이 감당하는 선에서 확장시킨다. 물론 처음에 완벽히 하려고 할 필요도 없으며 언제든 다시 쏟아내고 다시 꾸릴 수 있다.

1. 준비물(붉은색 글씨는 기본형에서 추가된 품목, 파란색 글씨는 거기서 더 추가된 품목을 나타냄)

-배낭(15-20리터 표준형)

-바람막이 자켓, 비닐우의, 비니, 모자, 면장갑, 두꺼운 등산양말, 은박담요 2-3, 스웨터, 경량패딩

-생수 2-4병, 캔음료, 다이제비스켓 2, 참치캔 2-3, 초코바, 에너지바, 동결건조 비빔밥, 건빵, 건조과일(바나나칩, 건포도, 건자두, 곶감 등)

-라이터, 멀티툴, 플래시, 호루라기, 핸드폰 충전기 및 보조배터리,

휴지 1롤(물티슈), 마스크 2-3, 폴라폴리스 담요, 부직포 행주, 야광봉, 티라이트 3, 스탠컵, 라디오, 간이 위생세트, 핫팩 및 손난로, 라디오, 비닐테이프, 미니 구급팩, 과도 및 접이칼, 김장비닐, 필기구, 비닐 지퍼백(크기별)

2. 장점

기본형 생존배낭 품목에서 필수 생존장비들이 좀 더 추가된 버전이다. 이 정도라야 어느 정도 활용이 가능한 표준형의 생존배낭이라고 할 수 있다. 무게와 부피가 조금 더 늘어났지만 크게 부담스럽지 않을 정도다. 하지만 활용도는 2배 이상 높아진다.

3. 단점

추가 생존용품으로 가격대가 좀 더 상승하였다. 배낭 한 개라면 괜찮겠지만 회사용, 학교용, 단체용이라면 부담이 될 수도 있다. 4인 가족이라면 용도가 겹치는 장비는 빠질 수도 있겠다.

완비형 생존배낭1

일명 나에게 최적화된 생존배낭이라고 할 수 있다. 군인의 완전군장과 같다. 사진에서 보듯 배낭의 구성품이 더 많아지고 내외부에 다른 장비들도 결합되었다. 무게와 부피가 늘어났지만 개인이 감당할 수 있는 선에서 추가한 것이다. 덩치가 크고 힘이 센 남자들이나 가족의 생존을 책임진 가장용이다. 필요하면 전문샵에서 조금 더 고가의 장

비나 외제 명품을 선택할 수도 있다. 호신용품이나 숙박장비, 통신장비 등도 추가할 수 있다. 이외 가족이 많아 물 소모량이 클 것 같다면 휴대용 물주머니와 빨대형 간이 정수기, 코펠세트, 침낭과 모포, 텐트, 바닥 깔판, 헬멧, 각종 수리 도구, 연료 등도 추가할 수 있다.

1. 준비물

-배낭(25리터 이상 대용량형)

-바람막이 자켓, 비닐우의, 비니, 모자, 면장갑, 두꺼운 등산양말 2, 은박담요 2-3, 스웨터, 경량패딩, 체육복 바지, 간편복

-생수 2-4병, 캔음료 2, 다이제비스켓 3, 참치캔 3, 초코바, 에너지바, 동결건조 비빔밥, 건빵, 건조과일(바나나칩, 건포도 등), 사탕(포도당캔디), 각종 통조림

-라이터, 멀티툴, 플래시, 호루라기, 핸드폰 충전기 및 보조배터리,

휴지 1롤(물티슈)

-마스크 2-3, 폴라폴리스 담요, 부직포 행주, 야광봉, 티라이트 3, 스탠컵, 라디오, 간이 위생세트, 핫팩 및 손난로, 라디오, 비닐테이프, 무전기, 과도 및 접이칼, 김장비닐, 필기구, 비닐 지퍼백(크기별), 무전기, 예비 AA건전지, 헤드랜턴, 노끈 혹은 파라코드 줄, 신호탄, 미니멀티탭, 썬글라스, 미니 구급함, 가위, 불꽃 신호탄, 3단 등산스틱, 반합 및 코펠세트, 방독면, 헬멧, 형광조끼, 미니정수기, 발포 매트, 손난로용 연료통, 미니 버너(가솔린 스토브, 우드 스토브), 5리터 이상 물주머니, 카드 화투 등 놀이도구, 은박매트

2. 장점

추가 생존장비와 침낭, 매트, 텐트 등 야영 및 숙박장비가 좀 더 추가되었다. 야영이나 대피소에서 오랫동안 지내야 할 때 피난기간이 길어진다면 큰 도움이 되고 든든할 것이다.

3. 단점

숙박장비 때문에 무게와 부피가 체감할 수 있을 정도로 올라갔다. 이동 시에는 불편하고 더 힘들 것이다. 4인 가족이라면 모두 다 이런 장비를 갖출 필요가 없다. 엄마와 아빠 것만 완비형으로 편제하고, 아이들 것은 제외해도 될 것이다.

완비형 생존배낭2

완비형 생존배낭3

공용 용품들

쓰임은 잠깐이지만 용도는 중요하며 여럿이 쓰는 공용 용품이 있다. 부피가 크거나 무거운 물품들은 혼자보다는 서로 교대로 챙겨야 하는 것들이다. 경량 소형텐트(2-3인용), 숙박용 대형 비닐, 타프, 경량침낭, 에어매트, 에어베개, 3단삽, 추가연료, 도끼와 낫, 톱, 각종 수리공구, 호신용품.

완비형 생존배낭2, 3

1. 장점

텐트, 침낭, 깔개 등 숙박장비 3종이 모두 추가되어서 부피와 무게가 크게 증가하였다. 하지만 내가 감당할 수 있는 허용 한도의 무게라면 장기 비상상황이나 이동을 하지 않을 때 유리하다.

2. 단점

밀리터리룩의 배낭과 수통, 서바이벌 나이프, 로프, 개인 호신용품과 도구들이 추가되었다. 한두 가지 정도는 괜찮지만 불필요한 주의나 오해를 살 수 있어서 되도록이면 피해야 하는 디자인이다.

외국의 생존배낭

우리나라보다 재난 대비의 역사가 긴 해외의 생존배낭을 살펴보는 것도 나의 생존배낭을 꾸리는 데 도움이 될 것이다.

미국 적십자사의 생존배낭

미국 적십자사에서 공식적으로 파는 생존배낭이다. 판매가 144달러, 한국돈 20만 원 정도의 생존배낭으로 구성품은 무난하고 간단한 편으로 특이한 점은 없어 보인다. 미국적 특성을 반영해 탈취제인 데오드란트가 있는 것이 특징이다. 가격에 비해 부족한 품목이 많아 보이며 가성비는 좀 낮다. 이 책을 끝까지 본다면 무엇이 부족하고 더 필요한지 알게 될 것이다. 기본형 이외에 4인용 배낭, 차량용 배낭 등 기타 생존배낭 패키지도 구매 가능하다.

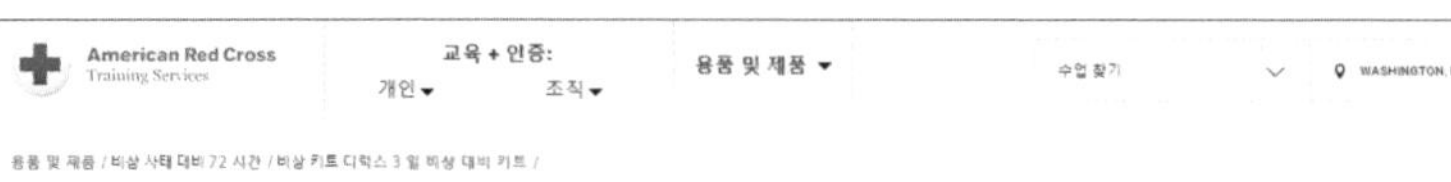

(https://www.redcross.org/store/preparedness)

1. 제품 설명

비상사태가 발생하면 미국 적십자사의 디럭스 3일 비상 대비 키트로 직장이나 집에서 준비하십시오. 이 키트에는 3일 동안 한 사람이 사용할 수 있는 비상용품이 들어 있습니다. 용품에는 핸드 크랭크 비상 라디오, 물통, 개인 위생 키트 및 구급 상자가 포함되며, 모두 여러 개의 파우치와 탈착식 정리함이 있는 내구성 있는 백팩에 포함되어 있으며 개인 생존 장비와 의류를 추가할 수 있는 공간이 있습니다. 허리케인, 토네이도 및 지진과 같은 자연 재해에 유용합니다. 디럭스 3일 비상 대비 키트는 미국 적십자 과학 자문 위원회의 승인을 받았습니다. 미국 적십자 과학 자문 위원회는 전국적으로 인정받는 의료, 수중, 준비 및 교육 전문가로 구성된 자원 봉사 위원회로 적십자 프로그램, 제품 및 공공 지도에 대한 과학적 기반을 확립하고 보장하는 데 도움을 줍니다. 자문위원들의 기부는 적십자사가 최신 과학을 사용하여 현재의 요구 사항을 해결하고 미래의 변화에 대비할 수 있도록 하는 데 도움이 됩니다.

2. 구성물

- 튼튼한 백팩×1

- 비상용품: 손전등 및 배터리, 크랭크 구동용 멀티기기(플래시라이트/라디오/휴대폰 충전기), 멀티툴, 볼펜, 펜 라이트(배터리 포함), 판초우의, 비상 호루라기, 은박 보온 담요(52" × 84"), 방진 마스크, 덕트 테

4.5 (42) 비교하다

디럭스 3일 비상 대비 키트

$ 143.99

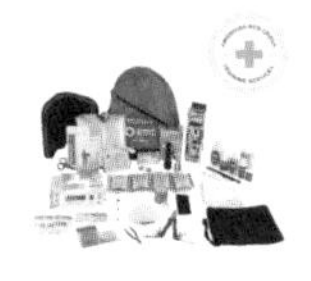

4.5 (24) 비교하다

기본 3일 비상 대비 키트

98.99달러

3.6 (9) 비교하다

4인용, 3일 비상 대비 키트

330.99달러

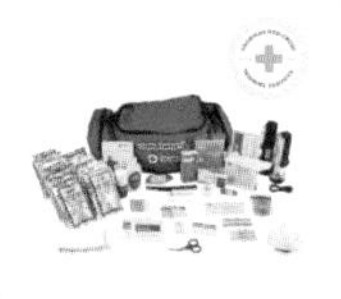

4.0 (13) 비교하다

비상 사태 대비 스타터 키트

74.99달러

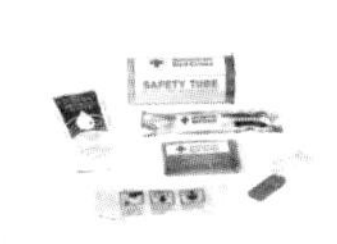

4.4 (38) 비교하다

안전 튜브

7.99달러

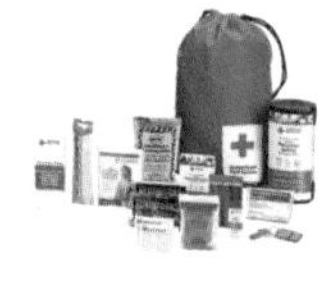

4.5 (19) 비교하다

디럭스 개인 안전 비상 팩(가방 포함)

31.99달러

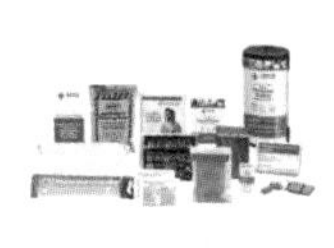

4.3 (7) 비교하다

디럭스 개인 안전 비상 팩

$27.99

4.3 (19) 비교하다

겨울 용품이 포함 된 자동차 생존 키트

51.99달러

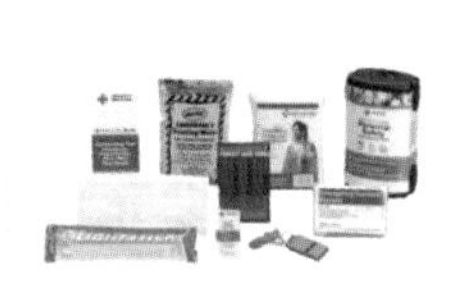

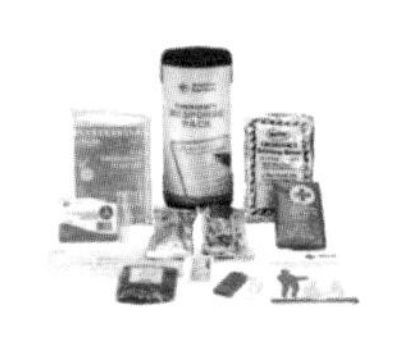

5.0 (1) 비교하다

개인 안전 비상 팩

$20.99

5.0 (4) 비교하다

출혈 조절 키트 - 전문가용

109.95달러

5.0 (2) 비교하다

미국 적십자 비상 대응 팩

$22.99

이프, 용품수납용 메쉬백(4)

- 위생용품: 칫솔(4") , 불소 치약(6oz), 여행용 티슈(15팩) , 수건, 머리빗, 여행용 소형 비누, 여행용 소형 샴푸/바디워시, 여행용 데오드란트, 핸드 앤 바디 로션, 손 소독제, 물수건(6팩)
- 식량/물: 비상식량 에너지바 (6팩), 비상용 물 파우치 4oz (4팩), 휴대용 물 주머니(3.5gal)
- 의료용품: 응급처치 용품 지퍼 파우치, 의료용품 지퍼 가방, 응급처치 가이드북, 니트릴 의료용 장갑(2개)
- 밸브가 있는 CPR 마스크, 플라스틱 핀셋, 의료용 접착 테이프 (1/2" × 5yd),
- BZK 살균 물티슈(10개), 멸균 거즈 패드(3"×3", 2팩), 거즈 롤 (2" × 5야드), XL 직물 붕대(2" × 4.5")
- 비접착성 패드(2" × 3", 2개), 너클 패브릭 붕대(1.5" × 3"), 손가락 끝 팹 붕대(1.75" × 2")
- 플라스틱 붕대 (0.75" × 3", 5팩), 플라스틱 붕대(1" × 3", 5팩), 1회용 반창코 (5팩)

일본 도쿄시 시민방재 매뉴얼의 생존배낭(비상용 반출 가방)

1. 구성 품목

손전등, 담요, 식품, 젖병, 라디오, 건전지, 컵라면, 현금, 헬멧, 라이터, 통조림따개, 구급함, 방재두건, 양초, 나이프, 적금통장, 면장갑,

물, 의류, 인감, 칫솔, 휴대전화 충전기, 간이화장실, 휘슬, 동전, 구급셋트, 담요, 지도, 물통, 신발, 면장갑, 침낭, 우비, 가족사진, 면허증, 연금수첩, 건강보험증, 주권, 약수첩

2. 내용 분석

생존배낭 외에 휴대용 EDC와 직장용 생존배낭의 구성품목도 자세히 소개하고 있다. 구성품목이 많지 않게 꼭 필요한 것만 간단히 지정한 것에 주목하자. 지진이 잦은 만큼 머리 보호를 위해 덩치가 큰 헬멧을 넣었다. 아날로그의 나라답게 적금통장, 동전, 인감 등을 필수품목으로 지정한 것이 흥미롭다.

북한의 생존배낭

항시 전시 체제인 북한에서는 집집마다 전쟁을 대비한 생존배낭을 준비하고 있다. 한국에서 을지 프리덤 가디언 훈련, 키리졸브 훈련, 독수리 훈련 같은 한미 군사훈련이 실시된다면 북한도 비상이 발령된다. 심각한 수준의 경계경보를 울리고 전국의 주민들에게도 대피 훈련이나 예비군 훈련을 실시한다. 이때 북한 주민들은 지하방공호로 대피하며 생존배낭을 챙겨간다.

1. 특징

북한 주민의 생존배낭은 당이 지시한 대로 꾸려야 한다. 개인 마음대로 하지 않거나 구성품을 바꾸거나 빼먹을 수 없다.

2. 내용물

비상시를 대비한 옷과 담요, 쌀, 된장, 소금 등 먹을 것과 물을 비축한다. 흥미로운 것은 비상시 요리를 하거나 불을 피우는 용도로 싸리 나뭇가지를 많이 넣어둔다는 점이다. 싸리 나뭇가지는 화력이 좋고 불을 피워도 연기가 거의 나지 않아서 대피소 안이나 동굴 안에서도 쓸 수 있다. 외부 정찰이나 하늘의 비행기, 인공위성에서도 탐지하기 힘들어서 비상 연료원으로 준비한다고 한다.

북한 주민들의 생존배낭 안에는 무엇이 들어 있을까?(출처: 채널A, '이제 만나러 갑니다')

재난영화로 배우는 생존법1

엑시트

타이틀	엑시트 (EXIT , 2019)
장르코	코미디/액션
국가	한국
등급	12세이상관람가
러닝타임	103분
감독	이상근
출연	조정석, 윤아, 고두심, 박인환
줄거리	졸업 후 몇 년째 취업도 못 하고 집에서 눈칫밥만 먹는 백수 용남, 어머니의 칠순 잔치 연회장에서 우연히 옛 연인과 어색하게 재회한다. 잔치가 진행되던 중 빌딩 주위로 의문의 연기가 피어 오르며 사람들이 순식간에 쓰러지기 시작한다. 가스테러로 온 도시가 한순간에 유독가스로 뒤덮이고 수많은 사람이 죽어가고 공포가 시작되는데. 이에 대학교 산악 동아리 출신 두 연인의 스릴 넘치는 탈출이 시작된다.

감상평 & 영화로 배우는 생존팁

재난영화는 무섭다. 마음이 불편하고 스트레스 받아서 보기 싫다는 사람도 있는, 의외로 호불호가 있는 장르이다. 하지만 재난영화만큼 좋은 생존교과서는 없다. 우리가 예측하지 못할 갖가지 재난상황에서 사람들이 어떻게 반응하고 패닉에 빠지는지 재미있고 다양하게 보여주기 때문이다. 영화 속에선 답답하게 행동해서 발암과 분노를 유발하는 캐릭터들이 실제 재난상황에서 바로 여러분의 주위에 나타날 수 있다. 그리고 그 사람이 당신이나 주변 친구일 수도 있다. 위험을 예측하고 대비하는 데 미리 시뮬레이션을 해보는 것만큼 좋은 연습이 없듯, 재난영화를 통해서 비상시 어떻게 대처하고 생존방법을 찾을지 배워보자. 영화 엑시트는 무엇보다 기존 재난영화 공식에서 탈피했다는 점이 큰 매력이다. 억지 울음과 감동을 요구하는 신파코드와 악당이나 사건을 키우는 무능한 정치인 같은 분노 유발 캐릭터가 존재하지 않는다. 또한 진지하고 비장미 넘치는 대다수의 재난영화들과 달리 코미디와 액션이 잘 조화되어서 관중들이 같이 응원하게 만드는 점이 매력 포인트다.

이 영화의 큰 장점은 실제 조난이나 재난상황에서 쓸 수 있는 여러 생존 꿀팁들을 소개하고 있다는 점이다. 대형 쓰레기 비닐봉투, 지하철 비치 방독면, 마네킹, 고무장갑, 박스 테이프 등 어디서나 볼 수 있는 소품을 활용해 방호복 등 다양한 생존장비를 만들고 적재적소에 이용한다. 대형 쓰레기 비닐봉투나 김장 비닐봉투는 비상시에 정말 쓸모가 많다. 단수 시 물을 보관하거나 화재 시 뒤집어 쓰는 것도 좋은 아이디어. 그리고 영화를 본 이들은 누구나 평생 잊지 못하는 독특한 구조 요청법.

"따따따- 따아 따아 따아 -따따따"

이건 정말이다. 꼭 기억해두자. 언젠가 구조를 요청할 때 이대로 따라 하면 된다.

▶ 한줄평

기존에 보지 못한 유독가스 테러 재난이라는 신선한 소재와 신파 장면이 없어 유쾌, 상쾌, 통쾌한 기분을 선사하며 온 가족과 함께 볼 수 있는 재미있는 재난영화.

2장
생존배낭 구성

장비 우선순위

01. 02. 03.

생존배낭 안의 물품을 꾸릴 때 3가지 우선순위에 따라야 한다. '중요도' '활용도' '무게'이다. 생존배낭의 크기가 작건 크건 이 요건을 명심하고 구성품을 선정하면 장비 중 겹치거나 낭비되거나 활용도가 떨어지는 일이 없을 것이다. 다만 개인적인 활용도나 위치, 주위 환경, 예상하는 재난 형태에 따라서 선호도나 중요도, 용품 선택지가 조금씩 달라질 수 있다. 다음 예시는 대략적인 것으로 자기만의 기준으로 다시 선택하고 재배치해보자. 어쨌든 중요한 점은 3가지 요소를 균형있게 조화시켜야 한다는 것이다. 식량과 물은 무겁지만 인간의 생존에 필수적이다. 매일 빠르게 소모되므로 약간 무게가 나간다 해도 감당할 수 있다. 생존배낭은 직접 어깨에 메고 들어야 하는 것이므로 장비들은 무게와 부피를 최우선으로 고려해야 한다. 다만 활용도가 높거나 가볍고 편리하다면 리스트에 추가할 수 있다. 가령 장난감이나 악기, 종교용품 등이다.

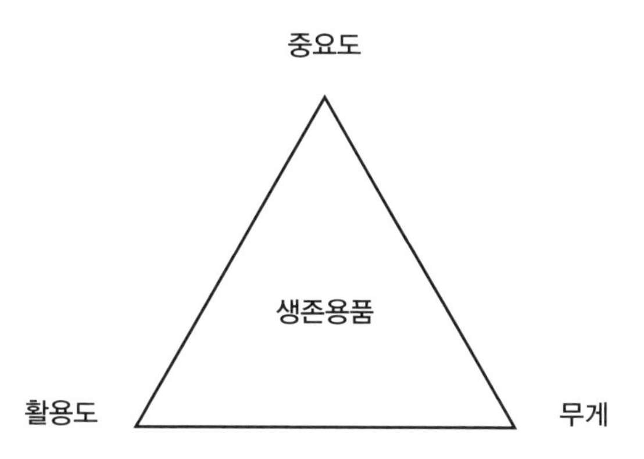

1순위: 꼭 필요한 것

가장 중요한 1순위 용품이다. 다른 것으로 대체할 수 없거나 힘든 용품들, 갑자기 구하기 어려운 것들, 자주 사용하고 도움이 되는 용품들, 없다면 당장 위험해지는 용품이다.

- 식량과 물
- 우비, 은박담요, 방수자켓, 폴라폴리스 담요 등 보온용품
- 핸드폰과 충전기, 보조배터리, 방수팩
- 플래시와 라이터, 멀티툴
- 운동화, 운동복, 간편복, 양말, 장갑, 모자
- 현금과 신용카드, USB메모리
- 여권, 신분증, 사원증, 사진들(가족사진, 증명사진)
- 김장비닐, 비닐지퍼백
- 구급약통, 안경, 마스크

2순위: 대용품이 있는 중요한 것

2순위 생존용품이다. 생존에 도움되고 중요하지만 휴대가 불편하거나 활용도가 낮은 것으로 1순위보다는 덜 중요하지만 거의 필수로 챙겨야 하는 물품들이다. 비슷한 대용품을 어렵지 않게 사거나 구할 수 있다면 2순위가 된다.

- 경량 패딩, 스웨터
- 버너와 연료, 화이어스타터, 핫팩, 손난로
- 텐트와 바닥깔개, 에어매트, 경량침낭
- 보조가방과 캐리어
- 휴지와 세면도구
- 여성용품, 여분의 속옷
- 나이프, 코펠세트와 식기, 버너
- 휴대용 정수기, 정수알약
- 물통, 밧줄, 청테이프, 비닐 테이프

3순위: 있으면 도움이 되는 것

3순위 용품들은 도움이 되지만 활용도는 좀 떨어지거나 휴대가 불편하거나 배낭의 용량 제한으로 넣을까 말까 고민되는 장비들이다.

- 방독면과 헬멧
- 카드나 화투 등 시간을 때울 수 있는 놀이도구
- 망원경과 무전기
- 등산스틱

- 책자, 필기도구
- 아이의 경우 장난감, 인형
- 이어폰 및 휴대용 음악기기
- 태블릿과 노트북, 무전기와 햄 등 통신장비
- 태양광 충전기
- 부채와 모기장
- 수리도구
- 안전고글, 선글라스
- 바느질 수리도구

비상식량과 생존용품 간의 적정비율

명심하라. 배낭을 꾸릴 때 제한된 부피와 무게라는 조건을 고려하지 않고 어느 한쪽 비율을 높이면 필연적으로 다른 것들은 줄어들게 된다. 아래 표를 보면서 비교해보자.

이상적인 생존배낭 배합 비율

3종류가 이상적으로 배분되어 조화를 이루었다. 어떤 비상상황이 될지 모를 때 일반적으로 구성할 수 있는 조합이다. 생존에 필요한 3요소가 균형을 이뤄야 한다. 이처럼 표준형 생존배낭을 준비해야 평범한 일반인이 다양한 상황에서 무리없이 재난에 대비하고 생존할 수 있다.

비상식량과 물	보온용품	생존용품

식량 강화형 생존배낭

개인의 환경이나 상황에 맞게 한쪽으로 약간 강화할 수 있다. 이번에는 식량과 물을 좀 더 강화한 구성이다. 식량 보급이 원활하지 않을 것이 예상될 때, 혹은 장기간 이동 시를 가정하고 만든 구성이다. 다만 먹을 것과 물은 매일 빠르게 소모되므로 배낭의 무게나 부피도 빠르게 줄어든다. 하지만 옷, 담요 등 보온용품이 충분치 않다면 밤에 버티기가 힘들 것이다.

비상식량과 물	보온용품	생존용품

장비 강화형 생존배낭

갖가지 장비들을 늘려서 강화한 구성으로 흔히 초보들이 하기 쉬운 실수가 드러나는 생존배낭이다. 처음에 생존배낭을 꾸릴 때는 갖가지 장비에 더 눈이 가게 마련이다. 발포 매트리스, 휴대용 정수장비, GPS장치, 야시경, 카메라, 태양광 충전기, 휴대용 각종 도구들, 무전기 같은 것 말이다. 만약 집 근처에 바로 갈 수 있는 지하 대피소, 커다란 체육관, 지진 대피소가 있다면 식량과 물을 구하기 쉬울 것이다. 그렇다면 위의 예처럼 구성해도 좋지만, 대피 기간이 며칠 지속되면서 밤에 노숙을 하게 된다면 3번 생존용품의 순위보다 1번 2번이 더욱 절실해진다. 개인의 체력과 활용능력, 대비하는 재난상황에 따라서 조절레버를 다스려야 한다.

아래 셋팅은 생존장비가 절반 이상으로 보온용품과 물, 식량의 비중이 낮다. 장비에 특화된 것으로 보통 생존배낭을 처음 꾸리는 초보자, 일반인들이 하게 되는 배낭구성이다. 좋아 보이는 여러 장비들 가운데서 내게 꼭 필요한 것을 선택하는 것은 어렵고 고민되는 일이다. 그러나 생존전문가란 내게 꼭 필요한 장비가 무엇인지 이해하고 선택하는 사람이다. 아깝더라도 뺄 줄 알아야 하고, 멋진 장비의 유혹을 견디어야 한다. 따라서 처음에 생존배낭을 구성할 때는 되도록 3종이 적절히 배합되어 조화를 이루도록 구성해야 한다.

비상식량과 물	보온용품	생존용품

3대 주요 구성품

명심하라. 생존배낭에 들어가는 어떤 것이든 3대 구성품에 포함된다. 용품을 선정할 때도 어디에 해당하는지 생각하고 균형적인 배분에 유의하라.

첫 번째: 보온용품

생존배낭에 넣을 물품 중 가장 중요한 것을 물과 먹을 것이라고 생각할 수 있지만 실제로는 2순위에 해당한다. 가장 중요한 1순위는 비바람을 막고 체온을 보존할 수 있는 보온용품이다. 앞서 이야기한 333법칙을 떠올려보라. 식량보다 물이 열 배 더 중요하다. 마찬가지로 추위와 저체온증을 막는 일이 가장 중요하다. 이 점을 간과해서는 안 된다. 한여름이라도 밤이나 새벽에는 기온이 급격히 떨어지고, 비나 이슬, 바람을 맞으면 체온이 더 빨리 떨어진다. 비상시 빨리 제대로 대처하지 않으면 저체온증으로 서너 시간 만에도 사망할 수 있다.

겨울에도 기온이 영상 10도 정도라는 홍콩이나 대만 같은 동남아 지방에서도 종종 저체온증으로 사망하는 일이 발생하는 것도 이런 이유 때문이다.

저체온증이란 추위에 오래 노출되어 체온이 35도 미만으로 내려간 것을 말한다. 겨울 공사현장이나 비바람 속에 등산할 때, 스키장에서도 종종 나타난다. 증상은 손발이 많이 떨리다가 말과 행동이 느려지거나 어눌해지고, 심하면 헛소리나 정신착란, 호흡곤란까지 나타난다. 우리 몸의 열은 근육에서 만드는 데 특히 마른 분이나 노인, 여성처럼 근육량이 적은 사람들은 체온을 올리기 어렵고 추위에 약하니 주의해야 한다. 저체온증을 대비하려면 옷이나 모포 등으로 몸을 감싸고 핫팩, 손난로 등 열을 내는 기구들을 준비해야 한다.

1. 방수

날씨가 좋아도 땀을 많이 흘려서 옷이 젖거나 신발이 젖었을 때도 위험하다. 보온은 비를 막는 것이 첫 번째, 바람 등 외기를 막는 것이 두 번째 중요한 목표이다. 천 원짜리 비닐우비라도 체온을 지키는 데 큰 도움이 된다. 생존배낭 안에 보온에 도움이 되는 옷과 바람막이 자켓, 스웨터, 모자, 넥워머, 비니, 장갑, 양말, 은박 보온담요 등을 준비하자.

2. 머리

머리와 목에서 체온의 대부분이 빠져나간다. 겨울철 아무리 두꺼운 오리털 패딩을 입어도 머리를 방치하면 추워지는 것과 같다. 머리와 목을 보온하는 데엔 모자, 비니, 마스크, 두건, 귀돌이, 머플러가 도움이 된다. 아무것도 없다면 신문지나 비닐봉투, 종이박스 등을 접어서 모자를 만들어 써보자. 찬바람이 계속 분다면 눈동자가 시렵고 눈물이 더 나게 된다. 외풍을 차단하는 안경이나 보안경, 선글래스도 이때는 보온장비가 된다. 아무것도 없다면 두꺼운 박스 종이나 우유팩 종이, 맥주 페트병을 직사각형으로 자른 후 눈 부위에 길고 가늘게 칼집을 내어 줄로 양끝을 연결해서 쓰면 1회용 선글래스가 된다. 이것은 북극의 에스키모들이 눈밭의 반사광을 피하기 위해서 동물의 뼈나 가죽으로 만들며 사용했던 것으로 일명 '에스키모 선글라스'라고 한다.

3. 장갑과 양말

외부에 노출된 부위 중 깜박하기 쉬운 것이 바로 손과 발이다. 장갑과 양말은 가장 먼저 젖기 쉬운데 이때 빨리 조치해야 한다. 특히 젖은 양말은 빨리 새 것으로 갈아 신거나 말려야 한다. 발이 물에 젖으면 체온저하는 물론 발을 디딜 때마다 신발과의 마찰이 커져서 살이 쓸리고 뒷꿈치도 쉽게 까진다. 젖은 채 1-2일 이상 놔두면 참호족이라는 끔찍한 피부병으로 발전한다. 몽골양말 등 양모로 만든 양말은 젖은 상태에서도 차갑지 않고 보온에 유리하다. 장갑과 양말은 부피가 작으니 비닐 지퍼백 안에 넣어 방수 상태로 보관하면 좋다. 새 양말이 없다면 천이나 속옷 상의를 사각형으로 잘라내서 발을 감싸는 발싸개를 만든다. 발싸개라는 말이 저렴해 보이지만 최근까지도 러시아군, 몽골군, 북한군은 제대로 된 양말 대신 네모난 천을 잘라 만든 발싸개를 이용했다. 양말처럼 한 쪽만 닳아 구멍이 나지 않고 잠시만 널어놓아도 빨리 마르고 여유분을 많이 두기 좋다는 장점이 있다. 정말 아무것도 없다면 발을 모래나 고운 흙으로 비벼서 물기와 기름기를 흡수하고 각질을 제거한 후 잘 털기만 해도 도움이 된다.

4. 라이터, 핫팩, 손난로

몸이 아프거나 너무 기온이 떨어지는 추운 상황에선 보조열원이 필요하다. 핫팩, 손난로, 유단포 같은 작고 휴대가 간편한 것이 좋다. 핫팩은 사용과 취급이 간편하고 열기가 오래가서 좋지만 1회용이다. 장시간 사용하려면 연료를 넣는 손난로가 좋다. 사람이 많다면 불을 피워야 한다. 라이터, 성냥, 화이어스타터, 부싯깃 등 야외에서 불을 피울 수 있는 점화도구를 준비하자. 물을 데워서 페트병이나 유단포에 넣어 수건을 둘러 품으면 하룻밤 따듯하게 잘 수 있다.

두 번째: 비상식량과 음료

라면이나 쌀은 좋은 비상식량일까? 이들 모두 우리의 주식으로 다들 좋아하고 평상시에 자주 먹는 것들이다. 비상식량으로 많이 준비하기도 한다. 하지만 모든 식재료가 비상식량이 될 수는 없다. 비상식량은 단기식과 장기식으로 나누어서 상황과 특성에 따라 다르게 준비해야 한다. 물은 어떨까? 사람은 하루 2리터의 물을 마셔야만 살 수 있다. 여기엔 마시는 것뿐만 아니라 음식으로 먹어서 보충되는 수분까지 포함된다. 음식을 먹지 못해도 한 달은 살 수 있지만 물을 마시지 못하면 3-4일 이상 버티기 힘들다. 하지만 물은 식량에 비해서 무겁고 많이 보관하기가 까다롭다. 재난에 대비하는 생존배낭의 물과 음료는 어떻게 준비할까? 하나하나 살펴보자.

1. 단기 비상식량

비상식량 중 '단기식'은 행동식이라고도 하는데 말 그대로 잠시만 휴대하면서 간단히 먹는 용도이다. 보통 고칼로리의 열량 위주 식량들이다. 초코바, 에너지바, 유탕과자, 크래커, 쿠키, 사탕, 말린 과일칩, 다트렉스, 초코파이, 육포, C레이션, 군용 전투식량이다. 전통적으론 북어포나 미숫가루 등도 포함된다. 따로 불을 피우거나 물을 데우는 등 특별한 조리법이 없이 간단히 까서 먹고 에너지를 보충하는 용도이다. 해외에서 수입판매하는 비상식량들이 주로 여기에 해당한다. 고열량이라 포만감이 금방 오지만 너무 달고 물을 필요하게 만들어 오래 먹기 힘들다.

2. 장기 비상식량

말 그대로 비상상황이 장기적으로 이어질 때 먹을 수 있도록 준비하는 것들이다. 평소 우리가 먹던 쌀과 국수, 밀가루, 고추장과 된장 등 각종 음식을 그대로 저장하면 된다. 이때 장기간 보존하는 동안 공기와 습기, 햇볕, 벌레와 곰팡이 등으로부터 보호될 수 있도록 팩킹에 신경써야 한다. 일반적으로 2리터 페트 생수병통, 플라스틱 락앤락통, 유리맥주병, 비닐지퍼백, 은박 마일러백, 20리터 원형 플라스틱통(폐일통), 김장 비닐봉지, 쓰레기 봉투 등으로 재포장한다. 방수와 기밀이 유지된다면 어느 것을 이용해도 좋다. 보통 대용량으로 장기간 대비를 생각한다면 장기 비상식량을 준비한다.

3. 행동식

단기간의 이동이나 대피 생존상황이라면 행동식을 준비하는 것이 좋다. 즉 생존배낭 안에 넣을 것으로 단기 비상식량, 행동식을 추천한다. 휴대가 간편하며 배고플 때마다 바로 먹기 좋고 불과 물이 그다지 필요없기 때문이다. 혹은 아주 조금만 사용하거나 먹어도 허기를 달랠 수 있다. 참치캔 같은 통조림 종류는 어떨까? 참치캔은 평소 식사 시에도 자주 먹는 것인데, 단백질 위주에 휴대가 간편하며 데우지 않고도 그냥 먹을 수 있어 유용하다. 시판되는 식료품 중 유통기한이 5-7년 정도로 가장 긴 식품류에 속해 장기식과 생존배낭 어디에 넣어도 좋은 품목이다.

4. 물과 음료

우리에게 필요한 하루 필요량 2리터는 무게가 2킬로다. 72시간 생존배낭이라면 3일치 6리터의 물을 보관해야 한다. 부피도 크지만 무거워서 일반인이 작은 배낭 안에 필요한 양만큼 넣어 보관하기 힘들다. 이럴 때엔 500밀리리터 페트병 생수 2-3병으로 절충하고 다른 곳에서 물을 구하는 방법이나 정수장치를 준비해보자. 초기 재난상황에선 주위에서 물을 구하기가 생각보다 쉬울 수 있다. 근처 마트나 편의점에서 사거나 건물 화장실이나 주방에서 수돗물을 받을 수 있다. 대형재난 시 이재민 대피소에 정부와 각계의 지원 물품으로 가장 먼저 많이 오는 것도 다량의 생수이다. 배낭에 보관하는 물은 500밀리리터 생수 페트병이 가장 좋다. 보온병이나 텀블러, 맥주 페트병, 김장 비닐백, 캠핑용 물주머니 등 다른 물통들을 겸용해 쓸 수도 있지만 부피와 무게가 발목을 잡는다. 개봉하지 않은 새 생수병은 공식 유통기한이 1-2년이다. 하지만 햇빛을 차단하고 박스나 가방 안에 넣어 일정한 온도만 유지한다면 5년 이상 보관도 가능하며 마실 수 있다. 개인적으로 10년 된 페트병 물도 마셔봤지만 괜찮았다. 그런데 양이 같다면 페트병 2리터짜리 한 병이 좋을까, 500밀리리터 생수 4병이 좋을까? 당연히 후자가 낫다. 여러 병이면 소모한 빈 병은 그때그때 버려 가방 공간을 줄이거나 병에 다른 것을 담는 용도로 이용할 수 있다. 작은 병은 식구나 이웃에게 나누어 줄 수도 있고 한 손으로도 가볍게 들 수 있다.

물 소모 시 주의해야 하는 것은 오염이다. 페트병 생수를 개봉해 입을 대고 마시면 그때부터 유입된 공기와 침, 분비물, 이물질 등으로 오염이 시작된다. 무더운 여름에 입을 대고 마시는 사소한 실수로 식중독균, 대장균을 위험수치로 높일 수 있다. 2리터 큰 생수병을 혼자서 마신다면 2-3일 걸릴 수 있는데 그 사이 물이 오염되는 것이다. 소용량 병은 그런 점에선 좀 더 안전하다. 생수를 안전하게 음용하려면 물병을 바로 입에 대지 말고 떨어뜨려 마시거나 컵을 이용해야 한다. 휴대용 EDC 생존팩에 물을 아주 소량 보관하는 것도 좋은 방법이다. 500밀리리터보다 더 작은 200밀리리터짜리 생수통이나 작은 종이 음료팩을 휴대하는 것도 좋다.

5. 캔 음료

작은 캔 사이다, 캔 콜라 같은 탄산음료도 비상용으로 좋다. 캔 콜라나 캔 탄산음료는 주위 마트에서 싸게 구할 수 있고 당분이 많아서 에너지 보충에도 좋다. 알루미늄캔과 당분, 탄산가스는 방부제 역할을 하여 세균증식을 막아주므로 5년 이상 장기보관도 가능하다. 생존상황에서 극심한 스트레스를 겪어 혼란스럽고 지칠 때 달고 시원한 콜라 한 잔으로 기운을 차리는 데도 도움이 된다. 재난영화 〈더 로드〉에서도 굶주림으로 지친 주인공 부자가 버려진 자판기 안에서 우연히 오래된 캔 음료를 찾아내서 마신 후 즐거워하는 장면이 나온다. 집 안에 비상식량으로 좀 더 오래 두고 싶다면 코카콜라보다 맛은 좀 떨어지지만 훨씬 저렴한 PB 콜라, 사이다 등도 추천할 만하다. 오렌지주스, 망고주스, 귤주스 등 탄산음료가 아닌 일반 음료들도 괜찮지만 과실 성분이 들어간 것은 오래 보관하기 힘들다.

세 번째: 생존장비

처음 생존배낭을 구성할 때 가장 많이 신경쓰게 될 품목이다. 크든 작든, 비싸든 싸든, 어떤 것이든 "중요도, 활용도, 무게"라는 3요소를 적절히 신경써서 선정한다. 가격대는 부차적이지만 되도록이면 저가형부터 시작하자. 복잡하고 많은 기능보다는 간단하고 단일기능 위주 제품이 좋다. 여러 보온용품과 겹칠 수도 있다.

1. 배낭

생존배낭이란 이름이 붙는 만큼 첫 번째로 준비할 품목이다. 비상시 생존용이라니 비싸거나 전용의 특별한 배낭이 필요할 거라고 생각할 수 있지만, 꼭 그렇지는 않다. 15-20리터 정도 튼튼한 천으로 된 양쪽으로 멜 수 있는 배낭이면 된다. 갖가지 생존용품과 식량, 물, 모포 등을 넣으려면 커다란 50리터급 등산배낭이나 군용 더블백 같은 게 있어야 할 것 같지만 처음엔 작게 시작하자. 당신이 처음 생존배낭을 준비한다는 것은 아무런 준비가 되있지 않은 초보자란 증거이므로 커다란 데다가 다양한 용품으로 채워진 생존배낭을 만들어도 십중팔구 다 활용하지 못한다. 생존배낭의 가장 큰 목적은 단기간 대피 시 생존에 도움이 되는 구명조끼 같은 도구임을 명심하자. 따라서 학창시절에 쓰던 학생가방이나 작은 등산배낭, 동호회나 동창회에서 사은품으로 받은 가벼운 배낭도 좋다. 무겁고 부피가 큰 것은 오히려 초기 신속한 대피를 방해하고 손발을 제한할 것이다. 만약 사람들로 꽉찬 비좁은 대피용 버스나 승용차를 얻어 타고 이동해야 한다면 커다란 종주용 등산배낭 같은 것은 애물단지가 된다. 운전자나 관리인이 차 밖으로 당신의 배낭을 집어던질지도 모른다. 혹은 보는 사람마다 뭐냐고 물어보거나 나쁜 마음을 품을 수도 있다.

2. 생존배낭으로 가능한 것

학교 가방, 작은 크기의 등산배낭, 내외부 주머니가 적절한 것, 평범한 디자인과 색깔로 된 것, 멜빵 끈이 한 개보다 양쪽 두 개로 된 것.

3. 생존배낭으로 좋지 않은 것

50리터 이상 너무 커다란 등산배낭, 금속 프레임이 큰 배낭, 주머니와 조임끈이 너무 많고 치렁치렁한 배낭, 밀리터리룩 배낭, 너무 무거운 배낭, 비에 젖으면 금방 젖는 면으로 만든 배낭, 요란하고 눈에 잘 띄는 무늬가 들어간 배낭.

비상용품의 종류

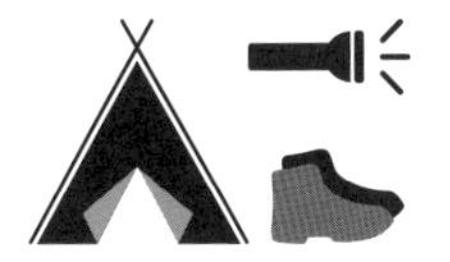

비상용품이란 나의 생존과 안전에 필요하고 도움이 되는 장비와 물품을 말한다. 구입하거나 직접 만들거나 개조할 수도 있다. 작은 멀티툴과 플래시부터 불을 피우는 라이터, 화이어스타터, 성냥, 반합, 모포, 휴대용 정수기, 물통, 밧줄, 나침반, 운동화, 옷, 필기구, 세면도구, 호신용품, 텐트와 침낭, 방독면과 자동차 등 모든 것이 해당한다.

나에게 꼭 필요한 것이 나의 비상용품이다

필요한 것과 불필요한 것은 각자의 판단과 욕구, 가치관에 따라서 얼마든지 달라질 수 있다. 가령 무릎 보호대는 무릎이 약한 사람에게는 필수적일 것이다. 모기에 예민한 사람은 모기약과 버물리를 빼놓을 수 없다. 여성에게는 생리대 등 여성용품이, 아이에게는 장난감과 책도 비상용품이 될 수 있다. 비상용품은 또한 나뉠 수도 있고 겹칠 수도 있다. 신발과 양말은 발을 보호하는 비상용품이지만 체온을 보존하는 보온용품이 될 수도 있다. 조그만 칼은 요리할 때 쓰지만 호신용품으로도 쓸 수 있다. 플래시는 어두운 밤을 비치는 조명이지만 멀리 구조를 요청하거나 SOS 신호를 보내는 통신장비도 될 수 있다.

종류별 분류

- 보온용품: 의류, 신발, 양말, 모자, 장갑, 손난로, 은박보온담요, 핫팩, 우산, 우비
- 물 정수용품: 정수약, 휴대용 정수기, 물통, 비닐 지퍼백, 락스, 스포이드
- 조리도구와 식기류: 그릇, 반합세트, 수저, 젓가락, 칼과 도마, 컵, 1회용 식기, 비닐
- 통신용품: 핸드폰, 보조배터리, 방수 케이스, 충전기, 멀티탭, 전원선, 무전기, 전용 배터리, 태블릿, 노트북, 위성통신장치, 호루라기
- 이동장비: 자동차, 오토바이, 자전거, 트레일러, 전동킥보드, 롤러브레이드, 손수레, 카트
- 조명용품: 플래시, 양초, 티라이트, 오일랜턴, 조명탄, 야광봉, 충전지, 태양광 충전기, 라이터
- 불 점화도구: 라이터, 성냥, 화이어스타터, 가스토치, 돋보기, 라이터 기름통
- 위생용품: 치약칫솔 등 세면도구, 수건, 비누, 락스, 때밀이, 손소독제, 여성용품, 생리대, 기저귀, 화장품, 로션, 바셀린
- 의약품: 구급통, 각종 약품, 붕대와 반창코, 응급처치 기구, 수술도

구, 체온계, 청진기, 고무장갑, 전기충격기

- 놀이기구: 카드와 화투, 보드게임, 윷, 바둑과 장기용품, 스도쿠, 책, 전자오락기, 장난감, 인형, 색연필과 노트, 직소퍼즐, 종이접기

- 안전용품: 헬멧, 안전모, 모자, 보안경, 선글라스, 구명조끼, 형광조끼, 장갑, 경광봉

- 수리도구: 바느질키트, 청테이프, 멀티툴, 숫돌, 십자와 일자 드라이버, 타이어 펑크 수리셋트와 펌프, 자동차 배터리 점프케이블, 보조기름통, 테스터기, 견인줄, 밧줄

- 돈과 결제시스템: 현금, 신용카드와 체크카드, 교통카드, 금반지 등 귀금속, 달러 등 외화, 핸드폰 결제시스템(삼성페이, 카카오페이, 애플페이 등), 비트코인 등 암호화폐 거래앱과 핸드폰

- 신분증: 주민등록증, 운전면허증, 국제운전면허증, 여권, 학생증, 회사원증, 도서관증, 명함, 각종 자격증

- 침구류: 침낭, 경량텐트, 에어매트, 발포매트, 은박매트, 비닐매트, 방수깔개, 공기베개, 대형비닐

- 호신용품: 3단봉, 가스총, 후추스프레이, 전기충격기, 장우산, 일자드라이버, 나이프, 너클, 쇠볼펜, 쿠보탄, 라이터, 커터칼, 체인, 가위, 등산스틱, 활, 돌팔매, 지팡이, 막대기, 쇠파이프, 낫, 도끼,

- 기타: 안경, 태극기, 필기구, 애완동물과 전용용품들, 사진, USB메모리, 외장하드

다양화하라!

생존배낭이라고 꼭 배낭 형태만 생각해선 안 된다. 휴대나 이동이 쉽고 나에게 필요한 것들을 더 많이 넣을 수 있다면 여행용 캐리어든 장을 볼 때 쓰는 쇼핑카트든 모두 좋다. 이런 도구들로 생존배낭 꾸리는 법을 알아보자.

쇼핑카트

쇼핑카트나 핸드카트, 짐 끌개도 좋다. 알루미늄 프레임에 손잡이와 바퀴, 큼지막한 천주머니가 달려 있어서 무거운 짐을 넣고 쉽게 끌 수 있다. 원터치로 접을 수 있어서 차 안 트렁크에 넣어 잠시 보관하기도 좋다. 다만 쇼핑카트의 바퀴가 너무 작거나 허술하다면 얼마 못 가서 부서지거나 덜덜덜 하는 소리, 삐걱거리는 소리를 듣게 될 것이다. 좀 더 튼튼한 카트 모델을 찾아보자. 시중에는 더 크고 튼튼한 볼베어링이 들어간 교체용 바퀴만 따로 팔기도 한다. 쇼핑카트는 많은

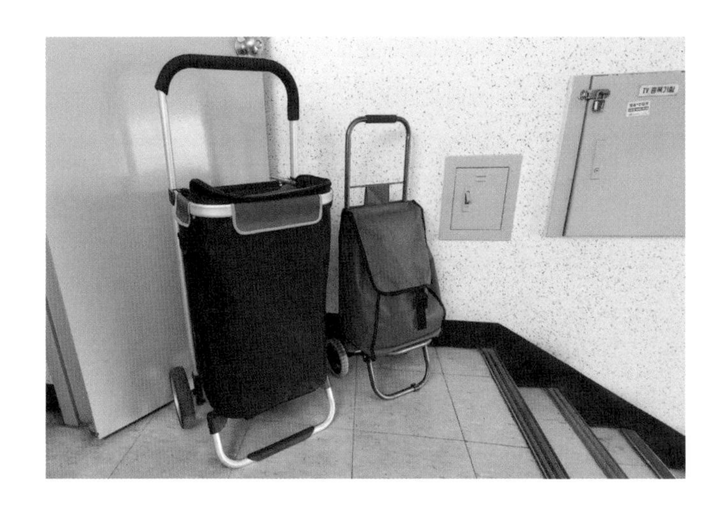

짐을 넣고 끌 수 있어서 다용도로 쓰기 좋지만 보조용으로만 써야 한다. 이동 시 차나 버스를 타거나 뛰어야 하는 긴박한 상황에서 바로 버리더라도 크게 아쉽지 않을 것들이 좋다.

여행용 캐리어

평소 여행이나 출장 시 쓰는 바퀴 달린 여행용 캐리어도 생존배낭 보조용으로 좋은 선택이다. 수납공간이 훨씬 크고 렉산재질로 충격에도 강하고 튼튼하다. 바퀴와 긴 손잡이가 있어서 노인과 아이들도 끌어서 쉽게 이동할 수 있다. 무거운 물이나 쌀 등 식량, 버너, 부피가 큰 겨울 외투나 이불, 침낭도 넣을 수 있다. 상대적으로 덜 중요하고 저렴한 것들을 모아 넣도록 하라. 2011년에 발생한 3·11동일본 대지진이나 2022년 우크라이나 전쟁에서도 많은 피난민들이 등에 생존배낭을 메고 한 손엔 아이의 손을, 한 손엔 캐리어를 끄는 사진이 많이

보도되었다.

캐리어 이동박스 꾸리기

생존용품들과 장비, 의류, 물, 부피가 크고 무거운 것들을 넣는다. 사용빈도가 떨어지거나 하루에 한 번 정도 쓰는 것들을 주로 넣는다. 잃어버리거나 언제든 버리고 가도 아깝지 않을 것을 먼저 챙기는 게 좋다. 식량과 물처럼 매일 빨리 소모되는 것으로 안을 채우는 것도 요령이다. 이때 내용물들이 덜그럭거리지 않게 빈틈없이 채워넣는다. 무거운 것은 아래쪽에, 가벼운 것은 위쪽으로 넣어야 들거나 끌 때 더 편하다. 캐리어는 이왕이면 바퀴가 크고 튼튼한 것을 선택한다. 거친 도로나 비포장 길에서 하루만 끌어도 마모되는 작은 플라스틱제 바퀴가 달린 캐리어는 피하는 게 좋다. 가급적 크고 튼튼한 우레탄

바퀴가 달린 캐리어를 준비하자.

EDC(Every Day Carry; 매일 휴대용 생존팩)

평소 매일 들고 다니며 가볍게 휴대하는 용도의 작은 생존팩을 EDC(Every Day Carry)라 부른다. 저녁 늦게 전화를 해온 친구와 가볍게 술을 한잔하기 위해서 호프집에 나갈 때도, 집 앞 편의점에 담배나 물건을 사러갈 때도, 책을 사러 시내의 서점에 갈 때나 대형마트에 장을 보러 갈 때도 부담없이 가볍게 들고 다닐 수 있다. 작은 손가방이나 여성용 핸드백, 크로스백, 힙색도 EDC가 될 수 있다. 언제 어디서든 일상에서 재난과 사고가 발생했을 때를 대비한 최소한의 물품들을 넣는 용도이니 말이다. 핸드폰 하나만 달랑 가지고 다니는 요즘 시대에 작지만 생존가방을 챙겨 다니는 것은 생존력을 높이는 데

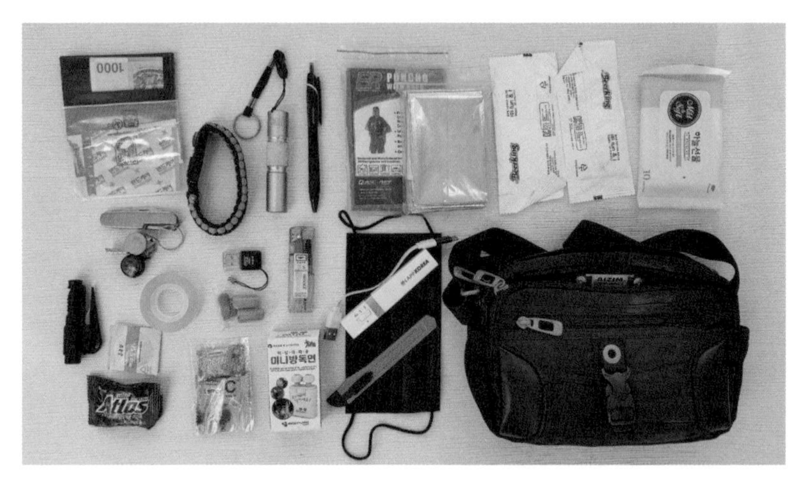

구성품: 열쇠고리형 라이트, 은박담요, SOS반사거울, 호르라기, 발화솜, 실톱, 수선키트, 낚시도구, 파라코드, 성냥, 화이어스타터, 멀티툴

엄청난 도움이 된다. 크기가 작은 만큼 꼭 필요하고 요긴한 것만 챙겨서 넣자. 이때도 생존배낭 용품 3대 원칙을 우선으로 선정한다.

1. 보온용품

작은 비닐우의는 손바닥만 하다. 야외에서 갑자기 비를 만나거나 체온을 보존할 더할나위 없이 좋다. 더 작은 은박 보온담요도 좋다. 마스크도 보온도구가 된다.

2. 물과 식량

초코바나 에너지바, 사탕, 커피믹스, 스틱설탕, 포도당캔디, 목캔디, 음료수팩 등 작은 것들이 좋다.

3. 비상장비

미니플래시, 라이터, 멀티툴, 접이칼, 커터칼, 나침반과 호루라기, 형광봉, 신용카드와 현금, 비닐지퍼백, 반창코와 진통제, 미니방독면, 보조배터리, 핸드폰 충전기, 비닐테이프, 바느질셋트, 손수건, 파라코드, 장갑 등

SSB(Small Survival Box; 미니 생존키트)

미니 생존키트는 휴대용 생존팩인 EDC(Every Day Carry)와는 좀 다르고 전문적이다. 더 작은 팩킹에 주로 야외 생존용품들을 넣는다. 따로 들고 휴대하기보다 가방 안에 넣거나 차 안에 넣어 휴대하는 용도로 알맞다. 이미 시중에 갖가지 메이커의 미니 생존키트가 많이 나와 있어 고르는 재미도 있다. 케이스도 캔이나 두꺼운 천, 플라스틱 케이스

등 다양한 재질과 디자인으로 나오고 있다. 보통 선물용으로 많이 쓰이는데 이 키트를 받으면 재난 생존법에 관심을 갖고 준비하는 계기가 된다고 한다. 미니 생존키트는 주로 소형 생존용품으로만 구성되어 목적이 분명하지만 다양한 상황에 대응하기엔 부족한 점이 많다. 라이터나 사탕, 커피믹스 몇 개라도 추가해 넣어야 한다.

생존킷 파우치

EDC와 미니 생존키트가 갖가지 생존용품을 한데 넣어 준비한 것이라면 생존킷 파우치는 주로 한 가지 용도의 생존용품을 모아놓은 것이다. 특정 용도의 생존장비나 물품들을 보다 빨리 분류하거나 장기간 보존이 필요할 때, 혹은 특정 보관환경이 필요할 때를 대비해준다.

1. 의류용 파우치

보통 부피가 큰 의류, 속옷 등을 보관하는 의류용 파우치가 많다. 생존배낭 안에 따로 옷을 넣으려고 하면 시간이 걸리고 습기에 차거나 다른 것들로 인해 오염되기 쉽다. 미리 필요한 의류를 한데 모아 비닐이나 아스테지, 플라스틱 케이스, 락앤락에 넣어 포장한 후 밀봉하면 습기와 오염을 막을 수 있다. 의류용 파우치는 한국 특전사에서 미리 만들어 관물대에 올려두었다가 긴급 출동이 발령되면 바로 군장 안에 넣어 시간을 단축하는 용도로도 쓰인다. 나는 군에서 이렇게 하는 것을 배웠고 이후 30년간 차 트렁크에 비치하고 있다.

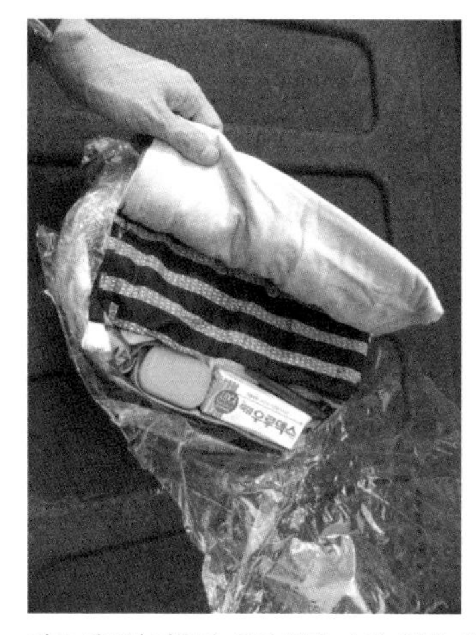
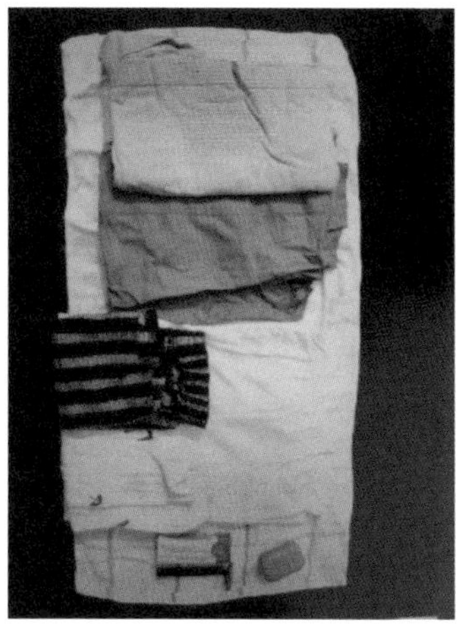

의류 생존킷 파우치. 옷과 바지, 속옷, 양말, 세면도구, 수건을 비닐 아스테지로 밀봉했다.

의류 파우치 구성 품목을 꾸릴 때는 두껍고 부피가 큰 것 순으로 넣는다. 맨 아래부터 츄리닝바지, 티셔츠나 긴팔옷, 수건, 속옷, 양말, 면장갑, 두건을 A4용지 크기로 차곡차곡 올리고 두꺼운 비닐이나 아스테지로 감싼 후 두꺼운 비닐테이프로 접합면을 감싸서 간단한 생활방수 처리를 한다. 여성들은 여기에 생리대나 여성용품을 넣어도 좋다.

2. 그 밖의 파우치

의류용 파우치 이외에도 면도기나 비누 등 남자 위생용품만을 모아놓을 수 있고, 미국처럼 개인무기소지가 허용되는 곳에선 권총과 탄약, 권총집, 분해/수리용 도구 등을 모은 무기 파우치도 가능하다. 또한 드라이버와 스패너, 못과 망치 등 각종 공구를 모아놓은 공구함 파우치도 가능하다. 우리 주변에서 쉽게 보거나 살 수 있는 것으론 붕대와 밴드, 연고, 소독약, 온도계 등 각종 의약품을 모아 놓은 의약품 파우치도 있다.

3. 명찰 달기 및 이름 쓰기

생존배낭이든 EDC든 생존 파우치든 내 것임을 증명할 수 있는 이름표를 달자. 바닥면에 검정색 네임펜이나 매직펜으로 이름과 전화번호를 적어놓는다. 작은 네임스티커나 명찰을 붙이는 것도 좋다. 이름표는 배낭과 장비를 분실했을 때는 물론 내가 기절하거나 큰 부상을 당하거나 사망했을 때 가족과 연락하기 쉽게 해준다.

생존조끼

생존배낭이란 나의 생존에 필요한 것들을 모아 담은 꾸러미이다. 그런 면에서 앞서 설명한 것처럼 꼭 배낭 형태에만 집착할 필요는 없다. 카트나 캐리어, 손가방, 핸드백, 슬링백, 힙색, 크로스백, 복대 같은 다양한 형태로도 가능하다. 그리고 또 하나 생존조끼도 여기에 포함될 수 있다.

1. 구성품:

- 장갑, 마스크, 비닐우비, 은박보온담요, 휴지나 손수건, 물티슈
- 초콜릿바, 사탕, 포도당캔디, 커피믹스, 알파미(건조쌀), 소형 물팩 및 음료
- 플래시, 헤드랜턴, 나침반, 호루라기, 멀티툴, 카드나이프, 커터

칼, 미니방독면, 마스크, 야광봉, 티라이트, 예비건전지, 바느질세트, 신분증과 카드, 현금, 투명테이프, 파라코드 팔찌, 볼펜, 반창코, 진통제

2. 생존조끼의 특성

생존조끼는 3대 생존 구성품을 조끼의 주머니에 넣어서 바로 입을 수 있는 형태이다. 보통 주머니(포켓)가 많은 낚시조끼, 등산조끼를 베이스로 이용하면 된다. 포켓이란 한계 때문에 많은 것을 넣을 수는 없지만 몸에 밀착되어서 무게를 덜 느끼고 행동의 자유도 크다. 옷처럼 걸치기만 하면 되므로 언제 어디서든 휴대 가능하며 장비를 분실할 위험도 적다. 그때그때 필요한 것들을 주머니에서 바로 꺼내면 되는 편리함이 가장 큰 장점이다. 해외의 지진과 내전 등

열악한 재난상황 현장에 파견된 긴급구호단체나 의사들도 이런 생존조끼 형태를 애용한다.

군이나 특전사에서도 특전조끼, 전술조끼, 택티컬 자켓 등의 형태로 애용한다. 여분의 탄창, 수류탄, 폭약은 물론 지도, 구급함, 로프, 나이프, 전투식량, 각종 도구 등을 넣을 수 있게 앞쪽에 많은 주머니는 물론 등쪽에는 간이 배낭 형태의 큰 주머니를 달아 활용성을 높였다. 특전조끼만 착용해도 무거운 배낭을 벗어놓고 단기간 자유롭게 전투활동을 할 수 있다.

생존조끼는 기존의 낚시조끼, 등산조끼를 써도 되지만 너무 얇은 천이나 메쉬타입으로 된 것은 내구성이 약하다. 축 늘어지거나 금방 찢어지거나 파손될 수 있다. 좀 더 두껍고 질긴 천으로 된 조끼를 찾거나 재봉해서 직접 만들어 써도 된다. 이때 특전조끼처럼 등쪽에 배낭형태의 큰 포켓을 추가하면 활용성이 더 커진다.

생존조끼에 넣을 품목들은 꼭 필요한 것들로 최소한으로 선정한다. 특히 신경써야 할 것은 무게이다. 무거우면 주머니가 늘어지기에 성능은 좀 떨어지더라도 가볍고 작은 것으로 골라야 한다.

분산하라!

『史記』에 "교토삼굴(狡兔三窟)"이란 말이 있다. "똑똑한 토끼는 세 개의 굴을 가지고 있다"는 뜻이다. 생존배낭도 집 한 곳에만 둘 게 아니라 내가 주로 있는 곳에 나눠서 분산해야 한다. 언제 어디서 무슨 일이 터지든 바로 내 손에 넣을 수 있는 곳에 추가한다.

집

생존배낭을 준비했다면 위급 상황 시(지진이나 화재 등) 집 안에서 대피할 때 바로 꺼내들고 나갈 수 있는 곳에 위치시킨다. 현관 옆 신발장 안이나 소파 뒤 빈 공간도 좋다. 마땅치 않다면 현관과 가까운 방구석에 놓아둔다. 생존배낭이 한 개라면 큰 고민은 없겠지만 만약 4인 가족용으로 4개의 배낭이 준비되어 있다면 작은방 쪽에 위치시키는 편이 나을 것이다. 그렇게 분산했다 하더라도 가장 중요한 것 한 개는 신발장이나 현관 쪽에 넣어둔다. 화재 등 갑자기 집을 탈출해야 할 때 바로 집어들기 위해서다. 집이 좁아서 보관할 장소가 마땅치 않다면 현관문 위쪽 공간에 작은 선반을 달고 종이 박스에 넣어 보관한다. 평소 출입할 때 걸리적거리지도 않고 손님이 온다 해도 딱히 주시하는 공간이 아니라 적당하다. 하지만 위치가 높아서 키가 작은 사람이나 아이들의 손이 잘 닿지 않을 수 있다. 보통 때엔 의자를 놓고 꺼내면 되지만 비상시 바로 손에 넣으려면 50센티미터 정도 되는 줄이나 끈을 이어붙여서 손 닿는 부분에 늘여 놓아두면 이를 비상시 잡아당겨서 꺼낼 수 있다.

자동차

나의 자동차는 비상시 나를 안전하게 보호해주는 쉘터나 대피소가 되어주기도 한다. 출퇴근이나 드라이브, 여행을 떠날 때에도 쓰지만 재난 시에도 활용도가 높다. 언제 어디서든 위기를 만날 수 있다는 것을 기억하라. 재난이란 예고 없이 찾아오게 마련이다. 주말 홀로 떠난 강원도 국도의 한적한 길 드라이브 중 좁고 구불구불한 도로 코너에서 미끄러져 추락 사고를 당할 수도 있다. 전화가 터지지 않거나 고장났다면 지나가는 차나 등산객, 혹은 집에서 행방불명으로 신고하고 119 구조대가 올 때까지 하루 혹은 몇 날 며칠을 기다려야 할지 모른다. 혹은 새해 일출맞이로 떠난 동해안의 국도에서 갑자기 내린 폭설로 도로에 갇힌다면 어떻게 할까? 눈이 녹거나 길이 뚫리고 구조대가 올 때까지 무작정 기다려야 한다. 지진이나 전쟁처럼 삶을 뒤흔드는 큰 재난상황도 언제 터질지 예고해주지 않는다. 원치 않게 한참

차 트렁크에 생존배낭과 몇 가지 장비들을 비치한 모습

동안 차에서 먹고자고 지내야 할 재난상황도 많다. 요즘은 차 트렁크에 스페어 타이어도 거의 없어지는 추세인데 위험한 도박이다. 큰 재난상황에선 보험사에 전화해도 긴급 출동 서비스를 쓰기 힘들다. 시간이 한참 걸리거나 아예 오지 않을 수도 있다. 따라서 내가 쓰는 자동차에 최소한의 안전장치를 할 필요가 있다. 차에 스페어 타이어와 펑크 수리킷, 작키 등 최소한의 장비를 넣어둔다. 생존배낭과 같이 준비한다면 언제 어디서든 재난과 사고에 대비할 수 있다. 재난상황을 대비한다면 4륜구동 SUV가 최고이지 않을까 생각하겠지만 꼭 그렇지만은 않다. 작은 경차나 세단 같은 승용차라도 크게 나쁘지 않다.

최근엔 작은 경차로 홀로 차박하는 게 유행인데, 어떻게 가능한지 유튜브로 살펴보자. 승용차 트렁크는 작아 보이지만 꼭 필요한 생존 장비들을 충분히 넣고 보관할 수 있다. 트렁크는 가장 크고 중요한 비축공간이 된다. 트렁크 안에 차량용 생존배낭을 넣고 2리터 생수병을 2병 이상 넣어놓는다. 튼튼한 운동화와 등산스틱, 골프채, 삽, 낫 같은 일상도구도 어떤 일이 일어날지 모를 비상상황에서 나의 호신과 안전에 도움이 된다. 평균적으로 승용차로 출퇴근하는 이들은 왕복 2시간 정도의 시간을 차에서 지낸다. 비상용품 외에 호신용품도 준비하자.

내 차에는 어떤 안전장비들이 있는지 확인하자. 생존배낭 외에도 미리 준비해두면 좋을 장비들을 체크해보자.

- 삼각대와 형광 안전조끼
- 스페어 타이어와 작키세트
- 십자/일자 드라이버와 펜치, 몽키 스패너, 렌치, 절단기 등 기본 공구 세트
- 펑크 수리용 키트 및 소형 펌프
- 간이 접이삽, 경사로 받침대
- 불꽃 신호탄 및 경광봉
- 우산과 비닐우비, 방수 등산자켓, 모자, 스키두건
- 경량 오리털패딩, 스웨터
- 등산스틱과 운동화, 트레킹화
- 여분의 물과 식량
- 코펠과 고체연료, 나무젓가락, 플리스틱 수저, 종이컵 등 1회용
- 식기들
- 비닐장갑, 면장갑, 고무코팅 면장갑, 우레탄 장갑
- 세면도구와 수건

- 견인줄 및 배터리 점프선
- 낫, 호미, 야삽 등 농기구
- 은박매트, 비닐매트, 침낭, 타프, 차량용 비닐커버
- 물이나 연료를 담을 수 있는 물주머니
- 연료 보충용 손펌프 및 깔대기
- 간이 소화기

직장 및 일터

일반인이 하루 중 제일 많은 시간을 보내는 곳은 집이 아니라 직장이나 일터 혹은 학교다. 2011년 3·11 동일본 대지진도 오후 3시, 학생들이 학교에서 쏟아져 나오고 사람들이 한창 일할 시간에 시작되었다. 이렇듯 직장에 출근하고 학교에 가는 평범한 일상에서도 큰 재난 상황을 맞을 수 있다. 따라서 생존배낭을 하나 더 마련하여 집 외에 일터, 직장, 학교 등 생활권 안에 구비하는 것이 좋다. 개인용 사물함, 개인 책상서랍, 관물대의 한켠을 비워서 쓰자. 책상 아래 생존배낭을 밀어넣고 생수병 한두 병과 등산스틱, 운동화, 운동복을 같이 준비한다. 남에게 보이거나 청소할 때 신경이 쓰인다면 천이나 비닐로 한 겹 둘러주거나 종이박스 안에 넣어둔다.

재난생존 영화 〈엑시트〉에서도 여주인공은 짧은 유니폼 치마를 벗고 츄리닝 바지로 갈아 입은 후 탈출에 성공했다. 직장에서 유니폼이나 치마를 입어야 하는 여성이라면 필히 운동복과 운동화 등을 같이 준비해두길 권한다. 일 년에 한두 번씩 하는 민방위 훈련이나 회

직장, 일터의 내 책상 아래나 사물함에도 작은 생존배낭과 운동화 등을 비치해놓자.

사의 화재대피 훈련 때, 혹은 고층빌딩 계단을 서둘러 걸어 내려가야 할 때 필수다. 굽이 높은 구두나 슬리퍼라면 미끄러지거나 넘어져서 크게 다칠 수 있다. 반드시 편한 신발이나 운동화를 준비하라. 운동복은 다리를 보호하고 활동의 제약을 없애준다. 추워지면 보온효과도 있다.

차별화하라!

생존배낭을 고가의 기성품으로 구입하지 마라. 직접 꾸려보라. 이렇게 말하는 가장 큰 이유는 나와 상황에 맞게 차별화, 최적화할 수 있다는 장점 때문이다. 남녀노소, 사는 지역 등이 다르면 대비해야 할 재난상황도 생존배낭 구성도 달라져야 한다.

계절별(여름, 겨울) 차별화

생존배낭 안의 구성품과 셋팅도 환경의 변화에 맞춰 바꿔야 한다. 한국에서 여름과 겨울의 온도 차이는 60도에(-20~40) 이른다. 극심한 온도 변화는 식량과 물은 물론 장비에도 좋지 않은 영향을 미치고 수분 유입과 결로를 부른다. 집 안에 두는 것은 그래도 큰 영향은 적겠지만 야외에 주차하는 차 트렁크 속이나 혹은 일터의 생존배낭은 영향을 크게 받게 된다.

1. 식량과 물

초코릿바, 에너지바, 사탕, 육포, 건과일, 물 등 음식류는 여름이 지난 후 서늘해지는 가을에 교체하는 것이 좋다. 페트병 안의 물은 겨울철 영하의 날씨에 얼어 터질 수 있으므로 지퍼백이나 비닐로 한 번 더 안전포장을 하거나 아이스크림 포장용 아틸론 단열재로 감싸준다. 겨울철엔 생수 페트병 안의 물을 다 채우지 말고 살짝 빼서 통의 80% 정도만 담는 것도 요령이다. 영하에 물이 얼어서 생수통이 팽창해 깨지는 것을 막고 차 운행 중에 물이 출렁거리면서 얼음이 생기는 현상을 최대한 늦출 수 있다.

2. 장비들

양초나 티라이트는 여름 차 속의 열에 녹아서 흐믈흐믈거리거나 휘어버린다. 부탄가스통을 챙겼다면 날이 뜨거워지는 6-9월까지는 빼주고 고체연료 등으로 대체해주는 게 좋다. 비상용으로 태블릿이나 핸드폰, 노트북을 차 안에 보관했다면 여름에는 잠시 빼두어야 한다. 안에 내장된 배터리가 고열에 오래 노출되면 누액이 생기거나 가스가 발생하여 케이스가 부풀어서 깨질 수 있다. 최악의 경우 배터리가 발화하거나 폭발할 수도 있다. 차 트렁크 안에 장비들을 넣었다면 보관할 때 좀 더 주의해야 한다. 여름 장마철의 잦은 폭우엔 지붕 결합 라인이나 뒷제동 등 옆의 틈을 타고 트렁크 안으로 물이 들어온다. 스페어 타이어 공간이 침수되거나 옷이나 장비에 곰팡이가 피기 쉽다. 폭우 뒤엔 물기가 들어오지 않는지 트렁크를 열고 자주 확인해야 한다.

지역별(산, 강, 바다, 전방지역) 차별화

지역별로 생존배낭의 구성품을 달리하기도 한다. 지역적 특성에 따라서 닥쳐올 위험의 종류나 확율이 다르므로 특성화하는 것이다. 물론 배낭의 3원칙을 지키며 무게나 부피가 크게 지장을 받지 않는 범위 안에서 구성품을 재배치한다.

1. 강, 바다, 상습적 저지대 침수 지역

갑작스런 홍수나 침수, 쓰나미를 대비해 물품을 구성한다. 물에 빠졌을 때 필요한 구명조끼나 튜브, 간이 구조장비, 밧줄, 커다란 방수 비닐주머니 등이다. 폼으로 된 구명조끼(부력 보조복)는 바닥에 깔아 냉기를 차단하는 깔개나 추울 때 입고 체온을 지켜주는 보온용으로도 겸용해 쓸 수 있다. 공기베개는 물에 빠진 이의 구조용 투척 튜브로 쓰거나 물을 넣는 물주머니로도 쓸 수 있다.

2 . 남부 지진 지역

최근 경주, 포항 지진 이후 제주도에서도 큰 지진이 간헐적으로 이어지고 있다. 이들 지역은 오래된 낙후 건물들과 교량, 터널 구조물도 많은데 지진 시에 건물 붕괴 등 큰 피해를 입을 수 있다. 지진과 건물 붕괴에 특화된 용품들을 구성해보자. 헬멧이나 지진모자, 수도라인 단수에 대비한 여분의 비상용 물과 정수장비, 정수알약 등이다. 붕괴된 건물이나 잔해를 치우고 인명 구조를 위한 지렛대나 빠루, 작키세트, 튼튼한 장갑 등이 추가될 수 있다.

3. 전방 지역

연평도나 울릉도, 경기북부의 접경 지역에선 북한의 국지도발이나 전쟁이 우려된다. 만에 하나 전시상황이 일어난다면 도움이 되는 것들로 추가 구성한다. 헬멧, 화생방 공격을 대비한 방독면과 필터, 비상시 빠른 대피를 위한 자전거나 오토바이, 나의 신원을 확실히 표시할 수 있는 신분증이나 태극기, 안전이나 항복을 표시하는 백기 등이다.

성별 및 나이에 따른 차별화

1. 어린이용 생존배낭

유치원생 정도의 어린이에게도 작게나마 자기만의 생존배낭을 만들어줘야 한다. 자녀들을 데리고 피난을 떠나거나 이동하는 과정에서 아이들을 잃어버리거나 놓칠 수 있기 때문이다. 부모 입장에선 생각하기조차 끔찍한 상황이지만 대비해야 한다. 아이용 배낭에는 좋아하는 과자나 음료, 젤리, 초콜릿과 사탕 등을 넣어주고 불안하고 무서운 마음을 달랠 수 있는 장난감이나 곰인형, 애착인형, 애착담요 등을 넣어준다. 크기와 무게가 부담스럽다면 고무풍선이나 주사위, 가면 같은 간단한 놀이기구도 좋다. 배낭은 물론 아이의 옷에 이름과 혈액형, 부모의 이름과 주소, 전화번호, SNS 연락처 등을 꼼꼼하게 적어두어야 한다. 아이에겐 생존배낭보다 생존조끼 타입이 조금 더 나을 수 있다.

2. 성별에 따른 생존배낭

남녀 모두 각자의 생존배낭을 준비한다. 소형비누, 1회용 면도기, 치약, 칫솔, 머리비닐, 손톱깎기, 소형가위 등을 작은 팩에 넣어 보관하자. 무료로 받은 모텔용도 좋다. 아무리 비상상황이라도 점차 상황이 진정되면 위생에 신경써야 한다. 남성에겐 가벼운 플라스틱 날면도기와 여분의 날, 여성에겐 생리대 등 여성용품이 필요하다. 생리대는 젖거나 오염되지 않게 따로 두꺼운 비닐팩에 넣어 이중으로 보관하고 수량이 모자랄 때를 대비해서 생리컵도 크기별로 준비한다. 비상시엔 속옷을 자주 갈아입기 힘들므로 환자용으로 파는 1회용 팬티 등도 충분히 준비해야 한다.

3. 노인용 생존배낭

평소 먹는 약이나 건강용품을 챙긴다. 영양 보조제, 혈압계, 온도계, 안경, 보청기, 성인용 기저귀, 지팡이 등이다. 성경이나 염주, 묵주 등 마음을 안정시켜줄 종교용품도 휴대할 만하다면 챙겨둔다.

피하라!

처음부터 최선의 조합을 찾아서 명품을 만들기는 어렵다. 처음 시작할 때는 최악의 것, 불필요한 것만 피해도 평타를 칠 수 있다. 스포츠나 악기를 처음 배울 때도 좋지 않은 습관을 교정받는다. 생존배낭 만들기도 마찬가지다. 피해야 할 점들을 기억하자.

클수록 좋다는 착각

처음 생존배낭을 만들 때는 이것도 필요할 것 같고 저것도 필요할 것 같아서 욕심을 내게 마련이다. 처음에 잡은 조촐한 학교 배낭은 너무 작아 보인다. 이것저것 비교하다 보면 조금 더 큰 등산배낭이나 멋진 신상배낭을 사고 싶어진다. 자기도 모르는 사이 인터넷 쇼핑몰을 기웃거리게 된다. 그러나 배낭이 무거워지고 커지면 이동이 힘들어진다. 생존배낭이 내가 견딜 수 있는 무게와 크기보다 더 무거우면 문제가 된다. 배낭을 메고 몇 시간 이상 계속 걷기 힘들어지거나 발과 무릎에 이상증상과 부상이 올 수 있다. 거친 길이나 계단에서 넘어지기 쉽고 뛰지도 못한다. 만약 일행 중에 아이나 환자처럼 약자가 있다면 더 난감하다. 따라서 생존배낭을 메고도 크게 무리가 없는 지점을 찾아야 한다. 초보자라면 보통 자기 몸무게의 15-20%가 적당하다. 가령 몸무게 60kg 성인이라면 10-12kg 정도가 부담 없이 메고 장시간 행군할 수 있는 무게다. 처음에 생존배낭을 꾸릴 때 난 왜 이 정도밖에 안 될까 하고 미리 걱정하지 말라. 이후 배낭을 메고 꾸준히 걷거나 등산하며 대피연습을 하고 체력을 키우다 보면 차츰 한계중량이 늘어나는 걸 느낄 수 있다. 설악산의 지게꾼은 한 번에 120kg까지 등짐을 지고 하루 몇 번씩 험한 산을 등반하지만 그 역시 처음부터 그렇게 했던 건 아니다. 오랜기간 꾸준히 훈련한 덕이다.

비쌀수록 좋다는 착각

시중에는 몇 만 원짜리부터 60만 원짜리까지 다양한 가격과 종류별로 생존배낭이 판매되고 있다. 한국에서는 생존배낭의 존재가 거의 알려지지 않고 있다가 경주, 포항 지진을 계기로 알려지게 되었다. 판매 제품 역시 이 사건 이후 우후죽순처럼 생겨났는데 대부분 별다른 지식이나 정보없이 이것저것 잡다한 캠핑용품을 넣은 수준에 그치는 경우가 많다. 고가의 것들도 마찬가지다. 생존배낭에 어울리지 않는 조잡한 제품이나 가짓수 채우기 용품, 혹은 너무 무겁고 불필요한 제품, 용도가 중복되는 물품으로 가득하다. 나도 여러 방송과 TV에 출연하여 비싼 생존배낭들을 살펴보고 판정을 내리기도 했는데 거의 다 부적합 판정이었다. 직접 만든다면 단 돈 몇 만 원으로도 그보다 좋은 생존배낭을 꾸릴 수 있다. 생존배낭이 비싸면 여러 개를 준비하기 힘들다. 생존배낭은 집뿐만 아니라 직장이나 일터, 학교, 자동차 드렁크 인에도 복수로 준비해놔야 언제 어디서 어떤 상황이 터진다 해도 바로 꺼내서 이용할 수 있다. 가족들 것도 추가로 필요한 만큼 적당한 가격의 것으로 여러 개 준비하는 편이 좋을 것이다.

생존배낭 안에 채워넣을 식량과 장비도 굳이 인터넷 쇼핑몰에서 따로 살 필요가 없다. 초코바와 통조림 등 식량은 주위 마트에서, 후레쉬와 호루라기 등의 장비는 대형마트나 다이소, 천원샵 등에서도 충분히 구입할 수 있다. 배낭도 굳이 새로 살 필요 없다. 집에서 쓰지 않고 방치한 학생가방이나 낡은 등산배낭, 여행용 캐리어만으로도 충분하다. 이번 주에 한번 직접 생존배낭을 꾸려보자. 판매제품의 십분의 일 가격으로 더 좋은 생존배낭을 구성할 수 있을 것이다.

피해야 할 스타일

1. 밀리터리룩

비상시 나의 목숨을 책임져줄 생존배낭! 튼튼한 것은 기본, 좀 더 그럴듯하고 남들과 차별화되는 특별한 배낭을 사고 싶을 것이다. 이 책에서는 집에 굴러다니는 학생가방도 괜찮다고 했지만 책을 덮고는 멋진 배낭을 인터넷에서 검색하게 될 것이다. 찢어지지 않는 특수천 재질에 포켓도 많아야 할 것 같고, 용량도 50리터급은 되어야 생존에 필요한 최소한의 것들을 겨우 넣을 수 있을 것 같기 때문이다. 무엇보다 디자인이 신경 쓰인다. 수풀이 우거진 산이나 들판에서 총을 들고 뛰어다니던 배틀그라운드 게임의 한 장면이 떠오른다. 군 위장무늬가 인쇄된 밀리터리룩 제품이 좋아 보인다. 잠시 고민하지만 결국 디지털 위장무늬에 많은 포켓과 지퍼, 조임끈이 사방에 달린 것에 등판은 금속 프레임과 메쉬가 달린 배낭을 주문한 후일 것이다. 배낭을 주문한 다음 여기 맞추기 위해 신발도 밀리터리룩의 대 테러화, 전술화 등을 찾아보게 된다. 전투화는 무겁고 투박하며 조임끈을 많이 묶어야 하지만 그런 것은 지금 보이지 않는다. 그리고 다음 날엔 아마도 서바이벌 인터넷몰에서 커다란 나이프들을 구경하고 있을지도 모른다.

밀리터리룩은 외관상 좀 더 생존전문가처럼 보이고 남과 다르게 보여서 선호하게 된다. 하지만 예상과 달리 피해야 하는 차림이다. 군인의 생존 제1원칙이 은폐엄폐이듯 재난 시에도 불필요한 주의를 끌지 말아야 한다. 평상시는 물론 재난을 당하거나 비상시에도 옷차림과 장비가 남의 주목을 끄는 게 좋을 건 없다. 남들처럼 허름하고 지저분하며 바닥에 놔두어도 신경도 안 쓸만 한 차림이 제일 좋다. 특이해서 눈길을 끄는 스타일은 곤란하다. 2022년 우크라이나 전쟁에서 지하대피소로 피신한 많은 피난민 속에서 민간인으로 위장한 러시아 스파이들이 여럿 발각되었다.

혼란스런 상황에서 사람들은 편을 가르고 낯선 이를 경계하게 된다. 밀리터리룩은 가장 먼저 군인으로 의심되며 요주의 인물이 된다. 더구나 뭔가 낯설고 이질적인 군복 스타일은 적군이나 테러

리스트로 의심받기 쉽다.

해외여행 경험이 많은 노련한 여행자들은 커다란 배낭은 숙소에 놓고 나온다. 현지인들 같은 평범한 일상 옷차림과 작은 가방만을 메고 다니며 소매치기나 강도의 시야에서 벗어난다. 재난을 당했을 때의 생존 옷차림도 마찬가지다.

2. 올블랙 패션

밀리터리룩까지는 아니어도 머리부터 발끝까지 검정색 즉 올블랙 패션을 하는 이도 많다. 뭔가 전문가나 대 테러 특수부대원 같기도 하다. 하지만 이런 차림도 의외로 눈에 잘 띄어 바람직하지 않다. 녹음이 우거진 숲이나 들판, 시골 등 야외에서도 올블랙은 금방 눈에 띈다. 영화를 찍는 게 아니라면 이런 차림은 불필요하다. 어디에서나 볼 수 있는 평범한 청바지나 베이지색 면바지에 회색 후드티나 티셔츠, 늘어난 운동복 차림이라면 누구도 신경 쓰지 않을 것이다. 너무 깨끗하다면 흙에 뒹굴어서 약간 지저분하게 하고 살짝 찢어놓거나 얼룩을 내는 것도 좋은 방법이다.

간단히 옷을 위장 얼룩하고 염색하는 방법

다림질이 잘 된 너무 깨끗한 옷은 무채색이라도 빛을 반사하여 멀리에서도 눈에 띄게 마련이다. 맨얼굴의 번들거리는 안광이 밤에 멀리서 잘 보이는 것과 같은 이치다. 이럴 때는 흙바닥에 옷을 던져 밟거나 쑥잎, 나뭇잎을 뭉쳐서 녹물이 날 때까지 비빈다. 제주의 갈옷처럼 감이나 사과 등 과일을 뭉개서 비벼도 적당한 얼룩을 만들 수 있다.

3. 갓 구매한 것 같은 새상품들이나 비싸 보이는 것

어떤 옷이나 장비, 배낭이든 방금 포장을 뜯거나 새로 산 것 같은 제품은 곤란하다. 현금이 많은 부자처럼 보이고 이웃의 주목과 괜한 호기심을 넘어 욕심을 유발하는 탓이다. 패션쇼가 아닌 만큼 적당히 지저분하게 오염시키고 마찰시켜서 실밥과 솔깃도 좀 터트리고 살짝 구멍도 내보자. 좋은 옷을 입었고 훼손하기가 너무 아깝다면 위에 허름한 코트나 점퍼를 걸쳐도 좋다.

4. 특이한 장식품, 휘장, 견장, 패치, 라벨들

전쟁터의 저격수, 스나이퍼들은 숨어서 단 한 방에 적 지휘관을 맞추기 위해 몇 날 며칠 한 자리에 은신한다. 이들은 멀리서도 무리 중 고참이나 지휘관을 파악할 수 있는 훈련을 받는데, 바로 계급장을 보거나 손가락으로 가리키며 지시하는 자세나 인사나 경례하는 듯한 행동, 상대를 질책하며 야단치는 것 같은 행동을 보고 힌트를 얻는다. 이런 행동은 1000미터 밖에서도 표시가 나며 그 순간 바로 저격수의 7.62밀리미터 총탄이 날아간다. 생존배낭을 완성하고 나면 뭔가 아쉬운 마음에 이런저런 휘장과 모조 계급장, 장식품, 견장, 패치, 라벨 등을 사서 붙이기도 하는데 추천할 만한 일은 아니다. 평범한 모자 대신 베레모 스타일도 마찬가지다. 베레모는 특수부대의 상징임을 기억하자. 쌍안경이나 무전기를 목에 걸거나 보이게 휴대하는 것도 마찬가지다. 이들 역시 주위의 불필요한 관심이나 주의를 끌게 된다. 최근엔 '내셔널 지오그래픽' '디스커버리 익스페디션' 등 엉뚱한 라벨을 자동차나 점퍼, 박스에 붙이는 게 유행인데 언론사 행사용이 아니라면 역시 추천하지 않는다. 당신이 허름한 위장을 했다면 한쪽 구석에 앉거나 모자를 푹 눌러쓰고 인파 속에 조용히 있어야 한다. 옆 사람들처럼 피곤에 지치거나 졸린 표정을 하는 것도 좋다.

피해야 할 장비들

1. 무거운 것

요즘 캠핑문화 확산으로 크고 묵직한 주물냄비나 후라이팬이 인기다. 야외서 불을 피워 고기를 구워먹는 데엔 좋다지만 이동이나 생존상황에서 무거운 것은 제외다.

2. 내구성이 의심되는 것

땅에 한두 번 떨어뜨리거나 충격을 가해도 쉽게 고장나지 않아야 한다. 작은 플라스틱 케이스 안에 뭔가 잔뜩 들어 있고 버튼과 레버가 많은 장비들은 피하라. 접합부나 연결부가 플라스틱으로 가늘게 사출된 것도 마찬가지다. 부러지기 쉽고 고치기는 힘들다.

3. 사용법이나 교육이 복잡한 것

장비는 초등학생 아이에게도 5분 만에 간단히 사용법을 설명할 수 있는 것이 좋다. 즉 사용법이 간단한 것이 좋다는 의미다. 사용법이나 교육, 작동법이 복잡하다면 몇 달 후 본인조차 헷갈리거나 잊을 수 있다. 정 필요하다면 옆면에 사인펜으로 작동법을 적어놓는다.

4. 구조가 복잡하고 너무 많은 기능들이 결합된 것

플래시 중엔 라디오와 싸이렌, 발전기, 충전핸들, 태양광전지 등 여러 기능이 결합된 생존용품도 많다. 이런 멀티제품은 많은 기능이 있지만 고장나기도 쉽고 어느 한 곳에 문제가 발생할 경우 다른 기능마저 쓰기 힘들어진다. 물론 수리도 힘들다. 되도록 단순하고 본연의 기능에 충실한 것을 개별단위로 고르자. 여러 개로 늘어나더라도 그 편이 차라리 낫다.

5. 수리가 힘들거나 분해 시 특수 공구가 필요한 것

플래시나 무전기의 배터리를 교체하기 위해 십자 드라이버는 물론 육각 드라이버나 별렌치가 필요한 제품이 있다. 배터리 등 소모품 교체는 풀숲에서 덜덜 떨리는 손으로도 간단히 할 수 있어야 하므로 특수 렌치나 별렌치 등의 제품은 제외하자.

6. 습기에 약한 것

산이나 야외에서는 생각보다 많은 비, 이슬과 안개를 만나게 된다. 되도록 생활방수 정도는 되는 것으로 선택한다. 제품 광고엔 방수가 된다고 하지만 실제로는 거의 안 되거나 약한 것들이 많다.

7. 전기나 연료, 에너지 사용량이 많은 것

대형 SUV나 큰 차는 엔진도 크며 힘도 좋다. 파괴된 도로나 물에 잠긴 도로에서도 주행성이 훨씬 더 낫다. 그러나 그만큼 연료도 많이 먹고 주행거리도 떨어진다. 비상시 연료나 에너지를 바로바로 구입하기는 생각보다 꽤 힘들 것이다. 심지어 지금은 흔한 AA건전지조차 마찬가지다. 성능이 뛰어난 제품들은 발열이나 진동도 더 크기 쉽다. 고장 확율도 더 높다는 뜻이다. 기능이 뛰어난 대신 연료나 에너지 소모가 많은 것보다는 적당한 것이 좋다.

8. 소음이 큰 것

가솔린 발전기를 사서 냉장고를 돌리려는 계획을 가졌다면 모를까, 소음이 큰 발전기를 소지하는 것은 바람직하지 않다. 버튼을 트는 순간 굉음으로 인해 온 동네 사람들이 당신의 존재를 알게 될테니 말이다. 비상시 전기가 필요하다면 냉장고를 돌릴 것인지 휴대폰이나 노트북을 충전할 것인지 먼저 고민하라. 후자라면 태양광 충전기, 대용량 보조배터리 등 더 저렴하고 다양한 방법들이 있다.

9. 장착 배터리나 소모품 등이 특수한 것

서구진영, 공산진영은 총기는 서로 다르더라도 모두 같은 규격의 탄알과 탄창을 사용한다. 소모품은 쉽게 구할 수 있어야 하기 때문이다. 최근 고성능 플래시의 경우 18650, 14500 등 특수 충전지를 사용하는 모델도 늘어나는 추세인데 비상시엔 충전이 힘들 수 있다. 전용 소모품은 구하기 힘들고 한 번 고장나면 고치기도 더 힘들어진다.

10. 사용이나 작동법이 위험한 것

가솔린 버너는 휘발유를 작은 연료탱크에 조심스레 넣고 에어를 압축한 후 예열용 점화를 하는 등 사전작업과 사용법이 복잡하다. 가스랜턴 석면심지도 사용 시와 교체할 때 까다롭다. 이런 장비가 꼭 필요하다면 장갑이나 고글 등 안전장구를 갖추고 아이나 초보자는 되도록 못 만지게 교육해야 한다. 사용법이 위험한 것은 되도록 피한다.

11. 사용빈도가 낮은 것

시골에 살면서 고가의 휴대용 화장실 세트를 구매하지 마라. 실제 나의 지인은 그랬다. 반드시 자신에게 꼭 필요한 것인지, 현재 처한 상황에서 유용하게 쓰일 것인지 판단하고 준비하라.

꼭 기억해야 할 72시간 생존배낭 주의사항

1. 작고 가볍게 한다.
2. 가족 모두의 것을 만든다.
3. 집 안 잘 보이는 곳에 비치한다.
4. 직장과 차 안에도 비치한다.

재난영화로 배우는 생존법2

더 임파서블

타이틀	더 임파서블(The Impossible, Lo imposible, 2012)
장르	드라마/스릴러
국가	스페인
등급	12세이상관람가
러닝타임	113분
감독	후안 안토니오 바요나
출연	이완 맥그리거, 나오미 왓츠
줄거리	'마리아'와 '헨리'는 크리스마스 휴일을 맞아, 세 아들과 함께 태국으로 여행을 떠난다. 아름다운 해변이 보이는 평화로운 리조트에서 다정한 한때를 보내던 크리스마스 다음 날, 상상도 하지 못했던 쓰나미가 그들을 덮친다. 단 10분 만에 모든 것이 거대한 물살에 휩쓸려간다

감상평 & 영화로 배우는 생존팁

우리도 자주 가는 동남아의 천국 같고 환상적인 휴양지에 어느 날 갑자기 쓰나미라는 대재난이 들이 닥친다. 수많은 사람이 죽고 모든 것이 쓸려나가며 무너졌다. 2004년 12월 26일 크리스마스 연휴에 동남아시아를 강타한 인류 최대의 재난. 30만 명이 사망실종되었던 동남아시아 쓰나미 사태에서 기적적으로 살아남은 가족의 실화를 영화화했다.

재난영화라면 빌딩과 모든 것이 다 부서지고 파괴되며 영웅이 나오는 것도 많다. 하지만 가족애가 잘 드러나는 감동적인 재난영화를 온 가족과 함께 보는 것도 좋은 경험이 될 것이다. 무엇보다 실화를 바탕으로 각색했다는 것이 큰 감동을 준다.

엄마와 아들이 쓰나미에 정신없이 휩쓸리는 장면은 정말 압권이다. 실제와 구분이 가지 않을 정도로 실감이 났고 사실적이어서 공포가 그대로 전해진다. 거친 물살에서 겨우 살아남았지만 큰 부상을 입고 헤어지며 병원을 전전하는 가족들. 과장이나 억지 감동, 혹은 군더더기 없이 각 장면을 깔끔하게 보여줘서 더 현실감 있고 공감이 되었다. 영화라기보다는 다큐멘터리 같기도 하다. 주연 배우들의 연기가 좋고 가족의 사랑도 그대로 느껴진다. 특히 아이가 있는 부모라면 눈물을 펑펑 흘리게 만들 것 같다.

이 영화의 또 하나 좋은 점은 재난상황에서 사람들의 이타정신을 보게 해주었다는 것이다. 핸드폰 배터리가 10%만 남아 있는데 남에게 빌려주며 통화하게 한다거나 다른 집의 실종자를 찾기 위해 뛰어다니는 장면 같은 것이 그렇다. 재난상황 시 자기자신과 가족만 챙기고 약탈하고 빼앗고 밀치고 싸우기 쉽다. 하지만 이렇게 한편에선 서로 돕고 의지하며 봉사하기 위해 달려오는 의인들을 자주 보게 된다. 이것이 재난을 이기는 힘이 아닐까 싶어 감동했다. 보고 나면 무료한 일상을 감사히 여기게 만든다.

최근 전 세계적으로 기상이변과 기후변화로 자연재해가 급증하고 있다. 대부분의 사람들이 아직 그 심각성을 제대로 모르는 편인데 자연재해 앞에서 인간은 한없이 작아진다. 그 어떤 인간의 대비나 과학기술도 무용지물임을 잘 보여준다. 재난영화는 인간에게 경고와 자연의 무서움을 동시에 보여준다.

▶ 한줄평

생존배낭에 넣을 용품 중에 방수 핸드폰과 충전기, 보조배터리가 얼마나 중요한지. 실은 이 물건들이 식량보다 더 중요한 것임을 보여준다.

3장

비상식량

비상식량 4원칙

비상식량은 생존용품보다 좀 더 까다롭게 신경써야 한다. 사람이 먹는 것이고 유통기한의 한계가 있기에 구매와 보관에도 좀 더 정교한 규칙과 제한이 필요하다. 또한 주기적인 점검과 확인, 교체가 요구된다.

1원칙: 고르기

1. 되도록 보존기간이 긴 것

라면의 유통기한은 겨우 6개월이다. 금방 돌아온다. 유통기한이 최소 1년 이상인 것, 되도록이면 2-3년 이상인 것을 고르자. 참치캔도 종류에 따라서 유통기한이 다르다. 유통기한이 2-3년짜리인 양념된 고추참치보다 5-7년짜리 담백한 일반참치가 좋다.

2. 평소 먹던 것들로 입맛이 없더라도 쉽게 먹을 수 있는 것

크게 놀라거나 슬픔에 빠진 이들, 환자, 입이 예민한 임산부들도 먹을 수 있는 즉석죽과 스프 등 유동식도 준비하자.

3. 영양이 풍부하며 열량도 높을 것

일반적인 초코바보다는 곡물, 땅콩, 시리얼, 건과일 등이 같이 들어간 에너지바가 더 좋다. 탄수화물, 단백질, 지방 등 필수 영양이 골고루 첨부되었는지 확인하고 고르자. 특정 영양소의 부족은 단기간은 몰라도 인체에 분명한 해를 끼친다.

4. 휴대가 간편하며 보관이나 이동 중 충격을 받아도 파손되거나 깨지지 않을 것

유리병 조림보다는 캔이나 은박 파우치에 담긴 레토르트 보관식품이 좋다.

5. 불에 올리거나 가열하지 않아도 되는 것

갓 지은 따듯한 밥이 먹기에는 좋지만 조리는 힘들다. 햇반은 그냥도 먹을 수 있다. 되도록 조리과정이 없거나 혹은 최소한으로 조리할 수 있는 식재료를 고르자.

6. 가격이 저렴하고 되도록 국산일 것

최근 해외직구로 해외 비상식량, 전투식량도 많이 수입하지만, 아직 우리 국민의 입맛에 익숙지 않다. 먹을 것만큼은 수입산보다 입맛에 맞는 국산으로 준비하자.

7. 패킹이나 포장이 간편해서 쓰레기 발생이 최소화되는 것

포장을 개봉했는데 갖가지 소포장 비닐과 플라스틱틀, 플라스틱 수저와 포크, 발열팩 등이 한가득 나온다면 곤란하다. 개봉해 뜯기도 힘들고 준비하는 과정도 오래 걸린다. 포장이 많다는 것은 쓸데없이 부피가 크다는 뜻이기도 하다. 쓰레기 배출도 항상 고려해야 한다.

8. 수저나 나이프, 젓가락 등 특별한 도구가 없이도 먹을 수 있는 것

행동식은 포장만 개봉해서 바로 먹을 수 있는 게 좋다. 무게도 더 가볍다. 외국 생존전문가 유튜브에서 보던 것처럼 나무를 깎아서 수저와 젓가락을 만드는 것은 생각보다 더 힘들고 시간도 많이 걸린다.

9. 전용 오프너나 캔따개 같은 특별한 개봉도구가 필요없는 것

외제 비상식량이나 플라스틱 버킷 장기보존 식품들, 대용량 통조림 등은 따로 캔따개, 통오프너가 있어야 한다. 맨손으로 억지로 따려다 힘만 들고 자칫 부상을 당하기도 한다. 나의 경우가 그랬다. 또 이런 것들은 따로 챙기기도 힘들고 몇 년 뒤에 쓰려고 보면 사라져 없을 수 있다.

10. 쉽게 물리지 않고 오랫동안 먹을 수 있는 입맛에 맞는 것

너무 달거나 짜거나 느끼하거나 특이한 향신료 냄새가 난다면 오래 먹을 수 없다. 내 입맛보다는 모두가 선호하는 것으로 고르자. 담백해야 오래 먹을 수 있다.

11. 이동 중 부스럭거리거나 달그락거리는 소리나 진동이 없는 것

통조림 캔을 한꺼번에 모아 보관하거나 식기, 나이프, 따개 등 금속장비들과 같이 보관하면 이동 중 달그닥거리는 소리가 나게 된다. 굉장히 신경에 거슬리고 이웃들도 민감해할 것이다. 한 봉지에 다같이 넣었다면 사이에 옷이나 양말 등을 끼워 소리가 나지 않게 한다.

12. 햇볕 등 일시적인 가열이나 온도변화에 크게 민감하지 않은 것

여름의 햇볕은 아주 강하며 차 안은 순식간에 70도까지도 쉽게 올라간다. 초콜릿이나 사탕은 녹아서 줄줄 흘러내리게 된다. 얇은 플라스틱통은 온도 상승에 가스가 생겨서 통이 부풀어오르다 깨지거나 액체가 새기도 한다. 온도변화에 큰 영향이 없는 것을 고르자.

13. 영양소 외에 소금이나 비타민, 섬유질 등도 생각하자

인체는 3대 영양소 외에도 다양한 영양소를 필요로 한다. 압축된 고열량 비상식량만 먹는다면 영양 불균형 증상이나 변비 같은 장트러블 현상이 나타날 것이다. 비타민, 섬유질을 보충하는 건과일, 미역, 건해초류 등을 같이 준비하자. 비타민 알약을 한 통 챙기는 것도 좋다.

14. 기왕이면 남들도 선호하는 것이 좋다. 비상시 팔거나 물물교환에 요긴하다

나만의 독특한 식성이나 특이한 맛보다는 일반적으로 사람들이 좋아하는 것을 선택하자. 필요 시 이웃에게 돈을 받고 팔거나 물물교환 용으로 쓸 수 있다.

15. 완전 건조식품과 반건조, 유동식품의 비율을 조절하자

다이제 쿠키나 건빵, 동결건조 비빔밥은 가볍지만 먹을 때 한 컵의 물이 필요하다. 사람은 음식을 통해서도 하루 필수 물 섭취량을 채우게 된다. 배낭의 비상식량을 너무 완전 건조식품으로만 구성한다면 물을 구하기가 더 어려워질 것이다.

2원칙: 누가 먹을 것인가

1. 어른과 아이의 입맛은 다르다. 아이용도 준비하라

아이들은 스트레스에 약하다. 바뀐 상황에 어른보다 더 공포를 느낄 것이다. 마음을 달래줄 수 있도록 평소 좋아하던 과자나 사탕, 젤리, 음료 등을 추가하자.

2. 환자나 노인을 배려한 구성

누구든 큰 스트레스 상황이 되면 입맛이 없어지고 배탈이 날 수도 있다. 죽이나 스프 같은 환자나 약자를 위한 유동식도 필요하다.

3. 사람이 먹을 것 외에 반려동물 것도 준비한다

사람이 먹을 비상식량도 모자랄 때 반려동물에게 나눠주는 것은 심각한 딜레마를 유발할 수 있다. 나에게는 자식 같은 반려동물이라 내가 먹을 것을 떼서 먹이로 준다 해도 남이 보기엔 거슬릴 수 있다. 동물들 입장에서도 문제가 될 수 있다. 보통 비상식량은 평소 먹던 것들이 아니라 입맛에 잘 맞지 않는다. 조리도 대충 엉망으로 하고 미지근하다면 더 먹기 힘들다. 사람은 꾹 참고 먹을수 있지만 동물들은 그렇지 않다. 먹기를 거부하거나 뒤집어 엎거나 도망갈 수 있다. 반려동물용 비상식량(사료)을 따로 준비해야 하는 이유다.

3원칙: 구매와 저장

1. 분할구매

비상식량이 필요하다고 해서 절대 한 번에 다 몰아서 사면 안 된다. 비상시 혹은 재난상황이 당초 예상했던 것보다 나쁘지 않아 빠른 시일 내에 해결되는 경우가 대부분이기 때문이다. 상황을 너무 비관적으로 받아들이거나 조급하게 굴지 말라는 뜻이기도 하다. 비상식량을 한 번에 왕창 산다면 유통기한이 지난 것들을 처리하거나 버릴 때 애를 먹을 수 있다. 매달 마트에 갈 때 여윳돈으로 조금씩 사 두는 걸 추천한다.

2. 순환소비

식자재의 유통기한은 생각보다 짧다. 기한이 끝나기 전 종종 먹어서 소모하거나 익숙해지는 연습을 하는 것도 좋다. 아이들과 매분기 혹은 반기마다 비상식량 먹는 날을 마련해보자.

3. 분산저장

비상식량은 말 그대로 비상시에 먹을 것들이다. 문제는 비상시가 언제 닥칠지 모른다는 것이다. 집과 직장, 차 안에 먹을 것들을 일부 나누어서 저장하자. 집이든 회사든 한군데에 몽땅 비축해놓았다가 갑자기 그곳을 떠나야 하는 상황이 생기면 낭패일 것이다. 혹은 그런 물품들이 서둘러서 떠나야 할 때 발을 묶는 족쇄가 될 수 있다. 이외에도 나만이 아는 비밀 장소에 20리터 플라스틱 버킷 등에 비상식량을 저장해서 숨겨놓을 수도 있다.

4원칙: 분류와 정리

1. 품목별 분류

되도록 같은 분류의 것들은 모아서 밀봉 저장한다. 이렇게 하면 한 번에 빨리 찾을 수 있고, 나중에 폐기하기도 쉬워진다. 비닐봉지,

비닐지퍼백, 천 등을 이용한다.

2. 사용 빈도별 분류

자주 쓰는 것은 배낭 위쪽으로, 사용 빈도가 낮은 것은 바닥쪽에 놓는다. 바로 써야 할 것들이나 자주 쓰는 것들은 배낭을 열고 꺼내기 쉬운 곳, 주머니, 혹은 덮개 쪽에 수납한다.

3. 리스트 만들기

비상식량의 품목과 구입날짜, 유통기한 만료일 등 리스트를 만들어 관리하자.

비상식량의 종류

비상식량은 대피나 이동할 때 간단히 먹을 수 있는 단기식량(이동식)과 안전한 집이나 쉘터에서 오랫동안 먹을 장기식량으로 나뉜다. 물론 어느 상황에서든 모두 먹을 수 있지만 집을 나와 대피하는 중이나 야외에선 최대한 간단히 바로 먹을 수 있는 먹거리가 좋다. 물과 불, 그릇, 수저 등 조리도구가 필요없거나 최소한만 쓰는 것을 말한다. 생존배낭 안에 넣는 비상식량은 취급과 보관이 간편하고 누구나 좋아하며 바로 먹을 수 있는 것들로 선택한다.

쌀, 전투식량

1. 쌀

우리의 주식이며 장기식으로 오랫동안 보관하고 먹을 수 있지만 생쌀 그 자체로는 생존배낭에 어울리지 않는다. 밥을 하려면 반드시 물과 불이 있어야 하고, 조리 시간도 길기 때문이다. 요즘은 원터치 압력밥솥으로 밥을 하기에 얇고 가벼운 코펠이나 냄비로 밥을 짓는 것을 힘들어 하는 사람도 많다. 옛 사람들은 밥을 지은 뒤 햇볕에 잘 말려서 꼬들거리게 만든 다음 비상용으로 휴대하거나 쌀을 갈아서 쌀가루만 휴대했다가 배가 고프면 한 주먹씩 입에 털어넣기도 했다. 6·25전쟁 때 한국에 침입한 중공군이 이런 쌀가루 복대를 하나씩 차고 다닌 것으로 유명했다. 딱히 대안이 없는 북한 주민들은 생존배낭 안에 아직도 쌀주머니를 준비한다. 최근 쌀밥을 1회용기에 포장시킨 햇반이 널리 보급되었다. 유통기간은 1년이지만 실제로는 몇 년 더 오래 보관할 수 있다. 간단히 먹기에 좋지만 무게가 무겁고 데우지 않으면 너무 빽빽해서 먹기가 힘든 것도 있으니 주의해야 한다.

2. 전투식량(동결건조 비빔밥)

한국군 전투식량으로 출발했지만 지금은 대형마트에서도 민수용을 쉽게 살 수 있다. 끓는 물만 부으면 30분 만에 잘 불어서 맛있는 비빔밥이 완성된다. 꼭 뜨거운 물이 아니더라도 찬물을 넣고 2시간 정도 기다리면 역시 먹을 수 있다. 유통기한은 보통 2년 정도로 생각보다 짧은 편이다. 다만 내용물 중 참기름이나 스프처럼 먼저 상할 수 있는 것들은 빼고 동결건조된 밥만 먹는다면 좀 더 오래 먹을 수 있다. 동결건조 비빔밥과 비슷한 것으로 알파미가 있다. 맨밥을 동결건조한 것으로 담백한 맛이지만 첨가물과 양념이 없어서 더 오랫동안 보관이 가능하다. 미군용 전투식량으로 C레이션이 유명하다. 각 나라의 전투식량 가운데 투박한 편에 속하는데 맛보다는 영양가와 열량 공급에 치중한다. 마치 인간사료 같은 기분이 든다. C레이션 등 전투식량은 매 끼니당 제공 열량이 한국인 기준으로 엄청 높아서 한 팩으로 하루를 견딜 수도 있다. 다만 시중에서 구할 수 있는 것들은 유효기간이 다 되어가는 폐기품이나 불하품이 많은 게 단점이며 가격도 생각보다 고가이다. 입맛도 한국인에겐 맞지 않는 경우가 많아서 한두 번 정도는 호기심으로 구매할 만하지만 그 이상은 힘들다.

라면과 국수

1. 라면

비상식량의 대명사처럼 알려져 있지만 그 반대다. 유통기한이 5-6개월로 너무 짧고 기름에 튀겨져서 기한이 조금만 지나도 금방 산패되어 냄새와 맛이 나빠진다. 여름철에는 산패 속도가 더 빨라진다. 요리할 때도 물과 불을 이용해서 한참 끓이며 요리해야 한다. 비상시엔 그냥 깨물어 먹어도 되지만 대부분 사람들은 요리를 더 우선한다. 라면은 영양도 부족하고 부피가 커서 많이 보관하기 힘들다. 생존배낭에는 맞지 않아 보이지만, 뜨끈한 라면 한 그릇은 춥거나 힘들 때 커다란 만족감을 주기에 한두 개 정도 준비할 수 있겠다.

2. 국수

국수는 기본 유통기한이 2-3년으로 훨씬 길고 저렴해서 장기 비상 식량으로 좋다. 면이 얇아서 금방 익고 고추장이나 간장에 비벼서 간단히 먹기에도 좋으며 남녀노소 다 좋아해서 단점을 찾기 힘들다. 다만 장기 보존식으로는 좋지만 휴대하며 먹는 행동식으로는 생각해봐야 한다. 2리터짜리 페트병 안에 넣으면 의외로 많이 들어가고 휴대하기에 좋다.

참치캔과 통조림

1. 참치캔

참치캔은 한국인 남녀노소 누구나 좋아하고 찌개, 볶음밥, 샌드위치, 비빔밥 등에 모두 잘 어울리며 한식에 잘 맞는다. 요리에 첨가하거나 데우지 않고도 개봉해 바로 먹을 수 있다는 장점이 있다. 살코기와 조미액 기름은 비상시 부족하기 쉬운 단백질과 지방을 쉽게 얻게 해준다. 무엇보다 유통기한이 아주 길다. 5-7년 정도 공식 유통기한이지만 캔이라는 특성상 몇 년 더 지나도 먹을 수 있다. 다만 일반 살코기 참치캔만 장기보관이 유리하고, 고추참치 등 양념을 한 조미제품은 유통기한이 3년 정도로 많이 떨어진다는 것을 명심하자. 가격도 한 캔당 2천 원 초반으로 저렴하며 휴대와 소지가 간편하다. 200그램 캔 한두 개는 생존배낭 안에 필수로 넣어두자. 또 한 가지 주의할 점은 캔 윗면이 양철이 아닌 쉽게 따기 쉬운 알루미늄박의 이지캔 방식으로 된 것은 쉽게 파손되어 장기보관이 힘들다.

2. 스팸

비상용 통조림의 대명사로 참치와 스팸을 들 수 있다. 참치캔은 맛이 담백하고 살코기 위주인데 반해 스팸은 다량의 지방과 첨가물이 배합되어 짜고 강렬하다. 상대적으로 좀 더 고가이며 지방이 많고 양념이 되어 유통기한도 상대적으로 짧다. 스팸의 단점은 너무 짜서 밥 없이는 그대로 먹기 힘들다는 점이다. 그래서 먹고 난 뒤에 물을 더 마시게 된다. 참고로 스팸은 한국 판매용보다 미국산이 훨씬 짜다. 아울러 아질산나트륨 같은 갖가지 첨가제, 보존제들이 들어 있다는 점도 단점이 될 수 있다. 배고픈 생존상황에 그런 웰빙을 따질 것이냐 생각할 수 있다. 하지만 갑자기 많이 먹게 된다면 가려움이나 부스럼, 알레르기 등 이상반응으로 고생하거나 설사를 초래할 수도 있다. 특히 아이들은 좀 더 주의해야 한다. 장점으로는 캔이 대부분 알루미늄 방식이라 양철캔을 쓰는 참치캔이나 다른 통조림에 비해서 살짝 가볍다. 캔이 아닌 얇게 슬라이스되어 마일러팩에 넣은 제품은 휴대나 그냥 먹기도 훨씬 편하지만 장기보관은 힘들다. 스팸과 비슷한 제품으로 런천미트가 있다. 성분표시를 잘 확인하자. 보기엔 비슷해 보일지라도 스팸과 런천미트캔은 돼지고기 함량에서 많이 차이 난다. 런천미트는 닭고기 함량이 좀 더 높으며 맛과 식감이 떨어진다. 달군 프라이팬에 올려 구울 때 기름이 잘잘 흐르는 스팸을 대중은 아무래도 좀 더 선호할 것이다. 생존배낭 안에 스팸캔이나 런천미트캔을 넣어두자. 통조림은 이외에도 여러 종류도 다양하게 준비할 수 있다. 마트에 가면 다양한 통조림이 있으니 성분과 유통기한을 참고하여 신중하게 고르자.

초코바와 사탕류

1. 초코바

단기 행동식의 대명사이다. 생존배낭 안은 물론 EDC나 힙색, 주머니에도 한두 개쯤 넣고 다니며 먹기에 좋을 만큼 휴대성이 높고, 바로 꺼내 먹어 에너지를 보충하는 데 유리하다. 울트라 마라톤이나 종주등산을 하는 이들이 배낭 무게를 최대한 가볍게 하기 위해 초코바 및 에너지바만 챙기기도 한다. 에너지바는 초코바에 땅콩이나 곡물, 꿀, 시리얼, 시럽, 땅콩, 올리고당, 말린 과일 등을 첨가하여 맛이나 영양이 더 좋다. 그러나 여러 물질이 섞인 만큼 장기 보관에는 상대적으로 좀 불리하다. 2년 내로 주기적으로 순환소비하며 교체한다면 좋은 선택이다. 그러나 더운 여름이나 햇빛 아래 두면 금방 녹아서 흐물거리나 터져서 주머니나 배낭 안을 난장판으로 만들 수 있으니 주의하자. 에너지바는 가격이 고가인데 집에서 초콜릿을 녹인 후 갖가지 곡물, 땅콩, 건과일을 섞어서 만들어도 좋다.

2. 사탕과 설탕

많은 먹거리 중 부피와 중량에 비례하여 가장 열량이 높다. 일종의 방부제 역할을 해서 장기 보관도 가능하다. 동네 마트에서 쉽게 살 수 있는 사탕이나 젤리류 역시 당분 보충에 좋다. 다만 사탕은 더운 여름에 생각보다 쉽게 녹아 흘러내리고 끈적해지며 주위 물건에 달라붙어 골치 아프다. 대안으로 포도당 캔디류는 좀 더 고가이지만 여름에도 녹거나 흘러내리지 않고 체내 흡수 속도가 더 빠르다. 오래전부터 갱엿도 전통적으로 중요한 비상식량으로 쓰였다. 설탕은 전부 수입품이며 전시, 비상시에 가격이 오르기 쉽다. 생존배낭용으로는 카페에서 많이 쓰이는 길쭉한 스틱 설탕류를 준비하는 것도 좋다. 가격도 싸고 휴대가 좋으며 한 개씩 꺼내서 입에 넣거나 음료에 타 먹기도 좋다. 당분 보충용으로 설탕, 사탕 외에 꿀, 잼, 올리고당, 시럽, 과실청 등을 이용하는 것도 좋다.

건과일, 건조식량

1. 건과일

좋은 비상식량이다. 건조시키면서 당도와 열량이 더 높아지고 부피나 무게가 줄어들어 보관 및 휴대도 간편하다. 개봉해서 바로 먹을 수 있다는 것도 큰 장점이다. 말린 과일류로는 바나나칩, 건포도, 건자두, 곶감, 건단감 등이며 주변 마트에서도 쉽게 구할 수 있다. 다만 건포도류는 수분이 많이 남아서 곰팡이가 슬거나 변질될 우려가 있으니 수분흡수제를 동봉해서 진공팩 처리나 은박마일러 백 안에 보관해야 한다. 말린 과일들은 상큼하고 쫀득한 맛으로 지친 몸과 마음을 달래주는 데 큰 도움이 되고 비상시 부족하기 쉬운 비타민과 섬유질을 제공해주는 좋은 비상식량이다. 건과일은 시중에서 쉽게 살 수 있지만 조그마한 가정용 건조기가 있다면 직접 만들어도 좋다. 제철과일이 쌀 때 대량으로 사서 껍질을 벗기고 며칠 햇빛에 건조한 다음 가정용 기기로 재건조하면 간단히 완성된다.

2. 말린 고기류 및 기타

재난과 난리가 많았던 과거에는 집집마다 식량꾸러미를 준비하고 비상시 들고 바로 대피할 수 있도록 준비했다. 이때엔 비상식량으로 말린 북어포나 오징어, 미숫가루, 미역, 육포, 말린 고구마줄기, 청국장 등을 주로 준비했다. 오랫동안 보관이 가능하고 영양도 풍부해서 지금도 똑같은 리스트를 바탕으로 비상식량을 꾸린다 해도 손색이 없다. 건조한 해조류는 비상시 부족하기 쉬운 섬유소와 요오드, 비타민을 보충해주는 데 아주 좋다.

분유와 분말스프

1. 분유

분유를 유아나 아이들만 먹는 것으로 생각하기 쉽지만 일상에서 각종 음식을 할 때 많이 사용한다. 주로 과자나 빵, 각종 음료에 사용된다. 따듯한 물에 분유가루를 넣어 저으면 금방 우유가 되어서 맛있게 마실 수 있다. 비상시 부족하기 쉬운 지방과 단백질을 쉽게 보충할 수 있으며 특히 아이들에게 유용하다. 우유를 열풍 건조하여 가루로 만든 분유는 재미있게도 과거 몽골 전사들의 전투식량으로 사용하던 것이다. 그들은 말과 양의 젖을 건조시켜서 가루로 만들어 가죽주머니에 넣어서 휴대하였다. 이것을 먹으면서 몽골 전사들은 서역원정을 떠났는데, 전투 중 잠시 틈이 나면 말 위에서 분유를 한 주먹씩 털어 먹으면서 금방 기운을 되찾아 다시 칼을 휘두르고 활을 쏘았다고 한다. 바로 이 비상식량이 징기스 칸의 세계 정벌을 도운 일등공신 중 하나로 꼽힌다.

분유는 전지분유와 지방을 뺀 탈지분유로 나뉜다. 전지분유는 지방이 포함된 만큼 에너지와 칼로리 함량이 무척 커서 비상용으로 좋다. 탈지분유는 지방을 제거하였기에 영양은 좀 떨어지지만 장기간 보존에 좋다. 시중 마트의 분유 코너에 가면 맨 아래칸에 1킬로그램짜리 포장분유가 있다. 주로 제과제빵용이나 헬스를 하는 이들의 영양 보충제로 판매된다. 전지분유를 따로 소포장하여 배낭 안에 조금씩 보관하자. 락앤락이나 은박파우치, 500밀리리터 생수병에 잘 밀봉보관하면 된다. 물에 타 먹어도 좋고 몽골전사들처럼 가루채 입에 털어넣어 먹어도 된다. 최근엔 수입산 멸균우유들이 저렴하게 많이 수입되고 있다. 유통기한도 1-2년 정도로 길고 분유를 물에 타는 과정없이 바로 먹을 수 있어서 한두 팩 정도 같이 보관하는 것도 좋을 것이다.

2. 분말스프, 분말죽

역시 비상식량은 물론 생존배낭용으로 좋은 품목이다. 보통 은박 파우치로 소포장하여 판매되지만 대형마트에 가면 1킬로그램짜리 대용량도 있다. 끓는 물에 넣어 잠시만 데우면 구수하고 맛난 스프나 죽을 먹을 수 있다. 영양은 크지 않지만 비상시 힘들고 지칠 때 따듯한 스프와 죽 한 그릇은 큰 힘이 되어줄 것이다. 특히 아이나 환자, 임산부, 노약자들처럼 상황을 견디기 힘들어하는 분들에게 식단을 따로 만들어주기 어려운데 이럴 때 미리 준비한 즉석 스프나 죽을 제공하면 큰 도움이 될 것이다.

레토르트

레토르트란 3분 짜장, 3분 카레 등 은박 파우치에 담긴 장기 보관 식품을 말한다. 통조림은 캔 자체의 무게가 무겁고 물이 묻으면 표면에 녹이 슬기 쉽다. 다 먹고 버리면 흔적이 남는 등 뒷처리도 힘들다. 적진에 침투해서 은밀히 활동하는 특수부대는 자신들의 흔적을 절대 남기지 않아야 한다. 만약 사소한 것으로 흔적이 발견된다면 작전 실패는 물론 생사까지 힘들어진다. 은박 파우치로 된 전투식량은 다 먹고 작게 말거나 접으면 버리기도 쉽고 흔적을 남기지 않아서 좋다. 통조림은 여러 개를 배낭 안에 넣고 이동할 때 서로 부딪혀서 달그락하는 소리가 들리는 단점이 있지만 레토르트는 소리가 나지 않으며 겹쳐서 보관할 수 있으므로 더 많이 휴대할 수 있다. 2차대전 이후 미군은 통조림의 단점을 보완해서 군용으로 개발한 레토르트를 현재

민간에 보급하여 다양한 종류로 개발·활용하고 있다. 구입 후 종이팩은 버리고 알맹이만 빼내서 비닐로 한 겹 더 재포장 후 보관한다.

다이제 비스킷, 건빵

1. 비스킷

배낭에서 바로 꺼내 먹을 수 있는 비스킷, 건빵, 쿠키류도 최고의 비상식량이다. 비스킷이라는 것 자체가 과거 로마시대의 비상식량에서 유래했다. 세계를 제패한 로마군은 전투와 행군 중에 간편하게 먹을 수 있는 전투식량이 필요했는데, 이때 고안한 것이 바로 비스킷이다. 밀가루에 소금 간을 해서 두 번 구웠다는 말이 비스킷이 되었다고 한다. 유럽 중세 대항해시대에는 몇 달씩 걸리는 지루한 항해 길에서 비스킷을 주요 비축식량으로 사용했는데 그 시기에는 장기간 보관하기 위해 여러 번 더 구웠다고 한다. 하지만 벽돌 덩어리처럼 딱딱해서 무심코 깨물었다가 이빨이 나갈 정도였다는 것이다. 이후 비스킷을 좀 더 작고 먹기 쉽게 개량한 것이 일본의 건빵인데, 이것은 중일전쟁과 2차대전 중 일본군의 중요 전투식량으로 사용되었다. 비스킷은 지금도 세계 각국의 주요 군용 전투식량으로 사용되며 주식이든 간식으로든 누구에게나 애용되는 식품이다. 한국이라면 시중에서 쉽게 구할 수 있고 인기 있는 다이제 비스킷이 아주 좋은 비상식량이 될 것이다. 한 통의 열량이 1150kcal로 비상시 하루를 버틸 수 있게 해준다. 일반 다이제보다 초코다이제의 열량이 더 높으며 비상식량으로도 더 좋다. 다이제 외에 '노브랜드' 마트의 스페인제 쿠키가 같은 가격에 두 배 더 크고 가성비가 좋아서 구할 수만 있다면 이것을 구비하도록 추천한다.

2. 건빵

저렴하고 양이 많으며 한 개씩 간단히 먹을 수 있어서 좋은 품목이다. 군대에서 기름에 튀겨 먹었다는 남성들의 이야기를 종종 들었을 것이다. 진공비닐팩에 산소흡수제를 넣어 밀봉하면 5년 이상 보관이 가능하다. 다만 충격과 압축에 깨져 가루가 되기 쉽다. 되도록이면 다이제를 우선하는 편이 좋다.

3. 초코파이

많은 이가 좋아하고 즐기는 간식인데 열량이 높아서 비상식량으로도 좋지만 배낭 안에 넣거나 한데 모아 보관하면 금방 뭉개진다.

4. 빵 종류

해외에서는 다양한 빵이 비상식량이나 전투식량으로 의외로 많이 쓰인다. 아무래도 서양 사람들은 빵을 주식으로 하기 때문일 터다. 일본에서는 재난대비 식품으로 빵통조림도 많이 판매하고 있다. 한국군의 전투식량에도 단단한 압축빵 종류가 포함되어 있다.

커피믹스, 술, 기호식품

1. 커피믹스

2022년 11월, 경북 봉화의 아연 광산이 무너지면서 두 명의 광부가 지하 2백미터 아래에 갇혔다. 구조작업은 지지부진했고 골든타임이라는 72시간이 훌쩍 지나갔다. 모두가 포기할 때쯤 9일 만에 이들은 기적적으로 구조되었다. 또한 스스로 걸어 나올 만큼 체력도 좋은 상태였다. 이들의 생존비결은 다름 아닌 커피믹스였다. 작업장에 들어가기 전에 커피믹스 30봉지를 갖고 들어갔는데, 고립된 동안 그것을 나눠 먹은 것이다. 커피믹스는 커피, 프림, 설탕으로 구성되어서 개당 백 원 정도인 흔한 식품이지만, 비상식량으로도 아주 좋은 품목이다.

커피믹스 1개당 열량은 50㎉로 높은 칼로리와 함께 필수 영양소가 포함되어 있다. 나트륨 5㎎, 탄수화물 9g, 당류 6g, 지방 1.6g, 포화지방 1.6g이 들어 있어 인간 생존에 꼭 필요한 탄수화물, 지방, 당류를 포함하는 것이다. 고립된 광부가 매일 1인당 커피믹스 5봉지를 먹었다고 하는데 이는 1일 섭취 기준으로 탄수화물 15%, 당류 30%, 지방 15%, 포화지방 50%를 골고루 섭취한 것과 같다. 지치고 힘들고 불안한 재난 상황에서 뜨거운 커피 한 잔은 마음에 큰 위로가 된다. 굳이 뜨거운 물이 아니더라도 작은 페트병에 찬물을 한 컵 넣고 커피믹스를 넣어서 흔든 후 5분 뒤에 먹으면 맛있게 음용할 수 있다. 커피믹스는 무척 저렴하지만 높은 열량에 휴대도 간편하고 국민 누구나 좋아하는 필수 간식 혹은 음료이기에 생존배낭 안에도 넉넉히 준비하길 권한다. 이 외에도 티백으로 된 녹차, 홍차, 자스민차 등 평소 본인이 좋아하는 것들을 조금씩 준비하자.

2. 술, 담배

전쟁 중 군에 지급되는 보급품목 중에 술, 담배도 있다. 군인뿐만 아니라 시민들에게도 마찬가지다. 갑자기 찾아온 충격적인 재난이나 전쟁상황에선 남녀노소 누구라도 공포에 질리고 패닉에 빠지게 된다. 그대로 장시간 놔두면 우울증이 되고 주위에도 쉽게 전파되어서 나쁜 분위기를 만들어간다. 마음을 다스릴 수 있는 술, 담배, 커피, 차 같은 기호식품들이 있다면 이때 큰 도움이 될 것이다. 특히 평소 술, 담배, 커피를 자주 즐기던 사람은 나도 모르게 중독되었다고 봐야 한다. 갑자기 먹지 못하게 된다면 더 생각나서 애타게 찾게 될 것이다. 전쟁터에서 술, 담배, 커피가 식량보다 더 비싸게 거래되는 이유다. 따라서 작은 미니팩 소주나 담배 한 갑 정도를 준비하면 좋다. 비상용으로는 소주보다 좀 더 독한 도수의 담금주용 소주나 보드카, 양주를 따로 소용량으로 넣어두자.

▶ 재난영화로 배우는 생존법3

샌 안드레아스

타이틀	샌 안드레아스(San Andreas, 2015)
장르	액션/스릴러
국가	미국
등급	12세이상관람가
러닝타임	114분
감독	브래드 페이튼
출연	드웨인 존슨
줄거리	'연이은 강진이 LA를 강타한다. LA 소방국 소속 베테랑 구조 팀장은 구조헬기를 이끌고 아내와 외동딸을 구하기 위해 최악의 상황 속으로 뛰어든다. 하지만 도시는 점점 더 큰 규모 9의 강진까지 연이어 발생하며 모든 것이 다 붕괴되고 곧이어 커대한 쓰나미까지 도시를 강타하는 최악의 아수라장 상황으로 빠져든다.

▶ 감상평 & 영화로 배우는 생존팁

재난 영화 장르를 좋아하는 이유 중 하나가 커다란 스케일이기도 하다. 영화 <2012>처럼 도시 전체 혹은 지구 전체가 다 부서지고 시원하게 파괴시키는 것이야말로 진정 블록버스터라고 할 수 있다. 이 영화는 '마침내 모든 것이 다 무너진다'라는 카피에 걸맞게 초강진으로 로스앤젤레스 시내의 초고층 빌딩들이 장난감처럼 연쇄적으로 붕괴되고 후버댐이 무너져서 터지는 장면으로 시각적 쾌감을 주는 동시에 충격과 공포를 안긴다.

캘리포니아주 남부에 위치하는 샌 안드레아스 단층이 끊어지면서 연쇄적으로 대지진이 일어난다. 실제 캘리포니아의 샌 안드레아스 단층은 전 세계에서 가장 위험한 단층지대로 알려져 있다. 이곳은 머지 않아 '빅 원'(The Big One)이라는

300여 년 주기의 초강진이 발생한다고 널리 예측되어 큰 우려를 낳고 있는 곳이다.

영화상 캘리포니아 남부에 최대 규모 9.6의 초강진이 닥쳐왔는데 이는 동일본 대지진보다 5배나 큰 규모다. 영화를 보다 보면 이 정도로도 거의 모든 초고층 빌딩들이 무너지며 파괴되는데 잔해 속에 파묻히는 인간들이 개미처럼 보인다. 정말로 우리 생애 이런 대규모 재난을 볼 일이 있을까 고민하게 될 것이다. 할리우드 재난 영화에 존재하는 클리셰는 전부 다 붙인 영화라 결말이 뻔히 보이지만 드웨인 존슨의 연기는 정말 듬직했다. 이런 아빠와 함께라면 어떤 재난도 무섭지 않을 것이다. 하지만 기대하지 말자. 현실에서 정말 이런 위기가 터지면 우린 이런 영웅과 함께할 수 없을 것이다. 생존은 셀프, 각자도생이란 걸 명심하자.

▶ 한줄평

드웨인 존슨의 재난 영화, 재난 영화라는 카테고리에 걸맞게 땅과 빌딩 등 모든 게 다 무너지고 깡그리 부서지는 재난이란 재난은 다 출현하는 압도적인 스케일.

4장
물과 정수법

물 휴대량

식량보다 더 중요한 것이 물이다. 하지만 생존배낭에 식량과 장비를 채우다 보면 물은 소홀하기 쉽다. 갑작스런 대피나 이동, 심리적 충격을 받으면 신진대사가 더 활발해지면서 물 소모량도 커진다. 배가 고프면 갈증은 배가된다. 물과 관련 장비들도 빠짐없이 준비하라.

물의 1·2·3·4법칙을 기억하라

1. 1번째로 가장 중요한 것이 물

2. 2리터는 한 사람당 하루에 필요한 양

3. 3일간 물을 마시지 못하면 죽음

4. 4개의 소형 물통(500ml)에 휴대하는 것이 대형 물통(2L) 한 통보다 유리함

주위에 물은 흔하지만 사람이 마실 수 있는 깨끗한 식수를 구하기

는 어렵게 된 지 오래다. 지진과 홍수, 수해, 산사태 등 큰 재난 상황 시엔 수도 시설이 파괴되거나 오염되어 마실 물을 구하기 더 힘들어 진다. 재난 시 오염된 물을 마시고 많은 이재민들이 배탈, 설사, 복통, 열증상에 시달리다 어이없이 죽는 경우도 많다. 한 사람에게 필요한 하루 최소 물의 양은 2리터이다. 이는 마실 물뿐 아니라 밥을 해 먹는 것까지 포함된 양이다. 그러나 기온이나 활동 유무에 따라서 좀 더 달라질 수 있다. 가령 묵직한 생존배낭을 메고 긴박하게 탈출하며 뛰거나 계단을 오르는 등 숨 가쁜 이동상황에 처한다든지 한여름의 뜨거운 태양이 이글거리는 날이면 하루 4리터까지 필요할 수도 있다. 하지만 서늘한 날씨에 집 안이나 대피소 안에서 활동을 자제하며 최대한 가만히 있는다면 며칠 동안은 하루 1리터만 있어도 가능할 것이다.

문제는 공간과 무게의 한계가 있는 생존배낭 안에 물을 얼마나 넣을 수 있느냐, 하는 점이다. 식량보다 물이 더 중요하지만 무게는 훨씬 무겁다. 2리터 페트 생수병은 2킬로그램이나 나간다. 하루치밖에 안 되는 양이지만 다른 장비와 같이 배낭 안에 넣어서 하루종일 메고 걸어야 한다면 평소 체력을 기르지 않은 사람이나 체구가 작은 여성, 아이들은 힘들다. 따라서 물은 개인의 체력과 장소, 주위 물 보급처, 수질현황, 배낭의 크기, 동행의 유무, 정수장비의 보유 정도에 따라 얼마든지 달라질 수 있다.

작은 통 여러 병에 담아라

2리터 페트 생수병 한 병보다 500밀리리터 작은 생수병 4개를 준비하자. 마시고 버리면 부피가 줄어들고 무게도 가벼워진다. 물병을 다른 이에게 나눠주거나 물물교환도 가능하다. 한 병은 주머니에 넣거나 들고 다닐 수도 있다. 다 마신 500밀리리터 생수통은 다른 음료를 담거나 윗부분을 잘라서 그릇이나 컵으로도 재활용할 수 있다.

식량과 물 보유량

식량 준비량은 "하루 2끼 분 × 3일 분 × 가족 인원수"로 계산한다. 3일 분 6끼이며 4인 가족이라면 24끼니 분이 된다. 여기에 만약의 사태를 대비에서 예비용으로 한 사람당 1끼를 더 준비한다. 만약 주위에서 돈으로 먹을 걸 사거나 구할 수 있다면 보유량을 줄일 수 있다.

물 비축량은 "1L(1인당 1일치 최소분) × 3일 분 × 가족 인원수"로 계산한다. 3일 분 3리터이며 4인 가족이라면 12리터로 보통 마트에서 파는 2리터 생수 페트병 2상자 분량이다. 여기에 만약의 사태를 대비해서 예비용으로 한 사람당 0.5리터를 더 준비한다. 시판 생수의 유통 기한은 1-2년이다. 하지만 개봉하지 않고 햇빛을 차단해서 보관하면 몇 년 더 지나도 마실 수 있다. 그렇다 하더라도 되도록 유통기한 내에 교체해주는 것이 좋다.

매달 혹은 분기마다 1회 정도 '우리 가족 비상식량 먹는 날'을 정해서 먹어보는 훈련을 하자. 평소 재난대비에 대해서 경각심을 가지고 오래되서 유통기한이 다 되어가는 것들을 소모할 수 있다. 가령 매홀수 달 첫째 일요일 점심식사를 비상식량 먹는 날로 정하는 식이다. 혹은 민방위 훈련을 하는 날에 같이 하는 것도 좋겠다.

휴대용 정수기

무거운 물을 많이 보관하는 대신 필요할 때마다 쓸 수 있는 휴대용 정수기를 휴대하는 것도 좋은 방법이다. 시중에 이미 여러 형태의 휴대용 정수기들이 판매되고 있다. 빨대 형태, 물병 형태, 주전자 형태 등인데, 각각 작은 필터를 내장하고 있다.

빨대형 휴대용 정수기

가장 유명하고 실용적인 것은 원통 빨대 형태의 '라이프스트로'이다. 야외에서 냇물이나 계곡물, 오염이 의심되는 물에 라이프스트로를 대고 입으로 빨면 된다. 아주 단순하고 직관적인 방식이다. 통 안의 작은 필터 안에 활성탄과 멤브레인 필터가 오염된 물을 거르고 정수해서 마실 수 있는 물로 만들어준다. 필터 한 개당 수십-200리터 정도의 물을 정수할 수 있다. 다만 이 정수 용량은 오염된 물의 상태에 따라서 크게 달라질 수 있다는 점에 주의해야 한다. 수돗물처럼 최상

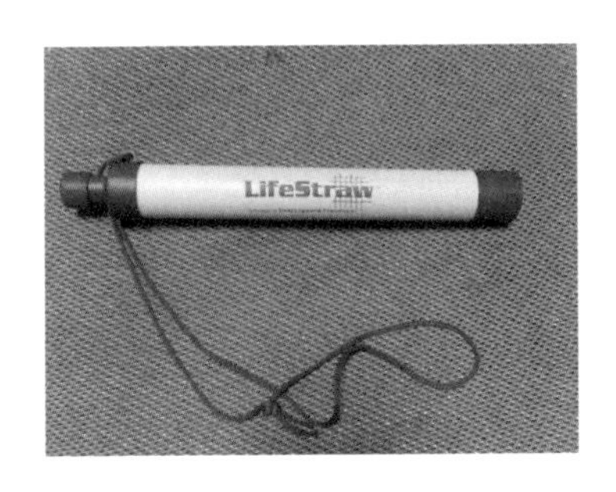

급의 물을 정수해 마실 때가 정수 가능 최대치 용량이다. 흙탕물이나 이물질이 많은 오염된 물을 정수한다면 정수 용량은 최저치로 떨어지고 곧바로 필터도 막히게 된다. 또한 물을 정수해 마실 때마다 잘 털어서 안의 물을 빼주고 말려야 하는 등 사용상의 까다로움도 있다. 한 번 물이 들어온 것은 사용하지 않아도 안에서 내부 오염이 시작되기 때문에 오래 쓸 수 없고 카운트다운이 시작된다. 가격대도 2-3만 원대로 저렴하지 않지만 가볍고 사용이 간단하니 한두 개 정도 생존배낭 안에 챙겨두면 좋을 것이다.

물병형 휴대용 정수기

기왕에 물병을 준비한다면 물병형 정수기를 선택하는 것도 좋은 방법이다. 물통 안에 오염수를 넣고 통을 누르면 정수가 되어 나온다. 입을 대고 빨아먹는 라이프스트로우 방식보다 좀 더 편하다. 다만 안에 내장된 필터용량이 작아서 정수용량이 떨어지고 쉽게 막히게 된다. 최근 대형마트에서도 이런 물병형 휴대용 정수기가 팔리고 있어 쉽게 구할 수 있다.

주전자형 휴대용 정수기

요즘 가정에서 많이 쓰는 브리타 주전자형 정수기도 충분히 휴대할 만하다. 일상용으로도 좋지만 집에서 바로 생존배낭을 꾸리고 나서야 할 때 아쉬운 대로 넣어둘 만하다. 주전자 위에 물만 부으면 되는 간단한 방식이라 아이도 사용할 수 있다. 아쉬운 것은 역시 필터 용량이 작아서 예비 필터들을 미리 확보해두어야 한다는 점이다. 최근엔 브리타 대신 샤오미 등 다른 메이커에서도 나오고 있으니 가성비 좋은 모델을 찾아보자.

정수약과 락스

물은 생존에 중요하지만 무겁고 많은 양을 휴대할 수는 없다. 힘들기도 하고 비효율적이다. 개울가의 깨끗해 보이는 물도 오염 가능성이 커서 그냥 마셔선 안 된다. 언제 어디서든 물을 구할 수 있다면 적당한 도구와 방법으로 살균하거나 정수할 수 있어야 한다.

정수약

비상 정수용으로 정수알약을 휴대해도 좋다. 오염된 물 일정 용량에 알약 하나를 넣으면 물 속의 세균과 미생물을 살균·정수해서 마실 수 있다. 정수알약의 정수양은 5리터와 20리터용으로 달리 나오므로 사용할 때마다 물의 양을 정확히 맞춰야 한다. 가령 갖고 있는 물은 2리터인데 정수알약이 5리터용이라면 반 이상을 덜어내야 한다는 뜻이다. 야외에서 정확히 알약을 깨서 등분하여 넣는다는 것이 쉽지 않다. 이런 점 때문에 정수알약을 사용하는 것이 까다롭다고 여기기도 한다. 만약 투입 알약의 용량이 잘못되면 정수 성능이 떨어지거나 심지어 몸에 좋지 않은 영향을 미칠 수도 있다. 따라서 반드시 투입 용량을 정확하게 지키고, 물의 양과 반응 시간을 지켜서 사용해야 한다. 재미있는 점은 현재 한국에서는 정수알약 판매가 법적으로 금지되어 있다는 점이다. 가습기 살균제 사건 이후 화학 첨가물에 대한 법규가 강화되어서 비상시 사용하는 정수약에도 여파가 미쳤다. 물론 현재도 이 정수알약을 구입할 수 있지만 정수용으로는 판매가 되지 않고 물소독용으로만 판매된다. 이것을 구매하여 정수용으로 쓰려면 스스로 정확한 사용법을 찾아봐야 한다.

락스 정수법

정수알약이 없어도 오염된 물을 정수할 수 있는 방법이 있다. 어느 집이든 주방과 화장실에 있는 락스를 사용하는 것이다. 정수약과 락스의 주요 유효성분이 같기 때문에 가능한 일이다.

락스의 주요성분은 차아염소산나트륨이다. 시중에서 구매할 수 있는 락스의 차아염소산나트륨 농도는 4-5%이다. 차아염소산나트륨은 물과 반응하면 염소가스를 발생시키는데, 이는 화장실과 싱크대 청소용뿐 아니라 오염된 물을 정화하는 데도 특효약이다. 세균과 미생물의 단백질 세포벽을 녹이고 구멍을 내서 죽여서 살균하는 원리이다. 미국의 여러 재난방재 매뉴얼이나 책에서는 비상시 오염된 물을 정수할 정수기나 장비, 버너가 없을 때 주방의 락스를 이용하라고 조언한다.

사용 방법은 다음과 같다.

1. 향과 첨가물이 없는 락스 준비(보통 가정용보다는 업소용)

2. 오염된 물 1리터에 락스 4방울 투입

3. 30분 기다림

4. 냄새를 맡아보고 옅은 락스냄새가 나지 않으면 물 오염이 심한 것이므로 다시 한번 락스를 투입한다.

5. 그래도 냄새가 나지 않으면 물 오염이 너무 심한 것이니 물을 버린다.

락스를 먹는다는 데 거부감을 느끼는 이들이 많을 것이다. 그러나 사용법대로만 한다면 과학적으로 효과 있고 안전한 방법임이 검증되었다. 물론 비상상황에서의 이야기다. 비상시 아무런 정수장비나 방법이 없을 때 비상용으로만 사용하기를 권장한다. 무엇보다 락스의 정확한 투입양과 시간제한 등 지침을 정확하게 지켜야 한다는 점을 반드시 명심하라.

락스 외에 상처를 소독할 때 쓰는 빨간약이나 요오드용액 등도 이용할 수 있다. 그러나 임산부, 어린이, 갑상선환자, 노인 등에게는 부작용을 일으킬 수 있으니 되도록 자제하는 편이 좋다. 아울러 정수알약이나 락스로 정수하는 방법은 물 속의 세균이나 미생물을 죽이고 사멸하는 살균 정수만 된다는 것을 잊지 말아야 한다. 만약 물이 화학적, 광물적, 기름으로 오염되었고 그 정도가 심하다면 정수 효과를 기대해선 안 된다.

미국 정부의 대국민 재난안내 대처법

재난 시 물을 정수하는 다양한 방법을 소개하고 있다

(https://www.ready.gov/water)

비등:

끓이는 것이 물을 처리하는 가장 안전한 방법입니다. 큰 냄비나 주전자에 약간의 물이 증발할 수 있다는 점을 염두에 두고 1분 동안 물을 끓입니다. 마시기 전에 물을 식히십시오.

끓인 물은 두 개의 깨끗한 용기 사이에 물을 앞뒤로 부어 산소를 다시 넣으면 더 맛있습니다. 이렇게 하면 저장된 물의 맛을 향상할 수 있습니다.

염소화:

가정용 액체 표백제를 사용하여 미생물을 죽일 수 있습니다. 5.25–6.0%의 차아염소산나트륨을 함유한 일반 가정용 액체 표백제만 사용하십시오. 향이 나는 표백제, 색상 안전 표백제 또는 세제가 첨가된 표백제를 사용하지 마십시오. 물 갤런당 표백제 1/8 티스푼을 넣고 저어주고 30분 동안 그대로 두십시오. 물에는 약간의 표백제 냄새가 나야 합니다. 그렇지 않은 경우 복용량을 반복하고 15분 더 기다리십시오. 그래도 냄새가 나지 않으면 폐기하고 다른 물 공급원을 찾으십시오. 유일한 활성 성분으로 5.25 또는 6.0% 차아염소산나트륨을 포함하지 않는 캠핑 또는 잉여

상점에서 판매되는 요오드 또는 수처리 제품과 같은 다른 화학 물질은 권장되지 않으며 사용해서는 안 됩니다.

증류법:

끓이고 염소 처리하면 물에 있는 대부분의 미생물이 죽지만 증류는 이러한 방법에 저항하는 미생물(세균)과 중금속, 소금 및 대부분의 기타 화학 물질을 제거합니다. 증류에는 물을 끓인 다음 응축되는 증기만 수집하는 작업이 포함됩니다. 응축 된 증기는 소금 또는 대부분의 다른 불순물을 포함하지 않습니다. 증류하려면 냄비에 물을 반쯤 채우십시오. 뚜껑이 거꾸로 뒤집혔을 때 컵이 오른쪽을 위로 향하도록 냄비 뚜껑의 손잡이에 컵을 묶고(컵이 물에 매달려 있지 않은지 확인) 물을 20분 동안 끓입니다. 뚜껑에서 컵으로 떨어지는 물은 증류됩니다.

도시에서 물 구하기

수돗물이 끊겼다면 생각보다 훨씬 심각한 상황이라고 여겨야 한다. "오늘 화장실을 어떻게 하지?"라고 한가하게 생각해선 안 된다. 우리 가족의 생존이 달린 문제라고 마음먹고 즉각 물을 구할 수 있는 모든 방법을 찾고 달려가라.

민방위 비상급수시설

비상시 단수가 되었다면 도시 안 곳곳에 있는 '민방위 비상급수시설'에서 깨끗한 물을 받을 수 있다. 전쟁 시를 대비한 곳으로 지하수를 쓸 수 있도록 저장해두었다. 옆 창고의 비상발전기 설비로 단전이 되어도 펌프를 가동시켜 물을 끌어올릴 수 있다. 그러나 모든 시설이 다 그런 것은 아니므로 직접 가서 확인해야 한다. 민방위 비상급수시설은 보통 도시 내에 있는 운동장이나 놀이터, 공원 한켠에 있다. 대개 약수터로 불리고 평상시에도 사람들이 자주 가서 물을 뜨기 때문

민방위 급수시설

에 쉽게 알 수 있다. 정확한 위치는 민방위 사이트에 접속해서 확인할 수 있는데, 보통 도시마다 몇 개의 장소가 있다. 자신의 집 주위에 있는 민방위 비상급수시설의 위치를 4개 이상 알아두자. 갑작스런 단수나 비상상황 시 물이 나오지 않는다면 남보다 빨리 차를 끌고 가서 물을 최대한 많이 받아두어야 한다.

급수시설 찾기

1. 국민재난안전포털 → 민방위 → 비상시설 → 급수시설로 들어가면 찾을 수 있다.

아래와 같이 자신의 주소를 입력하면 급수시설을 찾을 수 있다.

(예: 서울 종로구로 검색하여 여러 개의 비상급수시설을 찾았다.)

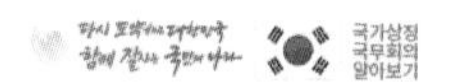

재난예방대비 | 민방위 | 정책보험(풍수해보험) | 재난심리상담

민방위	교육·훈련	민방위 경보	비상시설	민방위 장비
민방위의 정의	개요	신호방법	급수시설	민방위장비
도입배경	교육일정	실제발생사례	대피소	화생방 장비
운영조직	민방위훈련	건축물 민방위 경보전파		
외국민방위	담당부서 연락처			
민방위자료	교육자료			
관련사이트				

◉ 도로명 서울특별시 종로구 초성(ㄱ-ㅎ) 선택

○ 행정동 시도 선택 검색

전체 20 건

위치	시설	규모
신주소 : 서울특별시 종로구 대학로 57 (연건동, 홍익대학교대학로캠퍼스) 구주소 : 서울특별시 종로구 연건동 128번지 8호	홍익대대학로캠퍼스 (정부지원)	96t(톤)
신주소 : 서울특별시 종로구 율곡로3길 49 (송현동, 덕성여자중학교) 구주소 : 서울특별시 종로구 송현동 34번지	덕성여중 (정부지원)	120t(톤)
신주소 : 서울특별시 종로구 북촌로 134-3 (삼청동, 삼청공원) 구주소 : 서울특별시 종로구 삼청동 2번지 2호	삼청공원1 (정부지원)	418t(톤)
신주소 : 서울특별시 종로구 삼일대로 428 (낙원동, 낙원상가) 구주소 : 서울특별시 종로구 낙원동 288번지	대일건설 (민간시설)	67t(톤)
신주소 : 서울특별시 종로구 세종대로 149 (세종로, 광화문빌딩) 구주소 : 서울특별시 종로구 세종로 211번지	동화투자개발 (민간시설)	92t(톤)
신주소 : 서울특별시 종로구 자하문로28가길 9 (청운동, 경복고등학교) 구주소 : 서울특별시 종로구 청운동 89번지 9호	경복고교 (공공시설)	140t(톤)
신주소 : 서울특별시 종로구 돈화문로 13 (관수동, 서울극장) 구주소 : 서울특별시 종로구 관수동 59번지 7호	서울극장 (민간시설)	70t(톤)
신주소 : 서울특별시 종로구 사직로 161 (세종로, 경복궁) 구주소 : 서울특별시 종로구 세종로 1번지 1호	경복궁관리소 (공공시설)	484t(톤)
신주소 : 서울특별시 종로구 북촌로 15 (재동, 헌법재판소) 구주소 : 서울특별시 종로구 재동 83번지	헌법재판소 (공공시설)	84t(톤)
신주소 : 서울특별시 종로구 북촌로 112 (삼청동, 감사원) 구주소 : 서울특별시 종로구 삼청동 25번지 23호	감사원 (공공시설)	50t(톤)

기타 물을 구할 수 있는 곳

도시 안에 있는 호수나 분수대, 하천이나 개울물은 보기에는 깨끗해도 오염이 심하다. 이런 물은 바로 마실 수 없고, 화장실용으로만 쓸 수 있다. 그러므로 안심하고 마실 수 있는 물이 어디에 있는지 알아두어야 한다. 아파트나 건물 내의 물탱크, 수도배관, 변기탱크, 농사용 야외수조, 공조기 냉각탑 등에서 식수를 찾을 수 있으니, 이런 시설의 위치를 미리미리 파악해두자.

물통과 물주머니

가족이나 동행인원이 늘어나게 된다면 생수 페트병 몇 병으로는 부족해질 것이다. 더운 여름이 되어도 마찬가지다. 깨끗한 물을 구할 수 있다면 최대한 많이 확보해야 한다. 언제 또 기회가 올지 모른다. 물통과 물주머니를 추가하라.

물통

군을 제대한 남자라면 훈련 나갈 때마다 꼭 챙겼던 냄새나는 낡은 수통이 떠오를 것이다. 스테인리스나 알루미늄으로 만든 반원형 형태인데 허리의 벨트에 걸게 되어 있다. 시중에는 비슷한 형태로 만든 플라스틱이나 페트 재질의 물통이 나와 있다. 수통은 무게감도 있고 툭 튀어나와서 걷거나 달릴 때 덜렁거리기도 하고 잡다한 소리도 낸다. 스테인리스, 알루미늄제 등 금속 수통은 추운 겨울에 불에 살짝 올려놓아 물을 데우거나 끓일 수도 있지만 무겁다. 플라스틱제는 데우는 용도로는 쓰기 어렵지만 가볍고 저렴하다.

물주머니

현재 전 세계에서 전투 중인 미군은 기존의 수통 대신 등에 장착하는 일종의 물주머니, 즉 '카멜백'을 개발하여 사용하고 있다. 이는 하이드레이션 백(Hydration Bag)의 일종으로 물주머니와 가방, 긴 빨대로 구성되는 물통시스템이다. 처음엔 울트라 마라톤처럼 스포츠용으로 개발되었다가 성능이 입증되면서 군용으로도 사용하고 있다. 미군용 카멜백은 용량이 3리터나 된다. 수통의 용량이 1리터 정도라는 점을 감안하면 물 저장량이 훨씬 많은 셈이다. 게다가 밀착성이 좋아서 뛰거나 거칠게 전투하는 상황에서 유리하다. 다만 터지기 쉽고 내부를 깔금하게 청소하기 어렵다는 단점이 있다. 또한 등에 밀착되므로 체온과 기온에 쉽게 영향을 받는다는 것, 물만 따로 필요한 상황(상처 치료 등)에서 물을 바로 빼내기가 어렵다는 점도 지적된다.

하지만 생존배낭에는 이런 전투용 수통이나 고가의 전용 물주머니 시스템보다 좀 더 저렴하고 단순한 폴리백 물주머니를 이용하는 게 좋다. 이들 전용 물주머니는 가볍고 얇아서 휴대하기도 좋고 여러 장을 예비용으로 넣어 보관할 수 있다. 가격도 개당 몇 천 원 정도로 저렴하며 비상시 야외에서 데운 물을 넣고 침낭 안에 넣고 자면 보온팩 용도로도 쓸 수 있다. 다만 기본적으로 작은 생수 페트병을 사용하는 것을 추천한다. 카멜백을 쓰는 미군조차도 더운 곳에서의 훈련과 전장에서는 시판 생수 페트병을 대량 보급해서 따로 휴대한다.

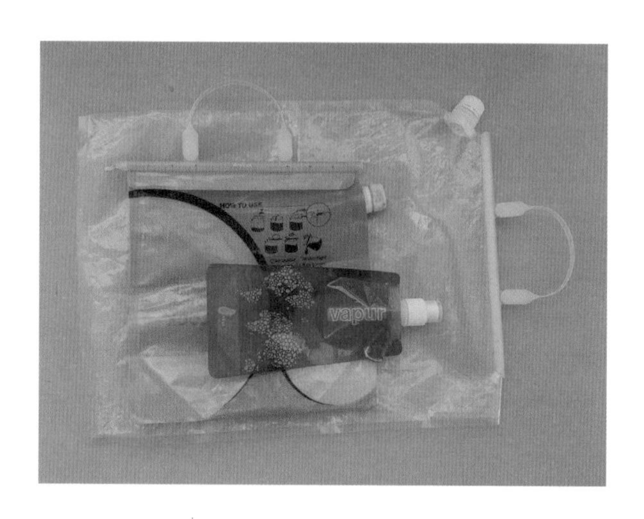

기타

정식 물주머니가 없다면 다른 것들로 임시 대용할 수 있다. 이중밀봉 비닐 지퍼백이나 비닐봉지, 김장비닐 봉투, 과자비닐봉투(마일러백) 등이다. 보온용으로 쓰이는 '은박보온담요'라도 물을 넣고 입구를 줄로 단단히 조여두면 임시 물주머니로 쓸 수 있다. 이를 위해서 케이블 타이나 플라스틱 입구 조이개, 클립, 집개 등을 휴대하는 것도 좋겠다.

물통 이동수단(수레와 도구)

단수가 되었을 때 급수차나 '민방위 비상급수시설'에서 물을 구할 수 있다고 하더라도 문제는 끝나지 않는다. 무거운 물통을 집까지 가져오는 것이 생각보다 힘들기 때문이다. 보통의 20리터 물통은 무게가 21킬로그램 이상이나 된다. 성인 남자도 이런 물통을 한 손으로 들고 100-200미터 이상 걸어 가기 힘들다. 비상시 무거운 물통을 옮겨올 방법을 생각해두어야 하는 이유다.

자전거와 카트

자동차나 오토바이를 이용할 수 있다면 다행이지만 비상상황이 길어지거나 도로가 파괴되거나 막혔다면 그마저도 힘들다. 이럴 때는 자전거와 카트, 유모차 등을 이용해서 물통을 운반할 수 있다. 요즘 자전거엔 별다른 액세서리를 달지 않지만 비상시 물통을 옮길 경우를 대비하여 앞에는 바구니를, 뒷자리에는 짐받이를 부착해두자. 그러면 위급한 상황에서 다른 사람을 태우거나 물통 등 꼭 옮겨야 하는 짐을 얹고 이동할 수 있다.

휴대용 카트와 여행용 캐리어

어머님들이 평소 시장에 갈 때 자주 쓰는 휴대용 카트도 물통을 얹어서 옮기기에 좋다. 다만 20킬로그램이나 되는 정식 물통을 얹고 긴 거리를 오가기엔 내구성이 좀 떨어진다. 바퀴와 회전부가 약해서 금방 휘어지고 소리가 나거나 멈추기 때문이다. 이 점을 고려하여 조금 더 튼튼한 카트를 준비하자. 여행용 사각 캐리어도 좋은 운반 수단이다. 튼튼한 프레임에 바퀴와 손잡이가 달려 있어서 중량감 있는 물통을 운송하기엔 카트보다 낫다. 다만 바퀴가 작아서 도로상황이 좋지 않을 경우 소음이 크고 나고 손잡이를 놓치기 쉽다는 단점이 있다. 조금 더 크고 튼튼한 우레탄 바퀴만 인터넷에서 별도로 구매할 수 있으니 미리 교체해두는 것도 좋다.

유모차, 바퀴달린 의자, 리어카, 킥보드

바퀴만 달렸다면 어떤 것이든 무거운 물이나 쌀, 식량, 장비를 운송할 수 있다. 다이소나 철물점에 가서 전용 우레탄 바퀴만 따로 구입해두는 것도 간단한 대처방법이다. 필요할 때 합판이나 밥상, 의자에다 간단히 나사로 바퀴를 장착해서 수송용으로 쓸 수 있다. 아이들이 타는 킥보드도 아주 좋은 이동수단이다.

식량과 물을 보관하고 교체하기

식량과 물을 저장해두거나 배낭 안에 보관해놓았으면 정기적으로 관리해야 한다. 물과 식량은 유통기한이 제각각이기 때문이다. 가장 권장하는 것은 선입선출 원칙을 지키는 것이다. 즉 먼저 사놓은 것은 유통기한이 마감되기 전에 먹어서 치우고 새로운 것을 구입해서 보충한다.

롤링스톡(Rolling stock)

외국의 재난대비자들, 즉 프레퍼들이 만들어 사용하는 비상식량 전용 보관함이다. 위쪽에 통조림이나 생수를 넣으면 굴러 떨어지면서 아래쪽부터 채워진다. 먹을 때엔 맨 아래쪽 것부터 꺼내 먹는다. 그러나 모든 사람이 이런 보관함을 만들어 식량을 비축해둘 수는 없다. 게다가 비상식량은 몇 년 이상 지나 오래되면 유통기한 내라고 해도 먹기 찜찜해진다. 평소 자주 먹지 않는 품목도 많아서 꼬박꼬박 먹어

치우기도 어렵다. 가령 7년 유통기한이 다 되어가는 참치캔을 꺼내서 가족이 먹을 밥상에 내놓으려면 고민되는 것도 사실이다.

이름표와 리스트를 만들라

나의 경우는 오래된 비상식량이나 물을 순환소비하지 않는다. 대신 유통기한이 좀 더 지나도 보관하고 있다가 동물사료로 주거나 폐기한다. 유통기한을 넘길 경우 먹을 수 있는 마지노선을 알아보기 위해 일부러 오래 보관하기도 한다. 참치캔이나 각종 음식을 꺼내 개봉하고 관능검사를 한 후 먹어보는 실험을 해본다. 어느 쪽이든 비상식량을 구입해서 장기간 보관할 생각이라면 이름표와 리스트를 만들어 철저하게 관리하자. 구입한 식량품목과 구입날짜, 유통기한을 노트에 적거나 컴퓨터 엑셀파일로 만들어둘 것을 추천한다. 통조림이나 식량의 겉면에도 유통기한을 크게 적은 이름표를 만들어 붙인다.

차단할 것

물통 이동 수단과 관련하여 꼭 유념해야 할 사항이 있다. 바로 식량이나 물 모두 햇볕을 차단하고 온도가 높지 않은 곳에 보관해야 한다는 점이다. 아무리 장기간 보존 가능한 통조림이나 질 좋은 외제 비상식량팩이라 해도 뜨거운 빛에 노출되는 곳에 보관한다면 유효기간이 반으로 혹은 반의 반으로 확 줄어들게 마련이다. 물론 수분과 벌레의 접근을 막는 것도 매우 중요하다. 이를 위해서 여러 겹의 두꺼운 비닐과 스티로폼 박스, 플라스틱 리빙박스 등을 이용해 저장하고 바닥에 팔레트나 고임목을 설치해서 지면과 떨어지게 공간을 만들어 준다.

야외 응급 정수법 7

오염된 물을 정수하는 휴대용 정수기나 정수장비가 없다고 해도 주위에 가지고 있는 것들로 어느 정도 정수할 수 있는 방법을 소개한다.

침전과 여과

흙탕물 등 한눈에 봐도 탁하게 오염된 물은 한참동안 침전시켜서 큰 이물질 덩어리를 가라앉히고 맑은 윗부분만 따로 덜어내어 정수한다. 오염수를 1차 정수할 때는 큰 이물질이나 침전물을 먼저 거르는 여과작업이 중요하다. 고성능 휴대용 정수기도 물속에 오염물질, 침전물이 많다면 곧 막히게 된다. 여과할 때는 천이나 옷, 마스크, 주방용티슈, 커피 거름종이, 스타킹, 체내형 생리대, 차량의 에어필터와 에어컨 필터를 잘라서 여과용 거름필터를 만들 수 있다. 마스크로 정수할 때 안에 플라스틱 재질의 막인 MB필터가 있으면 물이 통과하지 못한다. MB필터를 제거한 후 앞뒤 부직포를 빼내어 정수하자.

끓이기

용기에 물을 넣고 끓이는 것도 효과 좋은 정수법이다. 집에 가스와 전기가 아직 연결되어 있다면 쉽게 할 수 있다. 그러나 물 1리터를 끓이는 것은 의외로 많은 에너지와 시간이 든다. 꼭 섭씨 100도로 팔팔 끓이지 않더라도 좋다. 일단 약 70-80도까지 온도를 올린 후 일정시간 그대로 유지해주면 역시 살균효과가 발생한다. 연료가 적을 때 적용해볼 만한 방법이다. 오염수를 끓여서 온도를 올린 후 바로 보온병에 담거나 옷이나 담요 등으로 감싸서 온도를 유지하는 방식이다.

햇볕 살균법

야외에서는 햇볕을 이용해서도 정수할 수 있다. 라벨을 깨끗이 뗀 빈 페트병 용기에 오염수를 넣고 뜨거운 햇볕에 7-8시간 정도 노출시킨다. 햇볕의 자외선이 살균효과를 발휘한다. 이는 아프리카 등 제3세계에서 아무런 기반시설이 없는 주민들을 위해서 개발한 적정기술로 소디스(SODIS)라고도 부른다. 식당의 물컵함이 보랏빛으로 빛나는 것도 자외선 살균램프를 쓰기 때문이다. 햇볕으로 이와 같은 효과를 보는 것이다. 다만 너무 오래 햇볕에 노출시키면 물의 온도가 상승하여 오히려 세균이 증식하거나 물때가 낄 수도 있음에 주의하자.

이슬 채취

아침에 수풀과 나뭇잎에 맺힌 이슬은 깨끗한 편이다. 이를 천이나 수건으로 훑어서 모은 후 짜내면 마실 수 있다.

빗물 받기

하늘에서 떨어지는 빗물은 증류수이니 깨끗하다고 생각하겠지만 실은 이물질이 많아 깨끗하지 않다. 큰 물통에 빗물을 받아보면 아래에 이물질이 많이 침전된 것을 볼 수 있다. 특히 큰 화재나 태풍, 전쟁상황에서는 불에 탄 재나 검댕이 등이 하늘로 올라가서 빗물을 타고 떨어지게 마련이다. 만약 방사능 누출이나 핵폭발이 났다면 고농도의 방사능이 섞인 빗물일 수도 있으므로 절대적으로 피해야 한다. 빗물을 꼭 마셔야 하는 상황이라면 큰통에 넣어 침전시키고 마스크나 필터종이로 여과한 후 끓이거나 간이 정수장치로 걸러서 마신다.

증발법

나뭇잎을 커다란 투명 비닐봉지로 감싸두고 묶은 후 햇빛을 보게 하면 잎에서 증발하는 습기가 모여 아래 물방울이 모인다. 보통 김장용 비닐봉지 정도의 대형 비닐봉지로 나뭇잎을 감싸주고 저녁까지 기다리면 작은 물컵 정도의 물을 모을 수 있다. 땅을 판 다음 안에 오염수 용기를 넣고 비닐을 덮어주고 햇볕에 놔두어도 증발하는 물기를 모을 수 있다. 소변도 가능하다.

나무수액 채취

산간지역이나 특정지방에선 나무에 흠집을 내 맑은 수액을 받아 마시기도 한다. 대표적인 것이 고로쇠물인데, 이를 받으려면 비닐호스가 필요하다. 아프리카나 동남아시아 등 바나나가 많은 곳에선 바나나 나뭇껍질을 떼어내서 짜내어 물을 얻기도 하는데, 이 방법으로 생각보다 많은 양의 물을 모으기도 한다.

재난영화로 배우는 생존법4

터널

타이틀	터널 (Tunnel, 2016)
장르	드라마
국가	한국
등급	12세이상관람가
러닝타임	126분
감독	김성훈
출연	하정우, 배두나, 오달수
줄거리	하루 일과를 끝내고 딸 생일선물로 케이크를 사서 집으로 가던 주인공, 매일처럼 다니던 익숙한 출퇴근 길의 터널이 갑자기 무너져 내린다. 정신을 차리고 보니 붕괴된 터널 안. 부서진 차 안에 홀로 갇힌 것이다. 사방이 막힌 어두컴컴한 콘크리트 잔해 속 그가 가진 것은 케이크 한 상자와 생수 두 병이다. 처절한 생존미션이 시작된다.

감상평 & 영화로 배우는 생존팁

삼풍 백화점 붕괴, 성수대교 붕괴, 1995년 대구 지하철 공사장 붕괴(가스폭발), 2021년 광주 재개발 현장 철거 건물 붕괴로 정차중 시내버스를 덮쳤던 사고까지. 일상에서 매일 지나다니는 익숙한 길에서도 어느 한순간 무너지고 붕괴되는 황당한 사고가 여전히 발생하고 있다. 영화는 집으로 가는 길, 무너진 터널에 갇히게 된 한 남자와 그의 구조를 둘러싸고 벌어지는 사건을 그린 재난영화이다. 물론 한국영화의 흥행 공식을 모범적으로 잘 지킨다. 부실공사, 미흡한 사고대처로 재난이 일어나 키워지고 재난 현장 밖에서는 119 구조대조차 현장 도면과 구조 매뉴얼이 제대로 준비되지 않아 우왕좌왕하고 시간만 소비한다.

한술 더 떠서 취재경쟁에 열을 올린 언론기자들은 자극적인 보도에만 혈안이 된 채 본질은 외면하고 정치인들은 바쁜 현장에 찾아와 과잉 의전으로 방해하고 사진찍기에 바쁘다.

결국 구조작업이 장기화되면서 사태는 구조실익을 따지는 경제논리와 정치공방으로 바뀌고 피해자와 그 가족이 비난받는 아이러니한 상황으로 전개된다.

어디서 많이 본 것 같지 않은가. 우리사회의 만연한 안전불감증과 황당한 사고, 정치권과 언론의 선정성, 생명 경시, 경제논리, 보여주기식 대처 등 현 세태를 풍자 비판한다.

출퇴근길 터널 붕괴 사고라는 작고 밀폐된 한정된 공간에서의 스토리텔링이 참 좋았다. '나 아직 살아 있어요'라고 외치는 사람의 절규를 과하지 않고 신파를 줄여서 위트와 메시지를 적절히 조합한 솜씨와 하정우의 연기가 일품이다.

붕괴된 건물에 갇혔을 때 물이 떨어지면 내 소변을 받아 마실 것인가 하는 오래된 고민이 여기서도 나온다. 그의 선택은 과연 어떤 것이었을까.

▶ 한줄평

붕괴된 터널 안에 갇힌 주인공에겐 달랑 케익 한 상자와 생수 두 병만이 전부였다. 영화를 보고 난다면 당신도 차 트렁크에 생존배낭과 물들을 좀 더 넣어두고 싶어질 것이다.

5장
비상용품과 보온용품

비상용품

베어그릴스나 맥가이버 등 유명 생존왕의 생존 비밀은 나이프, 멀티툴 등 최소한의 비상용품 휴대였다. 비상용품, 생존용품이라 하여 거창한 것이 아니며 내가 입고 있는 옷이나 신발, 양말, 배낭이 시작이다.

플래시

태초에 '빛이 있으라' 하는 말과 함께 천지가 창조된 것처럼 빛은 생존 그 자체다. 플래시는 생존장비 중 가장 기본적이고 활용 빈도가 높다. 80년대까지는 전력 사정이 좋지 않아 자주 단전되곤 해서 집집마다 플래시와 양초를 필수로 준비해야 했다. 지금은 단전되는 경우가 극히 드물다 보니 이런 비상용 조명을 가지고 있는 집이 의외로 적다. 플래시는 예전에 주로 필라멘트 전구식을 썼지만 현대에는 거의 LED 발광방식을 쓴다. 전자는 전구수명도 짧고 깨지기 쉬우며 무엇보다 배터리 소모가 커서 현대에는 거의 사용하지 않는다. LED 발광방식 플래시는 열이 거의 나지 않고 효율이 좋아서 사용 시간이 몇 배 더 길다는 것이 최대 장점이다. 마트에서 파는 저렴한 것도 AA건전지 2개를 넣으면 50-70시간 정도 사용할 수 있다. 물론 LED 플래시도 밝기에 따라 전력소모나 사용시간이 2-3배 정도 차이가 난다. 광고에서 엄청난 밝기로 서치라이트급이라고 선전하는 것은 열이 많이 나고 사용시간도 훨씬 짧다. 야간 수색이나 탐조활동이 아니라면 너무 밝은 것보다는 적당한 밝기에 사용시간이 긴 것이 좋다. 기왕이면 밝기 조절이 되는 플래시를 선택하자.

1. 배터리 방식

플래시는 충전식 배터리를 사용하는 것과 일반 건전지를 사용하는 방식이 있다. 충전식은 3.8v 고전압으로 밝기 면에서는 우월하지만 자주 충전해줘야 하는 단점이 있다. 평상시라면 별 문제가 없겠으나 비상시나 단전 시, 야외에서라면 재충전이나 배터리 교체가 힘들 것이다. 아울러 충전단자와 회로 등 복잡한 구조 때문에 충격이나 발열, 방수 쪽에서 고장율이 좀 더 높아진다. 대부분의 경우라면 일반 건전지 방식이 더 쉽게 구할 수 있고 고장도 적고 방수도 좀 더 잘된다. 사용 건전지도 조금 큰 D형은 사라지고 손가락만 한 A타입 건전지가 대세가 되고 있다. A타입 건전지 역시 AA, AAA로 나뉘는데, 가격은 비슷하지만 용량과 수명은 2배 차이가 난다. 미니 라디오나 소형 헤드랜턴 같은 특수한 경우가 아니라면 되도록 AA배터리를 사용하는 제품을 고르자.

마트에서 살 수 있는 일반 건전지는 알카라인 건전지이다. 가장 대중적이고 저렴하며 각종 소형 전자, 전기기기에 특화되어 있다. 조금 저렴한 망간건전지도 있지만 성능이 낮아서 굳이 사용할 필요는 없다. A타입 건전지 중에는 알카라인이 아니라 리튬이온 건전지도 있는데 가격은 몇 배 비싸지만 용량이 크고 오랫동안 보관할 수 있으며 가볍고 누액도 없다. 집에 비상용으로 알카라인 건전지를 몇 박스 사놓는다 하더라도 생존배낭용으로는 리튬이온 건전지를 준비하면 좋을 것이다.

2. 배터리 장착방식

건전지 장착방식도 중요한 고려 대상이다. 배터리를 한 줄로 넣어 연결하는 직렬방식이 가장 좋다. 구조가 간단하고 무엇보다 어두운 야외에서 배터리를 꺼내서 교체할 때 떨어뜨리거나 전극방향이 바뀌어 당황하는 일을 막을 수 있다. 여러 모로 직렬삽입방식을 추천한다. 좌우로 극성을 달리해서 넣어야 하는 병렬삽입방식은 + - 표시를 반드시 잘 확인하고 넣어야 하고, 접점과 스프링이 많아서 누액이 생기고 고장이 날 확률 또한 크다. 실수로 플래시를 떨어뜨렸을 때 충격에 파손되기도 쉽다.

3. 사용방식

LED 플래시는 손으로 잡는 손전등형과 머리에 조여 양손을 자유롭게 쓸 수 있는 헤드랜턴형을 모두 구매하자. 헤드랜턴형은 앞서 말한 대로 용량이 작은 AAA건전지를 병렬방식으로 끼워야 하는 단점이 있지만 그럼에도 두 손이 자유롭다는 장점이 훨씬 크다. 또한 손전등형은 먼 거리를 비추는 데 특화되어 있고 헤드랜턴형은 자동차의 안개등처럼 빛을 사방으로 확산시키는 데 특화되어 있다.

4. 사용팁

핸드형 플래시 손잡이에는 청테이프나 고무테이프를 충분히 두껍게 말아서 붙여준다. 이 테이프는 떨어뜨리거나 충격 시 완충작용을 해준다. 또 다양한 상황에서 떼어내서 바로 쓸 수도 있다. 혹은 입으로 물고 양손 작업을 해야 할 때도 청테이프를 붙인 쪽이 이빨로 물기에도 좋다. 야전상황에서 청테이프의 필요성은 생각보다 많을 것이다. 테이핑을 해두면 추운 겨울날씨에 플래시를 맨손으로 잡을 때 더 편리하다.

5. 가격대

그렇다면 LED 플래시는 어떤 제품으로 사야 할까. 십만 원이 넘는 수입제품부터 다이소의 몇 천 원대까지 다양하다. 무인도 같은 오지에 가거나 야간등산을 자주 다니지 않는 일반인, 특히 재난대비용이라면 보급용부터 시작해도 좋다. 생존장비의 법칙 중에 '2개는 하나이고 한 개는 아무것도 없는 것이다.'라는 말이 있다. 전문메이커의 비싼 것 하나보다 적당한 가격대로 여러 개를 준비하는 것이 좋다는 뜻이다. 나는 다이소에서 2-3천 원짜리 LED 헤드랜턴을 열 개쯤 사서 손에 닿는 곳과 차, 회사 안에 두거나 주위에 선물로 주기도 한다. 물론 절대성능은 고가의 외산 전문 메이커 제품보다 당연히 떨어지지만 평상시 간단히 사용하기에 좋고 잃어버리거나 나눠줘도 부담이 없다. 나중에 부족함을 느낄 때 더 좋은 제품으로 구입하는 편이 현명하다. 잊지 마라. 비상시에는 '양이 곧 질'이다.

6. 멀티제품

재난대비용이라고 선전하는 플래시 중엔 발전손잡이가 달리고 핸드폰 USB 충전도 가능하며 라디오 및 사이렌 기능도 되는 제품도 있다. 기왕에 사는 거면 그런 제품이 낫지 않을까 싶기도 할 것이다. 하지만 절대 그렇지 않다. 여러 기능을 합친 제품이 언뜻 보기엔 활용도가 조금 더 커 보이지만 재난생존용으로는 절대 추천하지 않는다. 여러 가지 기능이 합쳐진 만큼 고장이나 파손의 위험도 크며, 작은 부분의 고장으로 전체를 다 쓰지 못하는 상황도 생길 수 있기 때문이다. 특히 도구나 전용공구가 없는 야외나 비상상황에선 작은 이상에도 어쩌지 못하고 그냥 버려야 할 경우도 생긴다. 가격도 훨씬 비싸다. 생존에 관련된 모든 장비나 도구들은 합쳐진 것보다는 단품으로 된 것들로 구입하자. 어떤 상황에서도 작동되고 쓸 수 있는 신뢰성, 그리고 단순함이 더 중요하다. 그런 것일수록 어린아이든 초보자든 한 번 보고 누구나 쓸 수 있다. LED 후레쉬도 여러 형태의 제품이 있다. 보조배터리의 USB 포트에 끼워 불을 밝히는 제품도 있고, 손톱만 한 크기의 소형제품은 열쇠고리나 배낭고리에 쉽게 휴대할 수도 있다. 누구나 사용하기 편하고 휴대성이 좋은 제품을 선택하는 것이 최선의 길이다.

양초

양초는 오래전부터 비상시 조명으로 인식되었지만 알고 보면 그리 좋은 생존용품은 아니다. 기다란 본체는 배낭 안에 휴대 시 부러지기 쉽고, 차 트렁크 안에 넣어놓으면 여름철엔 녹아서 휘어 버린다. 사용 시에도 넘어지기 쉬워서 화재 위험이 크고 촛농이 계속 흘러서 낭비되는 부분도 많다. 양초보다는 납작한 티라이트를 추천한다. 인테리어용으로 다이소나 천원샵, 이케아에서 수십 개가 들어 있는 것을 저렴한 가격으로 살 수 있다. 이때 향초보다는 냄새가 없는 일반용이 좋다. 특정한 향은 잠시 맡을 때엔 좋지만 하루종일이라면 머리가 지끈 아파올 것이다. 또한 은닉했을 때 멀리까지 냄새가 새어나간다면 노출 위험이 크다. 티라이트는 얇은 양철캡에 들어 있어서 촛농이 흐르지도 않고 넘어져서 화재를 일으킬 위험성도 없다. 주위에 여러 개를 켜놓으면 밝기도 더 커진다. 무엇보다 휴대하기에 이롭다. 장거리를 걸어서 이동해야 한다면 양말 바닥에 양초나 티라이트를 비벼준다. 그러면 걸을 때 마찰이 좀 더 줄어들어 발이 까지고 뜨거워지는 것을 막을 수 있고, 얇은 신사용 양말을 신었을 때 구멍이 나는 것도 지연시켜준다.

등잔불

오래전에 쓰던 등잔불, 램프는 지금도 쉽게 살 수 있다. 요즘에는 앤티크풍의 인테리어용으로 취급되지만 비상시엔 양초보다 유용하다. 다만 그을음을 줄이기 위해 석유나 등유보다 전용

'파라핀 오일'을 따로 사두는 것이 좋다. 등잔류 조명은 구조도 간단해 직접 만들어 쓸 수 있다. 전통적으로 내려오는 기름 호롱불인 등잔불이 그것이다. 작은 빈캔에 식용유나 석유, 파라핀 오일, 고래기름 등을 넣고 휴지나 천으로 심지를 만들어 올리면 멋진 조명이 된다. 우리 할머니 세대의 필수품으로 지금은 거의 잊힌 도구지만, 만들기도 쉽고 사용법도 정말 쉽다. 먹고 난 빈 통조림캔을 이용해 즉석에서도 만들 수 있다. 그을음이나 냄새가 적고 깨끗한 것, 휘발성이 너무 강하지 않은 기름을 사용하는 것이 좋다. 휘발유나 알코올은 기화성이 너무 커서 절대 쓰면 안 된다. 폭발위험이 커서 위험하다. 비상상황이라면 뒤집혔거나 방치된 차에서 빼낸 경유나 등유, 엔진오일, 미션오일(빨간색) 등을 등잔용 연료로 쓸 수 있을 것이다. 지금도 공사장이나 작은 공장에선 카센터의 폐엔진오일을 수거해 와 난로용으로 개조해 쓰기도 한다. 그만큼 화력이나 밝기가 좋다는 반증이기도 하다.

라이터와 화이어스타터

김병만의 '정글의 법칙'이나 베어그릴스의 '오지 생존법' 영상을 보면 가장 신경쓰는 게 불 피우기와 불씨를 지키는 일임을 알 수 있다. 낯선 정글이든 지진이나 재난으로 파괴된 도시에서든 밤은 언제나 금방 찾아오게 마련이다. 주위에 널린 땔감이나 쓰레기를 모아서 불을 피워야 한다. 사냥이나 요리를 하는 것은 후순위다. 밝게 타오르는 불빛을 본다면 심리적 안정감과 편안함, 따듯함을 느낄 것이다. 멀리 구조신호를 보내는 것도 불을 피워야 훨씬 더 유리하다.

1. 라이터

담배를 피지 않더라도 생존배낭이나 휴대용 생존팩(EDC) 안에 라이터를 준비하자. 불을 피우는 여러 도구가 있지만 가스 라이터가 1순위가 되어야 한다. 성냥이나 화이어스타터, 압축점화봉, 돋보기, 마찰키트, 배터리를 사용하는 많은 방법이 있지만 남녀노소 누구나 가장 손쉽게 불을 피우는 방법은 라이터를 쓰는 것이다. 지포라이터 같이 오일을 넣어 쓰는 고급스런 라이터도 있지만 주위에서 흔히 볼 수 있는 플라스틱 1회용 가스라이터가 가장 좋다. 편의점이나 다이소에서 5백 원에 쉽게 구할 수 있어 저렴하며 간편하다. 지포 같은 오일라이터는 수시로 전용 기름을 보충해야 하며 사용하지 않고 두면 어느새 기름이 모두 날아가서 쓰지 못한다. 몸체가 쇠로 되어 있어서 무게도 더 나간다.

플라스틱 1회용 가스라이터는 가볍고 저렴하며 가스도 오랫동안 유지된다. 가스라이터 중에는 터보라이터 같이 불꽃이 훨씬 강한 것도 있지만 바람이 강한 날에 쓰거나 젖은 것을 점화할 때, 불꽃 신호탄을 재점화할 때를 빼고는 단점이 좀 더 많아 보인다. 무엇보다 가스를 소모하는 속도가 엄청 빠르고 작동부가 쉽게 고장나는 편이다.

1회용 가스라이터도 작은 부싯돌을 돌려서 발화하는 마찰식과 눌러서 발화하는 압전식으로 나뉜다. 마찰식은 사용 중에 작은 부싯돌이 떨어지는 경우가 잦은 게 큰 단점이다. 너무 힘주어 세게 돌리거나 그 사이에 모래가 들어가면 부싯돌이 사라지기도 한다. 또한 물에 젖으면 사용하기 힘들다. 하지만 압전식은 물에 젖어도 탁탁 털어내고 입바람으로 한 번 훅 불어준다면 대부분 바로 불이 붙는다. 비나 눈이 내리는 열악한 상황에서도 사용할 수 있고, 내구성도 더 좋으므로 추천한다.

1회용 가스라이터지만 가스를 재충전할 수 있는 것도 있다. 하단에 재충전 노즐 단자가 있으며 조금 더 비싸더라도 재충전이 되는 것으로 구입하자. 재충전용 가스캔도 여유 있게 구입하자. 90년대 보스니아 내전 생존자의 증언을 보면 다 쓴 1회용 가스라이터에 프로판 가스통의 노즐을 개조해서 연결하여 충전시켜주고 돈이나 식량을 벌었다는 기록이 나온다.

그렇다면 성냥은 어떨까. 요즘에는 성냥을 보기가 어려워졌다. 성냥은 마찰발화 방식으로 점화하므로 성냥머리나 통의 마찰부가 다 잘 건조되어야 한다. 습기를 먹으면 눅눅해진 성냥머리가 통째로 떨어져 못 쓰게 된다. 성냥머리에 양초를 묻혀서 장기보관하는 방법도 있지만 굳이 그렇게까지 노력할 이유는 없다. 성냥불은 작은 바람에도 금방 꺼지며 사용 시간도 너무 짧기에 추천하지 않는다.

2. 화이어스타터

김병만이나 베어그릴스가 오지에서 불을 피울 때 주로 화이어스타터를 꺼내 쓰면서 일반인에게 많이 알려진 점화도구다. 마그네슘 합금봉과 철제 긁개로 이뤄진 단순한 구조로 둘을 마찰시키면 생각보다 강렬한 불꽃이 튀어나온다. 처음에는 사용이 힘들어 보이지만 조금만 연습하면 휴지 정도는 두세 번 만에도 불 붙이는 것이 가능하다. 금속봉의 두께에 따라서 사용량이 다르지만 보통 수백에서 천 번까지도 긁을 수 있다. 다만 그 자체로는 불을 붙일 수 없으며 꼭 휴지나 종이, 솜, 부싯깃인 틴더 등 불쏘시개를 준비해야 한다는 치명적인 단점이 있다. 이런 것들이 지금은 흔하게 보이지만 비상시나 야외에선 의외로 구하기 힘들 수 있다. 촛불을 켤 때도 가스라이터는 한 번에 가능하지만 화이어스타터로는 여러 번의 동작과 과정이 필요하다.

그럼에도 화이어스타터가 생존용으로 많이 언급되는 것은 나름의 필요나 장점이 크기 때문이다. 봉이 굵어서 오래 쓸 수 있으며 잘 부러지지도 않는다. 몇 년간 배낭 안에 방치한다 해도 라이터처럼 오일이나 가스가 닳거나 새거나 변성되거나 문제가 생길 확률이 거의 없다. 물에 젖는다 해도 옷에 한두 번 쓱쓱 닦아내고 사용하면 된다. 비상용으로 한 개 정도는 생존배낭 안에 넣어두자. 화이어스타터는 장단점이 명확한 제품으로 평소 집이나 야외에서 사용해보고 익숙해지는 것이 필요하다. 평소 아이들과 캠핑을 갔을 때나 마당에서 고기를 구울 때 이것으로 불 피우는 연습을 하면 아이들도 좋아할 것이다.

또한 이것을 잘 쓰기 위해서 면을 탄화시켜 만든 부싯깃을 만들기도 하지만 직접 만드는 것은 의외로 어렵고 냄새도 나며, 화재위험 또한 큰 편이니 주의해야 한다. 야외에서 부싯깃으로 잘 마른 낙엽이나 나뭇가지, 송진, 솔잎 등을 사용할 수 있다. 그러나 실제로 해보면 의외로 쉽지 않고 까다롭다. 이럴 때엔 책, 신문지, 지도, 물티슈, 비닐봉지 등을 뭉쳐서 사용해보자. 빳빳한 종이류는 잘 안 되니 여러 번 구겨서 구김과 보풀을 만들어야 한다. 아무것도 없다면 입고 있는 옷의 한쪽을 잘라서 사용하거나 점퍼나 패딩자켓 안쪽을 살짝 뜯어서 속에 들어 있는 솜이나 오리깃털을 빼내서 불을 붙여보자. 훨씬 쉬울 것이다.

3. 돋보기

직접 불을 발화시키는 장비가 없더라도 햇빛이 강한 야외에서라면 의외로 불을 피우기 쉬울 수 있다. 돋보기나 볼록렌즈를 이용하여 햇빛을 모아 불을 내면 된다. 어렸을 적에 많이 해본 장난이라 누구나 쉽게 할 수 있다. 다이소제 플라스틱 볼록렌즈나 돋보기도 좋지만 그보다 카드형 돋보기를 추천한다. 카드 형태라 얇고 가벼워서 지갑이나 책 사이에 끼워서 보관할 수 있고 햇빛을 모으는 성능도 문제 없다. 수명이 반영구적이고 필름형태라 파손 위험도 없어서 유용한 생존용품이다. 제대로 된 돋보기나 볼록렌즈가 없을 경우 야외에서 응용할 수 있는 방법들이 있다. 비상시엔 투명한 비닐지퍼백이나 비닐백 안에 물을 넣고 둥그렇게 압축한 후에 햇볕을 모아 불을 붙일 수 있다. 물주머니 형상 때문에 초점이 흩어지지만 그래도 좀 더 집중되는 포인트를 발화물에 오랫동안 집중시키면 온도를 올리거나 불을 붙일 수 있다. 좀 힘들지만 콜라캔이나 부탄가스캔의 바닥면 오목한 부분으로도 오목렌즈를 만들어 불을 붙일 수 있다. 천과 종이로 문질러서 거울처럼 매끄럽게 가공한 후 가운데 초점이 모이는 곳에 발화물을 갖다 대어도 불이 붙는다.

신발과 양말

간과하기 쉽지만 중요한 또 하나의 생존장비가 신발이다. 맨발이나 샌들, 구두, 슬리퍼로는 한 시간 이상 걸어 이동하기 힘들다. 신발이 없거나 부실하다면 걸을 때마다 포장도로에서는 충격이 크고 비포장도로나 파괴된 도로에선 파편과 자잘한 돌들, 쓰레기 때문에 발에 상처를 입기 쉽다. 한국인들이 유난히 좋아하는 삼선 슬리퍼류도 절대 피해야 한다. 뛰거나 계단 이동 시 쉽게 벗겨지며 옆사람의 신발에 밟히면 크게 다치기 쉽다.

1. 가죽 운동화와 등산화

생존장비로 추천하는 가장 좋은 신발은 가죽 운동화다. 어느 정도 충격과 파편에도 발을 보호해주고 적당한 탄성이 있어서 발이 편하다. 무엇보다 바로 신을 수 있는 신속함이 장점이다. 가벼운 메쉬 런닝화는 짐을 메고 오래 걷거나 파편이 많은 도로, 비포장 도로에선 부적합하다. 통풍을 위한 메쉬천은 거친 노면이나 작은 파편에도 쉽게 찢어져서 못쓰게 된다. 그렇다면 두툼한 가죽 등산화는 어떨까. 이 역시 조금 과할 수 있다. 아무리 생존상황이라 하더라도 며칠씩 유랑하듯 걷는 일은 많지 않다. 무엇보다 자리에서 일어나 바로 신고 나갈 수 있어야 하는데 등산화는 발목이 높고 신발끈을 매줘야 하는 불편함이 크다. 경량 트레킹화는 좀 낫지만 메쉬로 된 것은 안정감이 부족하고 쉽게 물에 젖는다.

2. 샌들

강이나 계곡, 물이 찬 침수 상황에서 좋을 듯하지만 실제로는 별로이다. 발이 노출된 구조라 상처가 쉽게 나고 피로감도 크다. 샌들이 물을 먹으면 바닥 스폰지 구조나 본드로 접착된 끈이 쉽게 떨어져 나가기도 한다.

3. 작업화, 군화류

이 종류도 피해야 한다. 작업화는 앞코와 발바닥 부분에 충격 방지용 철판이 들어가 무겁고 충격 흡수력이 아주 낮다. 군화류도 통풍이 잘 안 되며 훈련되지 않은 민간인에겐 너무 부담스럽다. 장기보행이 아닌 한 발이 불편하고 몸도 피곤해질 뿐이다. 무엇보다 유사시 군인이나 의심 인물로 오해 받기 쉽다. 중요한 점은 어떤 신발이든 평소 자주 신어서 내 발에 맞게 적당히 길을 들여놔야 한다는 것이다. 새 신발을 신고 몇 시간씩 걷게 되면 마찰부위의 살이 헐고 못이 박히거나 까지게 된다. 평소에 미리 신어보고 발에 맞춰 길을 들여보자.

4. 양말

신발만큼 양말도 중요하다. 소모품 이상으로 생각해야 한다. 하루종일 신발을 벗지 못하는 상황에서 양말은 금방 땀이 차고 오염되기 쉽다. 젖으면 바로 벗어서 잘 마른 다른 것으로 갈아 신을 수 있도록 여유있게 준비하자. 얇은 면양말보다는 충격흡수력이 좋은 두꺼운 등산 양말류가 좋다. 젖은 양말을 계속 신고 있으면 발이 곪고 부어오르는 참호족이란 질병에 걸리기 쉽다. 1차대전 때 질퍽거리는 참호 속에 오래 있던 병사들의 발이 상하면서 많이 알려졌다. 걷고 이동하는 중에 잠시라도 쉬는 시간이 생기면 수시로 신발을 벗어서 발을 마사지하고 양말을 말려야 한다. 양말도 오래 신거나 험한 길을 타게 되면 발가락이나 발꿈치가 닳아서 금방 구멍이 나기 때문에 이를 수리할 수 있는 바느질도구를 휴대해야 한다. 하지만 벌어진 부분을 맞잡아 꿰매는 것은 임시 방편일 뿐, 금방 또 뚫어진다. 해당 부위 전체가 보호되도록 다른 양말이나 옷의 천을 잘라서 해당 부위에 덧대어 꿰매야 한다. 양말이 없다면 천이나 행주를 발에 감싸서 발싸개를 만들어 써라. 지금도 러시아, 몽골, 북한군들은 양말 대신 발싸개를 애용한다. 발싸개는 우습게 들릴지 몰라도 양말보다 오래 사용할 수 있고, 금방 말릴 수 있어서 장점이 더 크다. 양말을 여유있게 준비하면 신는 것 외에도 다용도로 쓸 수 있다. 추울 때 손에 씌우면 벙어리 장갑으로, 끝부분을 자르면 토시나 각반처럼 사용하여 추위나 햇빛을 막을 수도 있다. 여성들은 생리대 대용으로, 배낭의 무게가 무거우면 멜빵 부위에 덧대어서 완충재용으로, 뜨거운 물을 페트병에 담고 양말로 감싸면 보온재로도 쓸 수 있다.

나이프와 멀티툴, 가위

무인도나 밀림에서 생존하는 서바이벌 프로그램을 보면 커다란 나이프가 전문가들의 상징처럼 보인다. 큰 나무도 툭툭 쳐서 장대와 장작을 만들고, 나무덩굴을 끊어내어 밧줄삼아 집을 만들기도 한다. 혹은 나무장대 끝에 나이프를 연결해서 바닷속 물고기를 잡거나 야생동물을 사냥하기도 한다. 생존! 위험해 보이지만 얼마나 가슴 뛰는 주제인가. 이를 위해선 나에게도 크고 날카로운 전문가용 서바이벌 나이프가 있어야 할 것 같다. 정말 그럴까?

1. 나이프

도시재난 생존이라면 이야기가 조금 달라진다. 십수만 원짜리 고가의 해외 서바이벌 나이프 대신 다이소에서 살 수 있는 2-3천 원짜리 과도나 접이식 칼로도 도시 생존에는 큰 무리가 없다. 전문 나이프는 보통 풀탱이라고 하며 몸체가 두껍고 무겁다. 잠깐은 몰라도 장시간 휴대하는 데엔 꽤 부담이 된다. 아울러 소재도 예상 외로 녹이 잘 스는 재질이 많아서 주기적으로 꺼내서 손질하고 기름칠을 하는 등 꾸준히 관리해줘야 한다. 또한 묵직한 나이프로 파를 다듬거나 양파를 까는 등 요리를 하기는 힘들다. 다이소 과도는 겨우 몇 십 그램 정도라 휴대에도 문제없고 음식물 손질이나 요리 등 일반적인 상황에서 사용하기엔 더 편하다. 무엇보다 배낭 안에 넣은 걸 누가 보더라도 부담이 없다는 게 가장 큰 장점이다. 길고 살벌한 전문 나이프는 주위 사람들이나 안전요원, 경찰 눈에 뜨이면 검문이나 취조를 당할 수도 있다. 생존의 가장 우선은 로우프로파일 즉 은폐엄폐이며, 외부의 주목을 끌지 않는 것이란 점을 명심하자. 옷차림뿐만 아니라 사소한 장비나 도구도 마찬가지다. '닭 잡는 데 소 잡는 칼 쓴다'는 속담의 의미를 유념해두자. 물론 무인도에 간다면 나 역시 튼튼한 서바이벌 나이프를 고를 것이다. 그러나 제한된 상황에서는 간단하고 허름한 도구만으로도 충분히 상황을 헤쳐나갈 수 있다. 얇은 문구용 커터칼도 고가의 전문 나이프 못지않게 나름의 쓸모가 많다. 여분의 칼날통과 함께 쉽게 손 닿는 곳에 챙겨두자.

2. 멀티툴

일명 맥가이버칼로 불리는 멀티툴은 다양한 도구와 미니 칼날이 달려 있고 휴대가 편리하다는 장점이 있다. 스위스 아미칼이라고도 불리며 수십 년간 그 유용성이 검증되었다. 이런 멀티툴에는 긴칼, 작은칼 외에 톱, 캔따개, 바늘, 십자드라이버, 송곳, 후레쉬, 펜치 등 많은 기능이 달려 있다. 처음 장만할 때는 되도록 많은 기능이 담긴 것을 고르고 싶겠지만 생존상황에서는 기능이 많을수록 좋지 않다. 돌덩이처럼 무거워지고 휴대도 불편해지기 때문이다. 자주 쓰지 않는 도구가 추가될수록 고장이 나기 쉽고, 특히 경첩 부위가 쉽게 벌어지거나 터지기도 한다. 멀티툴은 가장 간단한 것으로 장만할 것을 추천한다. 긴칼, 작은칼, 캔따개, 송곳만 있는 기본형이 초보자용으로 가장 좋다.

3. 가위

의외겠지만 칼 대신 가위도 좋은 대안이다. 나이프나 멀티툴이 갖는 대부분의 기능을 무리없이 소화할 수 있고, 가격도 더 저렴하다. 손에 들고 있어도 주위 사람들이 신경을 쓰거나 경계하지 않을 것이다. 비상상황에서도 자르는 데 특화된 가위가 좀 더 많이 사용된다. 옷을 자르고 수선하거나 알루미늄캔을 잘라서 호루라기를 만드는 등 여러 용도에 더 쉽게 사용 가능하다. 칼은 자주 다뤄보지 않은 초보자에게는 오히려 부상의 위험이 크다. 3·11 동일본 대지진 때의 일본인들의 경험담을 보면 칼 대신 가위가 특히 유용했다고 한다. 간단한 음식을 요리할 때도 칼에는 도마가 필요하고 청소도 해야 했지만 가위로는 간단히 음식을 자르거나 요리용으로 쓰기 더 쉬웠다는 것이다. 최근엔 양날이 원터치로 분리되는 가위가 나와 생존생활에서 좀 더 편리하게 쓰이는 듯하다. 이런 가위는 위기가 닥쳤을 때 양날을 바로 분해해서 손에 들고 칼처럼 사용하면 된다.

라디오와 무전기

또 하나의 생존 비밀은 최대한 빨리 정확한 정보를 습득하는 것이다. 신속정확한 정보가 없다면 이동과 탈출 방향부터 정하기 힘들다. 큰 재난일수록 첨단 스마트폰이 꺼지기 쉽다. 라디오와 무전기라는 한 물간 아날로그 기술이 당신을 보호해줄 것이다.

1. 라디오

2011년 3·11 동일본 대지진으로 큰 충격이 온 후 바로 전기가 단전되고 통신까지 끊겼다. 하지만 일본사람들은 평소 교육받은 대로 라디오를 켜고 재난뉴스를 청취하면서 곧바로 먼 바다에서 강한 쓰나미가 밀려온다는 것을 인지했다. 해안과 강가에 살던 사람들은 즉시 이웃들과 건물 위나 쓰나미 대피소, 고지대, 산으로 뛰어 올라가기 시작했다. 덕분에 많은 사람이 살 수 있었다. 현재 라디오는 차에서 운전할 때나 듣는 구시대의 유물 정도로 취급하지만 나름대로의 장점을 많이 가지고 있다. 라디오는 일방통신이라는 한계가 있지만 많은 정보를 신속하고 멀리 보낼 수 있다는 뛰어난 장점도 있다. 건물 내부에서도 쉽게 수신되며 데이터 소비를 걱정할 필요도 없다. 작은 건전지 하나로 50-70시간 이상 청취가 가능하다.

라디오가 재난 시에 중요하게 쓰인다는 점이 널리 알려진 뒤로 한국에서도 몇 년 전부터 라디오에 핸드폰 수신모듈을 필수적으로 탑재하도록 법규를 개정했다. 물론 핸드폰에도 라디오 청취 어플이 있지만 결코 같지 않다. 라디오 직접 수신은 건물 안에서도 가능하며, 이때는 핸드폰의 배터리 소모도 훨씬 적다. 반면 핸드폰의 라디오 어플은 인터넷망에 연결되어 있어야 한다. 다만 핸드폰으로 FM 라디오를 직접 수신하려면 이어폰이 있어야 한다. 이어폰이 안테나 역할을 하기 때문이다. 생존배낭을 꾸릴 때 이어폰을 꼭 준비해야 하는 이유다. 집 안과 생존배낭 모두에 소형 FM라디오를 준비하자. 다만 2022년부터 AM라디오 방송은 종료되었다.

해외에서는 재난대비용으로 장파 라디오를 추천한다. 장파는 AM주파수의 일종으로 훨씬 더 긴 파장의 전파를 이용하기에 장거리 수신이 가능하다. 국가적인 규모의 대재난 상황이나 전쟁이라면 라디오 방송국이나 기지국까지도 문제가 나거나 파괴되어 방송이 힘들 수 있다. 이때 주변국의 전파를 수신해서 뉴스와 정보를 파악할 수 있다. 인터넷 직구로 구입한 1만 원대 장파 라디오로 중국, 러시아, 일본, 동남아국가의 방송을 수신할 수 있다. 다만 단파 방송도 점차 사라지는 추세이며 한국도 방송시간이 극히 짧게 줄어서 미리 지정된 주파수와 시간 확인이 필요하다.

2. 무전기

2021년 늦여름, 월요일 점심 무렵 가장 바쁠 때 부산지역에선 KT 핸드폰과 인터넷 망이 아무런 예고 없이 먹통이 되었다. 통신사의 하청업체가 서버정비 작업을 하면서 별도의 안전 조치 없이 안이한 태도로 임했다가 사고가 터진 것이다. 하지만 이 작은 사고는 곧바로 문제를 일으켰고 통신 먹통 사태는 부산 전역으로 확산되었다. 경주, 포항 지진 때도 큰 흔들림으로 놀란 사람들이 일제히 가족들에게 전화하는 통에 핸드폰이 연결되지 않았다. 강원도 대형산불 상황에서도 기지국이 불타거나 통화가 몰려서 통신불능 문제가 발생했다.

이렇듯 통신불능 사태는 큰 재난이나 전쟁 시에 언제든 벌어질 수 있다. 대피 중 핸드폰 연결이 되지 않아 가족에게 연락을 못 한다면 불안에 빠지거나 절망할 것이다. 이럴 때 무전기가 큰 도움이 된다. 시중에서 파는 일반용 무전기는 몇 만 원으로 저렴하지만 출력제한(0.5W)으로 통신거리도 최대 2-3킬로미터 정도가 한계다. 그것도 평야에서 서로 마주보는 최상의 조건일 경우이며 빌딩이 많은 도시에선 수백 미터 내로 더 짧아진다.

반면 좀 더 출력이 강한 업무용 무전기는 교신 거리가 10킬로미터 정도이므로 쓸모가 더 좋다. 업무용 무전기를 쓰려면 허가가 필요하다. 그러나 허가가 없더라도 무전기를 구입하여 수신하는 것은 가능하다. 큰 재난이나 사고, 비상시에는 이런 제한도 해제되어 사용할 수 있기 때문이다. 비상용으로 가족 수만큼 준비해두면 좋다. 알리익스프레스 등 해외 직구로 업무용 무전기 한 세트를 3만 원 정도에 살 수 있다. 구매 시 보조 예비 배터리와 장거리 롱안테나 등을 추가로 구입하자.

무전기 사용 팁

무전기는 25개 정도의 공유채널을 이용하는데 대부분 1번 채널 등 초기 세팅 그대로 사용하기에 근처 다른 사용자와 혼선이 나기 쉽다. 무전기를 사용할 때엔 멤버들끼리 특정 채널을 지정해 사용하면 혼선과 도청을 줄일 수 있다. 핸드폰에 익숙하다 보면 무전기 사용법이 낯설 수 있다. 양측에서 동시에 말해도 상관없는 핸드폰과 달리 무전기는 버튼을 누르는 쪽만 말할 수 있는 권한이 주어진다. 말을 마치면 '오버' '이상'처럼 송신 종료를 알려야 한다. 생활 무전기로 가족과 평소 마트 쇼핑이나 스키장, 등산, 동네 놀이터에 갈 때 써보면서 사용법에 익숙해지자.

휴대폰과 보조배터리

도시재난이나 사고 시, 혹은 어떤 위급 상황에 처했을 때 가장 먼저 찾게 되는 것이 휴대폰이다. 외부와 연락하고 112나 119에 신고하여 구조를 요청할 수 있는 휴대폰은 생존장비 중에서도 단연 으뜸이다. 생존배낭 안에 보조배터리, 충전기 등도 꼭 비치하자.

1. 비상용 휴대폰

구형 휴대폰을 배낭 안에 넣어두는 것도 좋은 방법이다. 비상용도라면 꼭 최신 휴대폰일 필요는 없다. 전에 쓰던 구형 스마트폰이나 해지하여 사용할 수 없는 폰이라도 112, 119 등 긴급번호는 사용 가능하므로 비상 시 대피할 만한 곳에 비치해두자. 비상용으로 한 대 더 추가해 서브폰을 개통해두어도 좋다. 이런 용도로 쓸 폰은 저렴한 알뜰요금제도 무방하다. 단돈 1-2천 원으로 매달 데이터 1기가, 200분 무료통화, 100건의 무료문자를 주는 저렴한 상품들도 많다. 단 저가 요금제 중에는 매달 통화 몇분, 데이터 사용 얼마 이상 사용하지 않으면 번호가 직권 해지되는 것도 있으니 계약할 때 꼼꼼하게 살펴야 한다. 배낭 안에 넣어 두었다가 몇 달 후 막상 꺼내서 사용하려니 사용정지가 되었다면 낭패일 것 아닌가? 장기보관용으로는 일체형 배터리가 아닌 뒷커버를 열어서 교체하는 분리형 배터리 핸드폰이 좋다. 주로 초기 스마트폰 중에 많은 모델인데 핸드폰과 배터리를 따로 떼어서 보관한다면 장기보관 시에 배터리가 서서히 방전되는 것을 최대한 줄일 수 있다. 또한 핸드폰에 맞는 전용 예비 배터리를 더 많이 준비해둘 수 있어

금상첨화다. 중고시장이나 알리익스프레스 같은 해외 직구 사이트에선 호환 배터리도 저렴하게 구할 수 있다.

2. 아웃도어용 스마트폰

스마트폰 중 거친 야외용으로 특화된 것들이 나오고 있다. 고무범퍼를 둘러서 조금 더 무겁고 두껍지만 외부충격에 잘 버틸 수 있을 만큼 튼튼하고 방수도 잘된다. 일명 아웃도어폰, 터프폰, 러기드폰이라고도 부른다. 다만 방수나 방진이 된다고 해도 어떤 상황에서든 완벽하게 방수된다고 믿어선 안 된다. 각기 대항 등급이 있으므로 구매 시 잘 확인해야 한다. 등산, 캠핑 등 아웃도어 활동을 자주 한다거나 오지여행을 즐긴다거나 혹은 정말로 최악의 상황을 대비한다면 이러한 특수폰을 구매하는 것도 괜찮은 방법이다. 삼성 갤럭시 같은 메이커에서도 종종 이러한 특수폰이 발매된다. 다만 무게와 두께를 포함해 디자인이 너무 부담스러워 문제라면 일반 스마트폰 중에서도 IP방수방진이 적용된 것으로 찾아보자. 최근 나오는 스마트폰의 경우 중급 이상은 최소한의 방수방진이 가능하다. 현재로서는 사업을 철수한 LG전자의 스마트폰들이 대부분 미육군의 밀리터리 스펙, 일명 밀스펙 규정(MIL-STD-810G 인증)을 적용하여 외부충격이나 악조건에서 좀 더 유리하다. 중고로 구입하여 비치용으로 보관한다면 더 저렴하고 유리할 것이다.

밀스펙의 정식 명칭은 미국 국방부의 군사표준규격(MIL-STD-810G)이다. 군사용품을 극지방이나 사막에서 군사작전을 할 때 사용할 수 있도록 하는 게 목적이다. 대상 제품은 1차적으로 군사용품이지만 일반 상업용 제품도 밀스펙 테스트를 거쳐 인증을 받고 판매되고 있다. 공사장과 같은 야외 산업 현장이나 우주선, 레이싱카와 같은 특수한 환경에서 사용할 수 있도록 밀스펙을 거치고 있다. 핸드폰 밀스펙의 대표 항목은 14가지다. '낙하' '충격' '먼지 저항' '고도' '방수 및 방진' '온도 및 온도충격' '비' '습도' '염수 분무' 등 30가지 이상을 통과해야 밀스펙 인증을 받게 된다.

3. 스마트폰 방수방진 등급표

첫 번째 코드 번호는 방진등급지수다. 기기 안으로 먼지 침투를 막는 등급을 숫자로 표기한 것이다. 두 번째 코드 번호는 방수등급지수로 분사되는 물로부터 기기를 보호하여 제품에 해가 미치지 않는 수준을 표기한 것이다.

[방수/방진 등급]

*IP69: 먼지로부터 완벽하게 보호, 고압 및 고온 물 분사에 대해 보호

*IP68: 먼지로부터 완벽하게 보호, 1.5m 수심에서 1시간 동안 방수 가능

*IP67: 먼지로부터 완벽하게 보호, 1m 수심에서 30분 동안 방수 가능

*IP66: 먼지로부터 완벽하게 보호, 높은 수압의 물을 견딜 수 있음

*IP58: 먼지로부터 일부 보호, 1.5m 수심에서 1시간 동안 방수 가능

*IP57: 먼지로부터 일부 보호, 1m 수심에서 30분 동안 방수 가능

*IP56: 먼지로부터 일부 보호, 높은 수압의 물을 견딜 수 있음(보통 최근 방수방진이 된다고 선전되는 휴대폰들의 방수방진수준은 IP67-68 정도)

IP 등급의 첫 번째 숫자 풀이 – 방진	
6	먼지로부터 완벽하게 보호
5	먼지로부터 제한적 보호
4	1mm 이상 물체로부터 보호
3	2.5mm 이상 물체로부터 보호
2	12mm 이상 물체로부터 보호
1	50mm 이상 물체로부터 보호
0	보호되지 않음

IP 등급의 두 번째 숫자 풀이 – 방수	
9	모든 방향에서 고압 및 고온 물 분사에 대한 보호
8	1m 이상 물속에서 장시간 보호
7	15cm~1m 물속에서 보호
6	모든 방향 물줄기 분사로부터 보호(높은 수압, 제한적 유입 가능)
5	모든 방향 물줄기 분사로부터 보호(낮은 수압, 제한적 유입 가능)
4	모든 방향 액체 분사로부터 보호(낮은 수압, 제한적 유입 가능)
3	수직~60도 이하로 직분사되는 액체로부터 보호
2	수직~15도 이하로 직분사되는 액체로부터 보호
1	수직으로 직분사되는 액체로부터 보호
0	보호되지 않음

4. 추가 액세서리들

1) 방수팩

내 폰이 방수방진에 밀스펙 등급이라고 해도 안심해서는 안 된다. 등급표에서 보듯 물속에 넣고 가만히 두었을 때를 기준으로 하는 경우가 많기 때문이다. 만약 이를 믿고 수영장이나 바다에서 주머니 속에 넣고 한참동안 논다면 저녁 즈음엔 핸드폰 안에 습기가 차거나 물이 침투해 꺼져 있을 것이다. 가장 확실한 방법은 비닐 방수팩을 추가로 이용하는 것이다. 방수팩을 고를 때도 주의해야 할 점이 있다. 반드시 내 휴대폰 크기에 최대한 맞는 것을 찾아야 한다는 것이다. 휴대폰에 비해 방수팩이 너무 크면 휴대하거나 움직일 때 한쪽이 구겨지거나 압력을 받으면서 개봉부가 살짝 틈이 생겨 물이 들어갈 수 있다. 미리 방수팩을 준비하지 못했다면 크기에 맞는 이중밀봉 비닐 지퍼백을 여러 장 준비하여 사용하자. 휴대폰 보관 외에도 현금이나 수첩, 지도, 플래시, 무전기 등도 같이 보관할 수 있고, 다용도로 사용할 수가 있으며, 가격도 훨씬 저렴하다.

휴대폰 사용 중 간과하기 쉬운 것은 온도, 기온에 대한 문제다. 겨울철 날씨가 영하로 떨어지면 최첨단 스마트폰이라 해도 문제가 생길 수 있다. 특히 아이폰은 영하 근처 크게 춥지 않은 정도에서도 핸드폰이 쉽게 먹통이 되거나 꺼지는 현상이 자주 보고되므로 주의해야 한다.

2) 젤리케이스 및 보호필름

아무것도 붙이지 않은 생폰이 제일 멋지지만 비상시를 생각한다면 젤리케이스 및 방탄 보호필름으로 핸드폰을 보호하자. 아무리 밀스펙 인증에 튼튼하다고 선전하는 고릴라글라스 액정의 스마트폰이라도 운이 없다면 30센티미터 높이에서 살짝 떨어뜨렸을 뿐인데도 액정이 깨질 수 있다. 멋은 나지 않지만 젤리케이스에 넣고 보호필름을 붙인다면 조금이라도 충격을 방어할 수 있을 것이다.

이제는 전쟁터에서 일반 병사들도 휴대폰을 휴대하는 시대가 되었다. 2022년 러시아가 우크라이나를 침공하면서 전쟁이 시작되었고 치열한 교전이 벌어졌다. 이때 병사가 휴대한 핸드폰이 우크라이나 군인의 생명을 구해 화제를 모았다는 여러 건의 뉴스가 보도됐다. 전면 액정은 모두 박살났고 총탄이 흉측하게 밀고왔지만, 뚫지는 못해 군인을 살렸다는 사연이다. 돌격소총 탄환은 강력해서 스마트폰 대부분을 쉽게 관통하지만 정말 운이 좋다면 도탄이나 파편 등을 막아서 목숨을 구할 수도 있을 것이다. 또 하나, 핸드폰이나 케이스 뒷면에 비상시를 대비해서 이름표를 만들어 적어두자. 이름과 주소, 비상연락망 등을 말이다. 그러면 핸드폰을 잃어버리거나 혹은 나에게 문제가 생겼을 때 다른 이들이 명표를 보고 가족에게 연락해줄 것이다.

3) 보조배터리와 충전기

휴대폰과 함께 보조배터리와 충전기도 필수로 휴대한다. 비상상황 시 긴급뉴스를 검색하거나 가족과 장시간 통화하게 된다면 휴대폰 배터리가 금방 바닥난다. 그런 상황일수록 휴대폰을 충전할 장소도 시간도 마땅치 않을 것이다. 어쩌다 발견한 콘센트마다 다른 이들의 핸드폰 충전기들이 모두 자리를 차지하고 있기 쉽다.

핸드폰 보조배터리는 너무 크거나 무겁지 않은 것으로 고른다. 가장 많이 판매되는 것이나 이름 있는 것을 구입하자. 너무 저렴한 것 중에는 출력 전압이 1암페어짜리로 낮아서 충전하는 데 시간이 너무 오래 걸리기도 한다. 보조배터리를 구매할 때엔 최소 2암페어(A) 이상 지원되는지 확인하고 QC 고속충전이 되는 제품을 선택한다. 18650 원통형 배터리가 내장된 제품보다는 전용 리튬폴리머 각형 배터리 제품을 추천한다. 보조배터리의 용량은 휴대용 EDC용은 5,000mah, 생존배낭용은 10,000mah 이상을 택한다. 요즘 캠핑용으로 벽돌만 한 30,000-50,000ma짜리 보조배터리가 나오기도 하는데 너무 무겁고 커서 거추장스럽다. 작고 적당한 제품으로 고르자.

아울러 또 한 가지 잊으면 안 되는 것이 멀티탭을 준비하는 일이다. 비상시 많은 사람들이 건물 안의 한정된 콘센트 단자로 모이면 충전하기 힘들다. 사람이 몰리다 새치기 등으로 싸움이 날 수도 있다. 해외여행용 경량형 멀티탭이나 T자형 작은 멀티탭은 크기도 작아 휴대가 편하므로 함께 준비해두면 좋을 것이다.

충전기는 사용할 일이 많으므로 2개 정도 여유있게 준비한다. 마이크로 5핀, C타입 젠더, 아이폰 전용 충전단자 등 크기에 맞는 각종 젠더들도 준비해서 비닐테이프로 옆쪽에 붙여둔다.

휴대폰 필수 앱들

재난상황에서 나를 지켜줄 수 있는 필수 앱에는 어떠한 것들이 있을까? 전 세계가 네크워크로 연결되고 디지털 시스템 안에서 움직이고 있는 4차혁명의 시대에는 나에게 맞는 앱들을 전략적으로 깔아두고 유용하게 쓸 줄 아는 것도 생존기술이 될 수 있다.

1. FM라디오 수신기능

휴대폰에 FM라디오 직접 수신기능이 기본적으로 장착된 휴대폰을 선택하자. 인터넷을 이용해서 스트리밍하는 것은 FM라디오 기능이 아니다. 휴대폰으로 직접 라디오 전파를 수신하는 기능이 있는지 반드시 확인하라. 외국의 초저가 휴대폰은 대부분 FM라디오 수신기능이 기본으로 장착되어 있었는데, 국내 폰들은 그간 빠져 있었다. 라디오 수신 모듈은 장착되어 있지만 데이터 사용을 유도하기 위해서 라디오 프로그램만 빠졌던 것이다. 그러다 경주포항 지진을 계기로 법이 개정되었다. 재난이나 비상사태에서 현지 주민들이 전파를 통해 정보를 빠르게 입수할 수 있도록 2018년 법개정으로 의무화한 것이다. 이에 제조사들은 다시 라디오 모듈 기능을 활성화했고, 이제 핸드폰으로 바로 라디오를 수신하여 청취할 수 있게 되었다. 다만 이어폰이나 USB-C타입 충전기나 외장 안테나 등을 꽂아야 라디오 방송을 수신할 수 있다는 점을 유의하자. 또 하나, 안타깝게도 애플의 아이폰은 여전히 라디오를 수신할 수 없다.

2. 교통카드 및 결제수단들

생존배낭 안에 신용카드나 약간의 현금을 보관해둔다. 그리고 핸드폰으로도 결제할수 있게 미리 준비해둔다.

삼성페이, LG페이, 카카오페이 등이 현재 일반적으로 사용되는데, 애플페이도 조만간 국내에서 서비스될 전망이다. 비상상황이 발생했을 때 돈과 카드를 같이 챙겨 나오지 못할 경우에 대비하는 것이다. 물론 통신까지 끊겨서 카드 이용마저 어려울 수도 있지만 그래도 미리 준비해야 한다. 버스나 전철 등 대중교통을 탈 때 사용하는 NFC 교통카드 결제기능도 신청해서 추가하자. 핸드폰 하나만으로 신용카드 결제와 교통카드 기능을 이용할 수 있어도 재난상황을 극복하는 데 큰 도움이 될 것이다. 단 주의할 점이 있다. 스마트폰 페이를 쓰지 않더라도 종종 기능을 활성화하여 작동 여부를 확인해야 한다. 스마트폰 페이류는 수시로 업그레이드가 진행되므로 만약 구버전이라면 먼저 업그레이드를 한 후에 사용하라는 안내멘트를 보게 된다. 비상시에 갑자기 프로그램을 업그레이드 하라고 나온다면 낭패일 터다. 또한 페이에 등록된 연계카드의 유통기한이 지났다면 역시 사용할 수 없다. 평소 스마트 페이류를 주기적으로 체크하여 관리해야 하는 이유다.

3. 신분증 기능

2022년부터 스마트폰으로도 전자 신분증 기능을 이용할 수 있게 되었다. 주민등록증, 운전면허증이 가능하며 연계해서 보여주는 방식이다. 핸드폰으로 신분증 기능을 신청할 수 있다면 해두자. 또한 이처럼 정식은 아니더라도 주민등록증과 운전면허증, 학생증, 회사원증, 여권등을 핸드폰 카메라로 찍어서 핸드폰 안에 파일로 보관해두자. 집을 떠나서 갑자기 나의 신분을 확인하고 증명해야 하는 순간이 올 수 있기 때문이다.

4. 112,119 간편 신고 앱들

2022년 8월의 여름 서울. 하룻밤에 무려 420mm, 한 시간당 140mm의 집중폭우가 내려 순식간에 거리가 잠기는 재난상황이 발생했다. 이때 관악구 반지하 주택에 살던 일가족 3명이 침수로 물이 불어나자 빠져나오지 못하고 집 안에서 사망하는 안타까운 사고가 일어났다. 반지하 집 밖으로 급속도로 물이 차오르며 문을 열기 힘들자 초등학생 아이가 먼저 119에 신고했지만 다른 구조요청 전화가 너무 많아서 연결조차 되지 않았다. 119신고만 빨리 연결되었다면 구조가 가능했을 텐데, 너무나 안타깝게도 이 가족은 사고로 목숨을 잃었다. 112나 119에 신고할 때 음성전화뿐 아니라 다른 방법도 가능하다는 것을 꼭 기억해두자. 문자, 스마트폰 앱, 영상통화로도 가능하다. 영상통화 신고 서비스는 말하기 힘든 상황이거나 장애인일 때 유용하다. 문자로도 가능하며 물이 차오르는 사진 같은 것도 첨부할 수 있어서 긴급한 상황을 찍어보내면 구조 담당자들이 더 급한 쪽으로 이동하는 데 도움을 줄 수 있다. 핸드폰에 112 긴급신고, 119 신고 앱도 설치하자. 각각 경찰청과 소방청에서 제공하는 앱으로 신고 및 전송 버튼을 누르면 사용자의 위치를 정확하게 추적할 수 있다.

5. 지도, GPS, 네비게이션 프로그램

전 재산을 버리고 작은 고무보트에 올라타 거친 지중해를 건너던 시리아 난민들을 기억하는가. 이들이 모든 걸 버리고도 딱 하나 반드시 챙겼던 것이 바로 스마트폰이다. 스마트폰만 있다면 통화 말고도 다른 거의 모든 것을 할 수 있기 때문이다. 일단 스마트폰에 현재 내 위치를 파악하고 목표 지점의 최단 경로를 알수 있는 내비게이션 프로그램을 설치하자. 한국에서는 티맵이 많이 쓰이지만 이 역시 비상시 서버에 문제가 생기면 무용지물이 될 수도 있다. 구글맵이나 다음카카오, 네이버의 내비게이션 안내맵 등도 추가로 한두 개쯤 더 설치하자. 물론 업그레이드도 주기적으로 하여 최신 버전으로 유지해야 한다. 일반 내비게이션은 사용 시나 새로운 지역에 갈 때마다 데이터 갱신을 위해 통신연결이 필요하다. 따라서 수시로 업그레이드할 필요가 없는 지도앱을 따로 설치해두면 요긴하게 쓸 수 있다. 처음 앱을 설치할 때 전국의 지도 데이터를 모두 다운받을 수 있으므로 실제로 사용할 때엔 인터넷을 따로 연결할 필요가 없어서 매우 편리하다. 내비게이션 프로그램외에 따로 GPS 전용 앱을 설치하는 것도 좋다. GPS 기능을 이용하여 현재 나의 위치나 고도, 속도 등을 신속하게 파악할 수 있으므로 도움이 된다. 긴급 신고 시 GPS 화면을 캡처한 후 문자로 보내면 구조 활동을 신속하게 수행하는 데 도움이 된다.

6. SNS 메신저들

요즘은 음성통화보다 SNS메신저를 더 많이, 더 자주 사용한다. 일 대 일 통화 외에도 식구들끼리나 친구끼리, 혹은 직장 동료들이나 모임별로 목적에 따라 여러 명이 동시에 대화할 수 있는 단체대화방을 즐겨 사용한다. 재난이나 비상시에도 SNS메신저를 통해서 TV보다 먼저 이상이나 경보를 듣게 될 가능성이 크다. 한국에서 가장 많이 쓰이는 국민 메신저는 단연 카카오톡, 일명 카톡이다. 거의 전 국민에 해당하는 4800만 명이 사용할 만큼 독보적이다. 카카오톡은 거의 국내용인데 반해 외국에서는 네이버라인이나 페이스북메신저, 트위터, 텔레그램, 왓츠앱, 위챗 등을 주로 쓴다. 국내에서도 연령층에 따라 주로 쓰는 메신저가 다른데, 학생들은 카톡보다는 페이스북메신저, 인스타그램, 틱톡을 주로 사용한다. 공무원이나 기업인들 사이에선 보안을 중요시하여 텔레그램을 많이 쓴다. 이 외에도 중국에선 위챗, 미국에선 왓츠앱, 유럽에선 바이버, 그 외에 트위터, 스카이프 메신저 앱도 많이 사용된다. 네이버밴드나 카카오스토리 등 단체 SNS 프로그램도 비상시 좋은 도구로 쓰인다.

카톡은 사용자가 급증하면서 평상시에도 종종 먹통이 되거나 전송 오류가 생기는 사고가 일곤 했는데, 결국 2022년 10월 대형사고가 터졌다. 서버가 있는 판교 데이터센터 지하의 작은 배터리 화재가 도미노 효과를 일으키며 먹통이 된 것이다. 카톡은 하루 이상 장애를 일으켰고, 다음메일은 무려 4일 후에나 복구되었다. 데이터 서버를 이중화하고 분산해서 비상시 자동으로 서비스가 이어지도록 시스템화했어야 하는데, 그 단순한 상식이 지켜지지 않았다. 모회사 카카오가 관리의 편의성 때문에 모든 서버를 수도권에만 두고 서버의 이중화 작업에 소홀했던 탓이다. 이렇게 작은 화재에도 전국의 카톡이 마비되는데, 하물며 지진이나 전쟁 같은 큰 재난상황이 닥친다면 어떻게 될까? 안전성을 장담할 수 없을 것이다. 이런 상황을 대비하여 국내 사용자가 적은 메신저 앱이라 해도 한두 개 더 예비용으로 설치하여 가족들 간의 비상연락망으로 사용해 보자.

7. 그 밖에 설치하면 좋을 앱들

비상상황 대처법을 알려주는 앱들(안전디딤돌 등), 버스와 지하철의 노선과 도착 시간을 알려주는 앱, 간단한 응급처치 교육용 앱, 로프매듭 앱, 야외 생존법 앱, 버섯이나 약초에 관한 앱, 야외 별자리 찾는 앱, 열차를 예매해주는 KTX, SRT 예약, 일기예보 및 풍향 앱.

버너와 연료

생존배낭은 단기간 비상상황 대응을 위한 것이므로 식량도 간단히 먹을 수 있는 비스켓, 통조림, 초코바 등을 위주로 준비하는 게 좋다. 그러나 비상상황이란 전혀 예측 불허한 것이어서 2-3일이면 끝날 거라고 생각했던 재난이 그 이상으로 길어질 수 있다. 심지어는 엉겁결에 집을 나온 그대로 더 먼 길을 떠나야 할지도 모른다. 2011년 3·11 동일본 대지진 때도 후쿠시마 원전 부근의 주민들은 잠시만 대피했다 돌아온다고 생각해서 작은 배낭에 간단한 짐만 꾸려 집을 나왔다. 머지않아 집으로 돌아갈 수 있을 거라고 생각했기 때문이다. 그러나 결국 현지 마을은 10년이 지나도록 출입통제 지역이 되었고, 마을을 떠났던 주민들은 돌아오지 못했다.

비상식량은 2-3일 정도만 먹으면 더는 먹기 힘들어진다. 대부분 고열량의 단 음식들이라 금방 물리기 때문이다. 평소 이런 음식을 잘 접하지 못했던 사람들에겐 더욱더 고역일 테고, 제대로 된 쌀밥이나 국을 간절하게 원하게 되는 순간이 찾아올 것이다. 그 외에도 휴식을 취하거나 체온을 유지하기 위해 불을 피우고 물을 끓여야 할 때가 온다. 체력이나 배낭에 여유가 된다면 간단한 휴대용 버너와 코펠을 준비해보자.

1. 부탄가스 버너

일반 가정이나 주변에서 가장 쉽게 구할 수 있고 익숙한 것은 휴대용 부탄가스 버너, 일명 부르스타이다. 사용법도 전 국민이 알고 있을 만큼 간단하지만 버너의 부피가 크고 무겁다. 소형인 등산용 휴대용 가스버너는 무게도 가볍고 취급하기도 쉬우며 사용법도 간단하다. 부탄가스통만 충분히 보급할 수 있다면 비상시 잠깐씩 쓰기엔 안성맞춤이다. 그러나 부탄가스통은 비상시 수요가 폭증하는 만큼 원하는 순간에 곧바로 구매로 이어지기가 힘들다. 마트에 가도 사람들이 몰리면서 부탄가스통 재고가 한순간에 사라지거나 가격이 폭등할지도 모른다. 혹은 당신에게 하필 현금이 없을 수도 있다. 한편으로 가스통은 이동 시에 가지고 다니기가 힘들다. 부탄가스통은 원통형 혹은 반원형 두 종류인데, 등산용으로 쓰이는 반원형 이소가스통은 추운 날씨에는 유리하지만 가격이 비싼 편이다. 해외직구 사이트인 알리익스프레스에선 빈 반원형 이소부탄가스통에 일반 원통형 가스통을 연결해서 재충전할 수 있는 연결 아답터를 판매하니 이것도 준비해두면 좋을 것이다.

2. 가솔린 버너

가스 버너보다 사용법이나 구조 면에서 복잡하지만 성능이 뛰어나고 더 오래 쓸 수 있는 가솔린 버너가 있다. 겨울철 등산용으로 많이 사용되는 가솔린 버너 중에서는 콜맨버너가 유명하다. 화이트 가솔린을 주연료로 사용하는데 화력이 좋고 오래가며 크기도 적당한 편이다. 추운 겨울에는 부탄가스통의 경우 화력이 줄고 연료가 일부 남아도 못 쓰게 되는데, 가솔린 버너는 영하의 날씨에서도 거침없이 화끈한 성능을 보여준다. 평상시에는 정제된 전용 연료인 화이트 가솔린을 사용하지만 비상시 단기간 동안이라면 차에서 뽑아낸 휘발유나 등유를 임시로 사용할 수 있다. 따라서 연료 보급이 상대적으로 쉽다고 할 수 있다. 정식 콜맨버너는 20만 원이 넘지만 알리에선 5만 원정도로 비슷한 것을 살 수 있다. 테스트해본 결과 성능은 양호하지만 이런 류의 저가 카피 장비는 장기간을 견디는 내구성을 장담할 수 없다. 평소 등산이나 캠핑을 다니며 자주 사용해서 구조와 고장 처치에 익숙해진다면 이 또한 괜찮은 선택일 수도 있다.

3. 고체연료

가장 휴대성이 좋고 안전하며 사용하기 쉬운 비상시 연료원이다. 고체연료는 마일러백이나 캔에 밀봉포장되어 안전하며 장기간 보관하기도 좋다. 밤톨만 한 크기의 휴대용 고체연료 두세 개만 있다면 야외에서 간단히 따듯한 라면을 끓여 먹거나 커피를 마실 수 있다. 보통 참치캔보다 좀 더 큰 캔 형태의 고체연료가 생존배낭용으로 좋으며, 그보다 큰 4리터, 20리터 등 대형캔 제품은 집 안에서 비상용으로 쓸 버너로 좋다. 이들은 주로 뷔페의 용기 데움용이나 건설현장에서 건조용으로 쓰이므로 시중에서도 저렴하게 구할 수 있다. 비슷한 것으로 알코올을 고형화해 젤리화한 것도 있다. 가격도 저렴한데, 보통 고체알콜이라고 부른다. 철제 밀폐용기에 덜어놓고 휴대한다면 필요한 만큼 덜어서 쓰기 좋을 것이다. 다만 고체연료는 불을 끌 때 캔 뚜껑을 직접 덮을 때 조심해야 하고, 야외에서는 불꽃이 잘 보이지 않아 화상 위험이 높다는 점에 주의해야 한다.

4. 우드 스토브

비상상황이 장기화되거나 오랫동안 피난길을 가야 한다면 위에서 말한 여러 현대식 스토브들은 곧 연료가 바닥나서 못 쓰게 된다. 야외에서 장기간 불을 써야 한다면 나무장작을 사용하는 것도 생각해볼 만하다. 휴대용 버너 중에도 나뭇조각을 태워 쓸수 있는 우드 스토브가 있다. 우리나라는 어디서든 나무를 쉽게 볼 수 있는 만큼 그나마 수급이 용이하다는 게 다행이다. 휴대용 톱이나 도끼가 있다면 쉽게 주변의 나무나 안 쓰는 가구 등을 잘라 땔감을 만들 수 있다. 다만 평소 나무를 가지고 불을 붙이는 연습을 하지 않으면 야외에선 더 어려울 것이다. 특히 물기를 머금은 생나무는 연기만 나고 불이 제대로 붙지 않는다. 만에 하나 불이 붙어도 금방 꺼진다. 합판이나 얇은 판자들은 상대적으로 불이 잘 붙지만 너무 금방 타버려서 불길이 순식간에 사그라든다.

오픈된 야외에선 맨바닥에 장작 불을 피우는 것도 의외로 어렵다. 바닥 물기에 젖어버리고 작은 바람에도 열기가 흩어져서 물 한 번 끓이는 데도 시간이 걸리고 어렵다. 이때 필요한 것이 우드 스토브다. 철판, 금속판을 간단히 조립해서 화구를 만들고 나무가 흩어지지 않게 집중시켜준다. 아랫면에서 새 공기가 연속적으로 유입되고 화구에선 단열이 되어 불이 잘 붙고 연소 효율도 좋다. 즉 연기가 적고 화력이 세다는 뜻이다. 불길도 윗면으로만 집중되어서 금방 물을 끓일 수 있으며 요리 시간도 단축된다. 무엇보다 평소에는 금속판을 겹쳐서 보관할 수 있어서 휴대성이 뛰어나다. 여러 면에서 비상용으로 선택하여 생존배낭 안에 두면 좋은 아이템이다. 그러나 산에서 사용하게 될 경우 자칫 산불과 연결될 수 있으므로 반드시 세심하게 신경써야 한다.

최근 캠핑용으로 나온 우드 스토브는 가볍고 불이 금방 붙으며 나무 소모량도 적다. 마른 나무토막만 있다면 잘개 쪼개서 라면 정도는 충분히 끓일 수 있다. 우드 스토브는 구조가 몇 가지 종류에 각기 성능도 조금씩 차이가 나기 때문에 직접 사용해보는 것이 가장 좋다. 알리에서 만 원대에 구할 수 있다.

비상시 대치상황에 처했다. 이런 경우엔 무엇이든 손에 쥐거나 들어라. 제대로 된 무기가 아니더라도 괜찮다. 긴 막대기나 야구배트, 골프채, 과도, 낫이나 삽 같은 농기구, 등산스틱 등등 종류는 크게 상관없다. 일단 손에 무엇인가 들고만 있어도 웬만한 사람들은 겁을 먹고 돌아설 것이다.

1. 등산스틱

등산스틱은 산에 갈 때만 쓰는 보행 보조장치로 인식되지만 실제로는 만능에 가까운 장비이다. 걸을 때 등산스틱을 제대로 이용하면 체력소모를 1/3로 줄여준다. 비포장길이나 산길, 파괴된 도로, 오르막길, 빙판길을 다닐 때 미끄러지지 않고 안정적으로 이동할 수 있게 도와준다. 뿐만 아니라 휴식을 취할 때도 큰 도움이 된다. 두 개의 폴대를 땅에 꽂아 세우고 비닐이나 줄, 은박 보온담요 등을 이용해서 간단한 그늘막이나 쉼터를 바로 꾸밀 수 있다.

이처럼 쓸모 많은 등산스틱은 위급한 상황에서 그럴듯한 호신용품이 된다. 스틱을 길게 빼면 1미터까지 연장되는데 앞쪽에 단단하고 뾰족한 금속팁이 있어서 찌르는 창처럼 쓸 수 있다. 경찰과 정부의 공권력이 일시적으로 미치지 못하는 재난상황에서는 낯선 사람들을 조심해야 한다. 도둑질과 약탈, 폭행, 강도, 강간, 폭력 사건이 증가하게 되는 탓이다. 이전까지 법을 잘 지키고 웃고 인사하던 선량한 시민들도 배가 고프고 겁에 질리게 되면 나쁜 생각을 할 수도 있다. 처음에는 망설이던 이들도 주위 군중의 폭력 행태를 보면 군중심리에 휩쓸려 따라 할지도 모른다. 야외나 산에서는 맹수화하여 떼로 몰려다니는 들개들도 주의해야 한다. 이들은 남자보다 체구가 작고 약해 보이는 여성이나 어린이, 노인들을 본능적으로 알아보고 더 공격한다. 이럴 때 등산스틱은 매우 요긴하게 쓰인다. 등산스틱을 들고 자세만 제대로 취해도 웬만한 위험 상황은 피해갈 수 있을 것이다.

등산스틱은 찌르기 외에 휘두르기에도 최적화된 장비다. 특히 일자형 스틱보다 손잡이가 T자로 된 스틱이 휘두르기에도 좋고 타격할 때도 힘을 더 받아 호신용으로 쓰기에 유리하다. 보통 고가의 전문가용 등산스틱을 가벼운 듀랄루민 합금을 써서 일자로 만드는데 호신용으로 쓰기엔 효과가 떨어진다. 저가형은 스틸재질로 더 묵직하며 T자로 되어 있어 휘두를 때는 오히려 싸구려 T자형 스틱이 유리하다. 등산스틱은 배낭 옆에 묶어두거나 신발장, 차트렁크 등에 넣어두고 비상 대피 시 같이 들고 나갈 수 있도록 준비한다.

2. 권총

총기 소지가 자유로운 미국에서는 권총도 생존배낭 안의 중요한 구성품이다. 권총과 탄창, 여분의 탄알, 권총집 등을 모두 갖추면 최소 2-3킬로그램 정도가 추가되어 부담이 크다. 하지만 국가 공권력이나 사회안전 시스템이 일시적·장기적으로 붕괴된 상황에선 호신용으로 총만 한 게 없다. 미국에서는 여성이 남성을 이길 수 있는 유일한 대안이 총이라고 교육한다. 일반적으로 가장 인기있는 것은 가볍고 장탄수가 많은 플라스틱제 글록 자동권총인데, 더 작은 단총신 리볼버도 휴대용이나 호신용으로 인기가 좋다. 그러나 한국은 총기 소지가 금지되어 있다. 소구경 공기총조차 휴대할 수 없다.

3. 기타 호신용품

상대보다 조금만 더 나은 뭔가라도 들고 움직이면 불필요한 충돌을 사전에 막을 수 있다. 가장 간단하게는 등산스틱이나 장우산을 들고 있는 것만으로도 충분히 위력을 과시할 수 있다. 뾰족한 금속 팁과 돌출형 손잡이가 있는 등산스틱이나 장우산은 일상용품으로 누구도 경계하지 않는다. 하지만 비상시 들개떼나 유기견떼, 한두 명의 불량배들을 상대하기엔 괜찮은 호신도구가 될 수 있다. 외국에선 호신용으로 특화된 장우산을 팔기도 한다. 비상시 호신용으로 도움이 될 만한 다른 것들도 고려해보자. 생존배낭에 같이 넣어 휴대할 수 있도록 무게가 가볍고 부피도 작으며 바로 쓰기 좋은 것을 선택한다. 기왕이면 평소 흉기나 위협적인 물건이라고 여겨지지 않는 것이 좋다. 긴 장우산이나 끝이 둥근 작은 과도, 가위, 금속 볼펜, 지팡이, 금속체인, 개줄 등도 권할 만하다. 하지만 흉기로 보일 수 있는 과도한 장비나 긴 나이프 류는 피한다. 커다랗고 살벌한 서바이벌 나이프나 식칼, 회칼, 스쿠바 나이프, 군용형 대검 등이다. 이런 것을 휴대한다면 이웃이나 관리자에게 의심을 받거나 경계인물이 될 것이다. 군경의 불심검문에서 해명하기 힘들어지면 억울하게 끌려갈지도 모를 일이다. 2022년 우크라이나 전쟁에서도 우크라이나 시내 지하철 내에 많은 피난민이 대피하려고 모여들었다. 그중 러시아 첩자도 있었는데 곰인형 속에 무전기와 총기를 숨기고 들어왔다가 발각되었다. 호신용으로 쓸 수 있는 전문장비로 가스분사기와 전기충격기를 들 수 있다. 모두 경찰서의 허가를 받아야만 구매나 소지가 가능하다. 시중에서는 더 싸고 비슷한 물건들이 팔리고 있고 허가도 필요없다고 광고하고 있지만 성능이 조악하여 별로 소용없는 것들이 대부분이다. 정말 심각한 상황이 닥쳐오고 어쩔수 없이 싸워야 한다면 맨손보다는 무엇이든 손에 쥐는 게 훨씬 유리하다. 주먹질도 맨손이면 충격력이 떨어지거나 손가락 뼈가 부러지는 등 부상을 당할 수 있지만, 주먹 안에 작은 조약돌이나 볼펜, 립스틱이라도 쥐고 펀치하면 위력이 커진다.

구급상자, 여성 및 위생용품, 휴지와 비닐봉지

지진이나 재난 시 건축물 붕괴나 유리창 파편에 다치기 쉽다. 혹은 다급한 탈출과 이동과정에서 다리와 손, 머리, 몸의 이곳저곳에 가벼운 상처를 입기도 쉽다. 큰 재난상황일수록 병원이나 의사를 찾아 빠른 조치를 하기 힘들 것이다. 문제는 오염된 불결한 환경에서는 작은 상처도 덧나고 곪아서 순식간에 위험해질 수 있다는 점이다. 갑작스런 빙하기를 다룬 재난영화 〈투모로우〉에도 이런 상황이 등장한다. 주인공 일행이 쇳조각에 찔려서 파상풍에 걸려 심각한 처지에 이르는 장면이다. 우리에게도 이런 일이 얼마든지 일어날 수 있으므로 비상시 사소한 찰과상이나 부상 정도는 직접 처치할 수 있어야 한다. 만약 제대로 된 약품을 쓰거나 제때 조치하지 않는다면 오염된 물과 환경에 금방 환부가 곪거나 다른 부위로 번져서 더 위험해질 수 있다.

최소한의 구급도구와 약통을 준비하자. 구급약통은 전문 쇼핑몰에서 크기와 품목별로 구입할 수 있지만 가격이 좀 비싼 편이다. 다이소에서 작은 플라스틱 구급통을 5천 원 정도에 살 수 있다. 더 필요한 품목은 약국에서 구입하여 좀 더 채워넣자.

1. 구급상자에 필요한 의료품목

1)응급처치용

소독된 크기별 롤 붕대, 삼각형 붕대(삼각건), 압박붕대, 탈지면, 거즈, 작은 물수건 및 물티슈, 의료용 반창고와 테이프, 소독용 솜, 일회용 반창고 세트, 메스(수술용 칼), 가위, 커터칼, 핀셋, 족집게, 면봉, 옷핀, 얇은 라텍스 장갑과 비닐장갑, 압박용 고무줄, 바늘과 실, 부목, 지혈대, 청테이프, 순간접착제, 1회용 생리대

2)소독약

과산화수소수, 소독용 알코올(에탄올70% 이상), 빨간약(포비든 요오드액), 비누, 락스

3)약과 연고

아스피린과 타이레놀 등 해열 진통제(아이용은 별도), 먹는 항생제(마이신 등) 항히스타민 계열 또는 스테로이드 계열의 바르는 연고, 제

산제, 소화제, 구충약, 감기약, 알레르기 비염약, 바세린 같은 습윤 윤활제, 소화제 및 설사약, 사제 수액(ORS)용 설탕과 소금통, 비타민제, 수면제, 우황청심환

4)의료도구 및 기타

온도계, 청진기, 심박계, 주사기와 바늘, 체온계(디지털과 아날로그용 모두), 사혈침 세트, 물파스, 소염진통 로션, 안약과 안대, 붙이는 파스, 생리식염수, 1회용 마스크, 비닐 주머니, 분무기, 무릎, 발목 보호대

2. 여성용품

아 전쟁은 여성에게 더 가혹하다. 인명 피해도 더 크고 고통도 더 크다. 재난재해 시 이재민들에게는 긴급구호박스가 지급된다. 아이에게는 장난감과 책이 든 어린이용 박스가, 남성에게는 면도기가 든 남성용 박스가 지급된다. 하지만 여성에게 지급되는 박스에는 여성용품이 없다. 물론 초기에는 생리대 등이 포함되어 있었는데, 박스를 꾸린 후 몇 년이 지나자 누렇게 변색되거나 이물질이 생기면서 항의가 이어졌다. 그러자 여성용품을 아예 상자에서 빼버렸다. 기관의 취지는 빼버리는 대신 지급할 때마다 인근 상점에서 새로 사서 채운다는 것이었지만 큰 재난이나 비상시에 도로가 마비되고 물류에 이상이 생기면 주위 마트에서 따로 구매하기는 더더욱 어려워지게 된다. 즉 현실적으로 거의 불가능하고 시간도 많이 걸리게 된다는 뜻이다.

그러나 여성에게는 반드시 여성용품이 필요하다. 생리대는 진공팩이나 비닐지퍼백으로 밀봉보관하고, 삽입형 실리콘 생리컵도 준비하자. 그 외에 진통제나 피임약 등 필요한 용품을 조금이라도 준비해놓자. 헝크러진 머리카락을 정리할 수 있는 작은 플라스틱 빗도 생각보다 필요할 때가 많을 것이다. 손톱발톱을 깎을 수 있는 작은 손톱깎이도 유용하게 쓰이니 반드시 준비한다.

3. 비닐봉지

야외에서 비닐은 쓰임새가 아주 다양하다. 밥을 먹는 것부터 화장실에 이르기까지 용도가 아주 많다. 우크라이나 전쟁에서도 지하 벙커에 오랫동안 갇혀 있던 아이엄마가 기저귀가 떨어지자 대신 비닐봉지를 사용했던 장면이 보도되기도 했다. 비닐은 주변에서 쉽게 구할 수 있는 대용량 쓰레기 봉투나 시장에서 주는 A4용지 크기의 소포장용 모두 충분히 비치한다. 비닐하우스용 비닐은 두껍고 질겨서 텐트나 타프, 바닥매트 대용으로 써도 좋다. 한국에만 있는 김장용 비닐은 더 유용하다. 크기별로 저렴하게 살 수 있으며 질겨서 물을 담아 일시적으로 보관하거나 화재 발생 시 머리를 넣고 숨을 쉬는 용도로 사용해도 효과적이다. 비닐은 은박 보온담요랑 비슷해 보이지만 좀 더 두껍고 수납할 수 있다는 장점 때문에 야외에서는 사용빈도가 더 높다. 구체적인 쓰임새는 다음과 같다.

1. 비올 때 우비나 우산이 없다면 판초처럼 몸에 걸쳐서 비바람을

막는다.

2. 쉴 때나 야영 시 나무 사이에 비닐을 쳐서 비와 이슬을 막는다.

3. 휴식 시 바닥에 깔아 물기와 습기를 막는 언더그라운드 시트로 사용한다.

4. 이불처럼 덮어서 쓸 수 있다.

5. 물을 담아 물주머니로 쓸 수 있다.

6. 식판 위에 비닐을 덮어서 밥과 국을 놓으면 설거지를 할 필요가 없다.

7. 배낭을 덮어서 방수커버로 사용한다.

8. 작은 비닐봉지는 물건을 넣는 방수주머니로 사용한다.

9. 대소변을 받을 때 위생용으로 사용한다.

10. 아이의 기저귀 대신 사용한다.

11. 핸드폰 방수주머니로 사용한다.

12. 부상자를 나를 때 간이 들것의 시트로 사용한다.

13. 깨진 창문 대용으로 사용한다.

14. 화재나 가스누출, 생화학전 시 공기를 불어넣고 뒤집어 써서 방독면 대용으로 사용한다.

4. 휴지와 물티슈

1) 휴지

비상식량과 각종 생존장비에 비해 휴지라니 너무 하찮아 보인다고 생각할 수 있다. 작은 배낭 안에 생존물품들을 꾸리면서 무게와 부피를 끊임없이 비교해보고 무엇을 넣고 뺄

까 고민할 때 휴지는 관심도가 떨어져 후순위로 밀리게 마련이다. 배변처리를 위해서라면 필요 시마다 나뭇잎이나 종이, 천, 물 등으로 대충 어떻게든 해결하겠지, 라고 생각할 수도 있다. 하지만 생존배낭에도 휴지가 꼭 필요하다. 휴지 없이 야외에서 배변을 해결한다는 것은 의외로 불편한 일이다. 위생과 냄새, 스트레스 문제가 있기 때문이다. 예전에는 신문지나 책을 찢어서 혹은 나뭇잎이나 자갈, 속옷, 흙, 지푸라기 등을 뭉쳐서 해결했다고 하지만 요즘 사람들에게 그런 걸 강요한다면 어불성설이다. 자칫 민감한 부위에 상처가 나거나 감염이 될 수도 있다. 혹은 억지로 참기 위해서 애쓰거나 물과 밥을 먹지 않고 버티다가 몸에 탈이 날 수도 있다. 일단 두루마리 휴지를 준비해 비닐지퍼백에 보관하자. 화장실용 외에 위생용과 상처치료용 등으로 다양하게 쓸 수 있다. 가운데 봉을 빼고 꼭 눌러서 압축한 후 넣어주면 부피도 작아진다. 하지만 비상상황이 오래 이어진다면 휴지 한 개로는 부족할 것이다. 500밀리리터 물병 크기의 휴대용 손비데 같은 제품이나 작은 스프레이 병을 준비하는 것도 좋다.

2) 물티슈

비상시에는 휴지보다 물티슈가 더 유용하다. 물에 젖어도 찢어지지 않고 한두 장만으로도 뒷처리를 할 수 있다. 야외에서 물을 구하기 어려울 때 물티슈로 간단히 얼굴과 몸을 닦을 수 있고, 오래 씻지 않으면 불쾌해지는 겨드랑이와 사타구니 등은 물티슈로만 닦아도 개운해진다. 커다란 물티슈 한 팩이 천 원 정도이니 가성비가 좋은 생존용품 중 하나다. 단점이라면 생존배낭용으로 조금 무겁다는 점인데, 이때는 말려서 보관한다. 개봉 후 꺼내어 햇볕에 2-3일 바싹 말린 다음 다시 넣어놓는다. 건조되면 500그램 정도가 줄어서 훨씬 가벼워지며 휴대하기도 좋다. 마른 물티슈 부직포를 그냥 사용해도 되고 팩에 한 컵 정도의 물을 부어 물티슈로 사용해도 좋다. 마른 물티슈는 화이어 스타터로 불을 피울 때 불쏘시개로 이용할 수 있다.

좀 더 작은 휴대용 물티슈팩도 요긴하다. 화재 시 물손수건이 없다면 물티슈를 꺼내 입과 코에 대고 숨을 쉬면 외부에서 오는 뜨거운 열기를 막아주고 폐를 보호할 수 있다. 식당에서 식사 전 씻으라고 주는 연필처럼 말린 1회용 물티슈도 몇 개 챙겨넣자. 다만 너무 저렴한 것들은 반대쪽에 비닐코팅이 되어 숨을 쉴 수 없으니 준비할 때 미리 확인한다.

안전모와 방독면

파편이 떨어지는 상황에서 가장 위험한 부위, 즉 반드시 보호해야 하는 부위는 우리들의 머리다. 그만큼 머리를 보호하는 일이 중요하다.

1. 안전모

지진이 잦은 일본의 초등학교에선 아이들마다 지진모자를 준비해준다. 평상시 의자에 깔고 쿠션처럼 쓰다가 지진이 닥쳐오면 즉각적으로 머리에 둘러 쓰고 탈출하게끔 만들어졌다. 쿠션이라 어디서든 깔고 앉기에 좋고 추운 곳에선 머리를 따듯하게 감싸준다. 한국에서도 경주포항 지진 이후 현지의 초등학교와 유치원에서 단체로 구매하기도 했다. 하지만 수입된 고가의 지진모자가 제일 좋은 것은 아니다. 일상생활에서 사용하는 다양한 용도의 안전모도 추천할 만하다. 공사장에서 쓰는 플라스틱 안전모는 성능도 이미 검증되었고 가벼우며 가격도 저렴하다. 회사나 학교 비치용으로 구입하기에도 전혀 부담이 없다. 안전모를 따로 사는 게 부담스럽다면 자전거나 킥보드를 탈 때 쓰는 헬멧을 이용해도 좋다. 신발장 근처에 놓아두었다가 지진이나 대피할 상황이 생기면 바로 쓰고 탈출하면 된다.

2. 방독면

전쟁뿐 아니라 가스누출 사고나 화재가 발생했을 때를 대비해 방독면을 준비해두면 좋다. 화재 시 사람이 사망하는 대부분의 원인은 불길이 아니라 유독가스에 있다. 화염에서 비롯되는 검은 연기에는 일산화탄소, 이산화탄소, 염소가스, 시안화수소, 검댕이 등 50가지 이상의 유독성분이 포함되어 있어서 서너 모금만 마셔도 기절하게 된다. 그런 상태에서 3분 안에 구조되거나 나가지 못하면 사망에 이른다. 안전교육 영상을 보면 화재 시 손수건을 입에 대고 나가라고 하지만 방독면에 비할 수는 없다.

→ 방독면은 화재용과 생화학 무기용으로 필터가 나뉜다. 필터의 구성성분에 차이가 나지만, 어느 것이든 없는 것보다 낫다. 만약 굳이 한 개만 사야 한다면 화재용을 선택하라. 전쟁 시에도 생화학무

기 공격위험보다 포탄으로 인한 화재 위험이 더 크다. 방독면은 머리 전체에 뒤집어 쓰는 두건형만 생각하기 쉬운데 의외로 작은 것들도 많다. 코를 덮는 작은 것부터 입으로 무는 밤톨만 한 소형에 이르기까지 크기와 모양이 다양하다. 최근 화재대비용으로 특수용액을 적신 물티슈형 방독면도 출시되어 휴대가 더 편리해졌다.

책과 장난감

비상시에 이동하거나 대피하는 데 걸리는 시간은 생각보다 짧을 것이다. 오히려 안전한 쉘터나 집, 대피소에서 머무는 시간이 훨씬 더 길 것이다. 따라서 무료한 시간을 때우고 나쁜 생각을 막아주는 데 도움이 될 만한 물건들을 미리 준비해두자.

1. 책

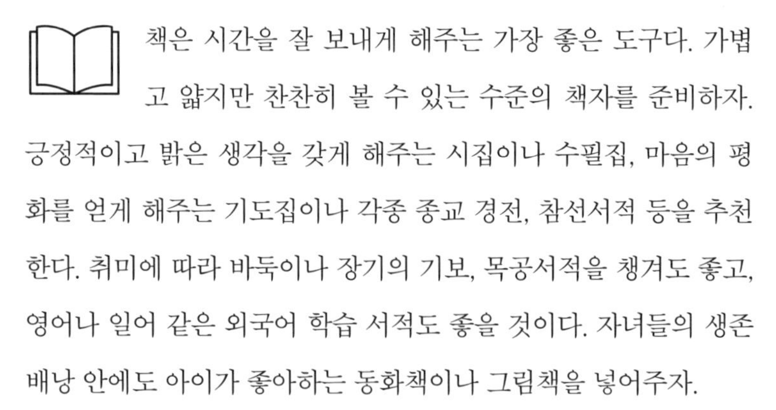

책은 시간을 잘 보내게 해주는 가장 좋은 도구다. 가볍고 얇지만 찬찬히 볼 수 있는 수준의 책자를 준비하자. 긍정적이고 밝은 생각을 갖게 해주는 시집이나 수필집, 마음의 평화를 얻게 해주는 기도집이나 각종 종교 경전, 참선서적 등을 추천한다. 취미에 따라 바둑이나 장기의 기보, 목공서적을 챙겨도 좋고, 영어나 일어 같은 외국어 학습 서적도 좋을 것이다. 자녀들의 생존배낭 안에도 아이가 좋아하는 동화책이나 그림책을 넣어주자.

2. 장난감

우크라이나 전쟁 때 갑자기 많은 시민이 지하철 대피소로 모이는 장면이 자주 보도되었다. 그때 아이들마다 작은 인형이나 장난감을 하나씩 손에 들고 있는 모습이 포착되었다. 갑자기 폭음이 들리며 세상이 뒤집혀지는 경험을 한 아이들에겐 애착 장난감이 그나마 작은 위안거리가 되어준다. 이동 중에도 부서지지 않을 만한 장난감을 아이들의 생존배낭 안에 넣어주자. 겁에 질려 우는 아이를 달래주고 주위의 피해를 줄이는 데 도움이 될 것이다. 재난재해 시 이재민들에게 지급되는 정부의 긴급구호박스의 아이용 지급품에도 장난감과 책, 색연필 등이 포함되어 있다. 장난감의 부피나 무게가 걱정된다면 고무풍선이나 비닐 튜브공도 좋은 대안이 된다. 비상시엔 안에 물을 넣어 보관하거나 간이 용기로도 사용 가능하다. 장난감은 아이들에게만 해당하지 않는다. 어른들도 장기간의 피난소 생활에서 침체되거나 우울증에 걸릴 수 있다. 이때를 대비해 몇 가지 놀이도구를 준비하자. 간단한 놀이를 하며 주위 사람들과 마음을 풀다 보면 잠시나마 공포스런 상황을 잊게 될 것이다. 작은 주사위, 접어서 휴대하는 장기나 오목, 보드게임, 직소퍼즐, 종이접기 등도 추천할 만하다. 장난감이나 놀이기구가 없다고 미리 체념할 필요는 없다. 빈 페트병 같은 물건들로 놀이도구를 만들 수도 있다.

3. 임시 장난감 만들기

시리아 전쟁으로 난민캠프에 모인 아이들이 500밀리리터 작은 펫트병에 물을 1/3 정도 채우고 손으로 몇 바퀴 던져서 땅에 수직으로 세우는 게임을 만들어 큰 인기를 끌었다. 아주 간단하지만 직접 해보면 의외로 어렵고 흥미도 생긴다. 작은 납작돌이 보인다면 몇 개 모아서 아이들과 비석치기, 사방치기를 할 수 있다. 혹은 드라마 〈오징어게임〉에 나온 것처럼 '무궁화 꽃이 피었습니다'나 술래잡기 등 단체게임도 할 수 있다. 동전과 비닐, 빈 우유팩이 있다면 제기차기나 팩차기도 재미있게 할 수 있다. 엄마아빠들이 어렸을 적 동네 친구들과 함께했던 놀이를 자녀들에게도 알려주자. 시간 가는 줄 모르고 재미있게 놀 수 있을 것이다.

4. 필기구

전쟁영화나 재난영화를 보면 가족과 일행이 길이나 시간이 엇갈려 아슬아슬하게 헤어지는 장면이 자주 나온다. 전화 연락이 되지 않아 만나기 힘들 때엔 큰 글씨로 메모를 써서 주위에 붙이는 방식도 생각해두자. 나중에 일행이 보고 연락해올 수 있도록 말이다. 작은 노트와 볼펜, 사인펜 등을 반드시 챙기라고 강조하는 이유다. 필기구가 있다면 아무리 비상시라도 일기를 쓰거나 보고서를 쓰며 차분히 상황을 정리하고 마음을 안정시킬 수 있을 터다. 아이들에게 노트와 필기도구를 주고 그림을 그리며 놀게 할 수도 있다. 급할 때 외부에 편지를 써서 도움을 요청하거나 현재 부족한 물품, 필요한 물품들을 정리하여 정부나 구호단체, 자선단체에 전달할 때도 요긴하게 쓸 수 있다. 간단한 약도나 지도를 그려 첨부하면 말로 하는 것보다 일행이 알아듣는 데 도움이 된다.

테이프와 로프

주변에서 흔히 보는 여러 테이프와 각종 로프도 위급한 시기에는 요긴하게 쓰인다. 테이프와 로프의 용도를 알아보자.

1. 테이프

외국에서는 테이프도 아주 중요한 생존용품으로 취급한다. 주로 덕테이프라 부르는데 한국의 청테이프와 비슷하다. 테이프는 다양한 상황에서 응급수리를 하거나 상처를 봉합하고 치료하는 데도 쓸 수 있다. 터진 텐트 부위나 찢어진 바짓단 때우기, 덜덜거리며 흔들리는 부품 고정하기, 가족과 친구를 찾는 공고문을 벽에 붙인다거나 구멍 난 비닐우비 손질하기 등 갖은 용도에 빠르게 사용할 수 있다. 청테이프를 납작하게 눌러서 배낭 안에 넣자. 플래시 손잡이에 청테이프를 말아주면 비상시 바로 꺼내 쓸 수 있어서 여러모로 좋다. 투명 비닐테이프도 종종 요긴하게 사용된다. 얇은 비닐테이프는 청테이프보다 길고 두께에 비해서 의외로 질기다. 야외에서 긴급하게 타프나 텐트를 칠 때 일반 로프나 파라코드를 사용할 수도 있지만 투명 비닐테이프를 떼어 쓰면 훨씬 더 간편하고 고정하기도 쉽다. 얇은 비닐이라 약할 것 같지만 일반적인 용도로 쓰기엔 충분한 강도이다.

2. 로프

아파트나 건물 화재 시 밧줄을 늘어뜨려 아래층으로 대피하는 데 쓸 수 있을까? 실제 사람이 밧줄을 타고 내려가는 것은 정말 힘들다. 체중을 지탱할 정도의 굵은 밧줄은 무겁고 부피가 크다. 차를 타고 이동한다면 로프를 챙길 수 있겠지만 생존배낭용으로는 좋지 않다. 텐트나 타프 설치, 빨랫줄, 물건 고정 등 다용도로 쓸 거라면 파라코드 나일론 끈을 준비하는 것도 좋다. 파라코드는 말 그대로 낙하산줄로 쓰던 것인데 굵기는 가늘어도 질겨서 캠핑이나 야외에서 다용도로 쓸 수 있다. 덕분에 최근 널리 보급되고 있으며, 이것을 꼬아 만든 생존팔찌도 생존용품으로 많이 팔리고 있다. 하지만 파라코드가 아무리 강하다 해도 너무 가늘어서 밧줄처럼 타고 내려가기엔 역부족이다. 생명을 걸 만한 상황에서 쓰기에는 무리이며 빨랫줄이나 텐트줄 등 간단한 용도로만 사용해야 한다. 아울러 더 얇은 나일론 포장줄은 다이소에서 천 원 정도에 50미터짜리 롤을 살 수 있는데 이것을 사서 간이용도로 써보자.

신분증 및 돈과 신용카드

아무리 비상상황이라 해도 개인의 신분을 증명해야 할 순간이 오게 마련이다. 신분증을 요구하는 교통수단도 있을 수 있고, 국경을 넘거나 숙박을 할 때에도 신분 증명을 요구받을 수 있다. 이럴 경우를 대비하여 어떤 것을 준비할지 미리 알아보자.

1. 신분증

비행기나 배, 렌터카를 예약하거나 타려면 신분증이 있어야 한다. 지방에서 호텔이나 모텔 등 숙박업소에 들어가 하룻밤 자려고 할 때도 마찬가지다. 전쟁 같은 특수상황에서는 나의 신분을 증명하는 것이 중요하다. 잘못하면 간첩이나 탈영병, 거동수상자로 의심받을 수 있는 탓이다. 따라서 신분을 확실하게 증명할 수 있는 신분증을 같이 준비한다. 대피소 안에서 자리를 잡거나 물품과 밥을 배급받을 때나 명단을 작성하는 데 필요하다. 주민등록증, 운전면허증, 여권, 회사사원증, 학생증, 학원증, 도서관증, 각종 공인자격증, 멤버쉽카드, 나의 명함 들도 좋다. 생존배낭 안에 넣어 상시 비치할 용도라면 평소에 잘 쓰지 않는 신분증을 선택하자. 신분증, 신용카드, 명함은 대개 같은 크기이니 잘 모아서 휴대용 명함케이스나 지퍼백으로 포장해둔다. 그리고 이제는 핸드폰으로도 전자신분증 서비스가 가능해졌으니 되도록 준비해두자. 2022년부터 실물 주민등록증과 동일한 신분확인 효력을 갖는 운전면허증과 주민등록증의 모바일 확인 서비스가 제공되기 시작했다. 식당이나 숙소 등에서 미성년 여부를 확인하거나 국내선 공항이나 여객 터미널 탑승 수속 시, 그리고 각종 계약이나 거래에서도 실물 주민등록증처럼 쓸 수 있다.

2. 돈과 신용카드

비상상황이라 하더라도 돈은 중요하다. 긴급 대피 중 상점이나 편의점에 들어가서 식량과 빵, 물을 사야 할 경우

현금만 요구하는 곳을 만날 수도 있다. 버스나 지하철, 택시, 배, 비행기 등 교통수단을 이용할 때, 타지역에 와서 호텔이나 숙박업소에서 방을 빌릴 때도 돈이 필요하다. 비상상황이니 시골 사람들이나 현지 주민들이 무료로 방을 빌려주거나 선행을 베풀 거라고 생각하지 말자. 오히려 가격을 더 비싸게 부르지 않으면 다행일 것이다. 이럴 때를 대비하여 현금과 신용카드 모두 준비해두어야 한다. 너무 목이 말라 생수 한 병을 사러 들어갔는데 현금이 없어 외상으로 달라고 사정하고 있을 때 바로 뒷사람이 돈을 들이민다면 기회를 놓칠 수밖에 없다. 현금은 만 원짜리, 5만 원짜리로 넉넉히 준비하자. 달러나 엔화 등 외화는 생존배낭에 어울리지 않는다. 신용카드를 배낭에 넣을 때엔 유효기간을 확인하고 되도록 기간이 오래 남은 카드를 선택한다. 개통한 후 잘 쓰지 않는 체크카드나 직불카드도 좋다.

문서와 사진, 데이터 보관

나이프와 라이터 등 생존장비가 없으면 불편하기는 하지만 언제, 어디서, 어떻게든 다시 구할 수 있다. 하지만 나만이 소유한 개인 문서와 사진, 데이터들은 한 번 잃어버리면 다시 복구할 수도 없고 치명적이다.

1. 사진

2011년 3·11 동일본 대지진 때 갑자기 닥쳐온 쓰나미에 집이 쓸려가고 겨우 살아나 대피소로 온 어느 노인의 인터뷰가 기억난다. 대피할 때 너무 급해서 아무것도 챙기지 못했는데 그중 특히 가족사진을 챙겨오지 못한 게 가장 큰 한이라는 내용이었다. 대피 중에 나의 가족을 잃어버렸다면 그들을 찾기 위해서라도 사진이 필요하다. 나의 사진은 물론 가족사진과 반려동물 사진도 준비하자. 요즘은 디지털 카메라로 찍고 컴퓨터나 핸드폰 안에 주로 저장하는데, 기념할 만한 중요한 사진은 꼭 현상해서 비닐 밀봉하여 가지고 있자. 사진 파일도 중요한 것들은 핸드폰과 USB 메모리에 각기 저장하고 열쇠고리 등에 연결해서 지니고 있어야 한다. 가정용 프린터로 사진을 인쇄하면 물에 번질 경우 못 쓰게 될 수도 있음을 감안하라. 일반 사진 외에 증명사진도 추가로 보관해두어야 한다. 신분증을 잃어버리거나 각종 증명서를 다시 만들 때 필요할 것이다. 명함판, 반명함판 모두 준비하면 좋다.

2. 전화연락망

휴대폰 안에 많은 연락처가 있지만 가족 전화번호 몇 개조차 기억하기 힘들다. 가족들의 전화번호는 물론 자주 사용하고 중요한 전화번호는 따로 정리해서 오프라인으로 보관한다. 수첩에 적어두거나 프린터로 축소 인쇄하여 비닐코팅을 한 다음 몇몇 곳에 붙여두자. 가족과 친척, 친구와 동호회 등 주요모임, 직장부서 직통번호와 직원들 연락처도 마찬가지다. 그 외 아파트 관리소, 집 인근 관할 동사무소, 집 임대인, 시청, 방송국, 보험사, 주요 신고번호 등도 마찬가지다. 이렇게 정리한 번호부를 휴대폰 케이스 안쪽이나 생존배낭 안에 복수로 비치하자.

3. 데이터 파일 보관과 백업

집이 불타거나 수해로 쓸려 나간다면 나를 증명해주던 중요한 자료들이 허무하게 사라질 수 있다. 나의 중요한 데이터, 사진, 문서파일들을 USB메모리에 넣어 보관하자. 잃어버렸을 때 외부로 누출되거나 악용될 경우에 대비하여 한글이나 엑셀파일 안에 붙여넣고 암호를 설정해두면 더욱더 좋다. 다만 그렇게 하면 다른 컴퓨터에서도 한글이나 엑셀 프로그램이 있어야 볼 수 있다는 단점이 있다. 보안이 필요한 것은 암호화 문서로, 일반 문서는 텍스트 문서로 저장하면 된다. 그런데 데이터 보관은 한 가지 방법에만 의존해서는 안 된다. 해킹이나 랜섬웨어, 분실을 막기 위해서 여러 가지 방법으로 다중 저장을 해야 한다. USB메모리도 복수로 만들거나 가능하면 CD나 DVD로도 구워놓는다. 이런 방식을 구식이라거나 번거롭다고 생각할 수도 있지만, 만약 EMP 폭탄이 터지는 상황에서는 그편이 더 안전하다. 오프라인 매체에 다중 저장했다면 온라인으로도 추가 저장해야 한다. 빈 손으로 나왔을 때 언제 어디서든 인터넷 접속만으로 다시 데이터를 내려받을 수 있도록 말이다. 네이버 웹하드, 구글 드라이브, MS 원드라이브 등 무료로 몇 GB 데이터를 저장할 수 있는 곳이 아직 많다. 다음 카카오, 주요 은행, 금융기관, 주요 회사들의 데이터를 저장하는 데이터 센터는 주로 수도권에 몰려 있다. 만약 화재나 재난, 전쟁 등으로 센터가 피해를 본다면 내 데이터의 안전도 보장하기 힘들어진다. 최악의 상황까지 대비하고 싶다면 데이터 파일의 백업 일부분은 외국에 서버가 있는 외국 웹하드 업체를 이용해보자.

텐트

텐트는 너무 무겁고 커서 생존배낭과 어울리지 않아 보인다. 하지만 대피나 피난 과정이 오랫동안 지속되거나 야외에서 노숙해야 한다면 추위를 막을 텐트가 필요하다. 체육관, 지하도 같이 실내 대피소 안에서도 많은 사람들로 혼잡하고 시끄러울 때 작은 텐트는 큰 도움이 된다. 주위 시선도 차단해주고 안에 있으면 따듯해서 훨씬 안락하게 지낼 수 있다. 나의 체력이 감당할 수 있다면 경량 2인용 텐트를 휴대하는 것도 좋다. 폴대 2-3개와 나일론천으로 구성되어서 일반인 남성 정도의 체력이면 얼마든지 휴대할 수 있다. 대략 1.5-2킬로그램 정도로 약간 무겁다고 느낄 수 있지만 쓰임새의 중요성을 생각한다면 큰 무리는 아닐 것이다. 차로 대피한다면 좀 더 큰 4-5인용 텐트를 챙겨가자. 텐트가 너무 크고 무겁다면 대형비닐로 텐트를 대용할 수도 있을 것이다. 시중엔 반투명 비닐로 만든 자동차 커버를 저렴하게 팔고 있는데, 이것을 사두면 임시 쉘터용으로도 쓸 수 있다. 아랫부분이 고무줄로 되어 있어서 서너 사람이 들어가 뒤집어 덮어쓰면 간단히 비바람 정도를 막을 수 있다.

기타

어떤 생존장비든 개인의 활용도나 중요도, 필요성에 따라 메인이나 보조가 매번 바뀔 수 있다. 사소해 보이지만 가볍고 휴대가 좋은 물건들이라면 배낭 구성품으로 포함하는 것도 생각해보자.

1. 국기

생존배낭 안에 작은 태극기 한 장을 준비하는 것도 도움이 될 수 있다. 소말리아 내전상황 때 한국 대사관의 탈출을 다룬 영화 〈모가디슈〉에서도 아수라장이 된 거리를 통과해 탈출하던 남북한 대사관 직원들이 필사적으로 태극기를 흔들었다. 전쟁, 내전, 사고 등 위급한 상황은 물론 해외에서 여행 중에도 대한민국 국민임을 나타내는 표시가 필요할 수 있다. 노련한 유럽 배낭 여행객들은 태극기를 배낭 위에 덮거나 매달고 다닌다고 한다. 최근 한국의 위상이 올라가면서 이런 표시만으로도 현지의 인종차별이나 불합리한 대우에서 상당 부분 벗어날 수 있었다는 것이다.

2. 우산

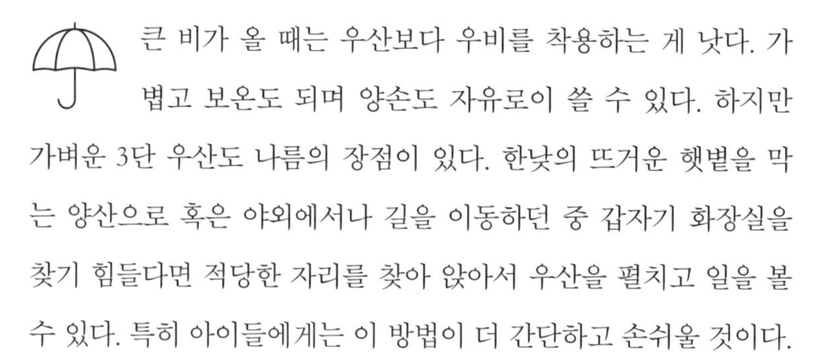

큰 비가 올 때는 우산보다 우비를 착용하는 게 낫다. 가볍고 보온도 되며 양손도 자유로이 쓸 수 있다. 하지만 가벼운 3단 우산도 나름의 장점이 있다. 한낮의 뜨거운 햇볕을 막는 양산으로 혹은 야외에서나 길을 이동하던 중 갑자기 화장실을 찾기 힘들다면 적당한 자리를 찾아 앉아서 우산을 펼치고 일을 볼 수 있다. 특히 아이들에게는 이 방법이 더 간단하고 손쉬울 것이다.

'정글의 법칙'에서도 해변이나 밀림에 간 여자 연예인들은 우산을 자주 활용했다.

3. 안경과 선글라스

비상시 허겁지겁 집을 나오느라 안경을 챙기지 못했을 수 있다. 눈이 나쁜 저시력자라면 예비용 안경을 준비해서 미리 생존배낭 안에 넣어둔다. 돗수가 바뀌어서 새것을 쓰고 있다면 예전에 쓰던 안경을 넣어두는 것도 요령이다. 프렌차이즈 안경점에 가서 저가의 기본형 안경을 시력에 맞춰 준비하는 것도 좋을 것이다. 유리보다 저렴한 플라스틱 재질로 준비해둘 것을 권한다. 비상시에는 플라스틱이 충격과 깨짐에 더 강하고 무게도 가볍다. 아무것도 준비하지 못한 상황이라면 주위 폐품들로 간단하게 안경 대용품을 만들 수 있다. 색이 짙은 맥주 페트병을 길게 직사각형으로 자른 후 눈에 두른다. 눈 부위에 송곳으로 작은 구멍을 여러 개 내면 저시력자도 좀 더 또렷하게 볼 수 있을 것이다. 이것은 스팟홀, 핀홀 안경이라는 이름으로 불리는데, 시력 훈련용으로 시중에서 판매되기도 한다.

눈은 신체기관 중 가장 중요하면서도 가장 약한 부위이기도 하다. 작은 모래나 티끌만 들어가도 제대로 눈을 못 뜨거나 다칠 수 있다. 앞이 잘 안 보인다면 행동도 굼떠진다. 강한 바람이 부는 야외는 갖가지 이물질과 미세한 모래가 대기 중에 많으므로 눈을 보호해야 한다. 추운 겨울, 바람이 심한 날에도 맨눈으로 있으면 체온저하가 더 빨라진다. 햇빛 반사가 심한 눈밭에선 눈이 화상을 입어 일시적으로 앞이 잘 보이지 않는 설맹현상이 올 수도 있다. 이때 눈을 보호할 수 있는 보안경이나 선글라스가 있다면 큰 도움이 될 것이다.

4. 시계

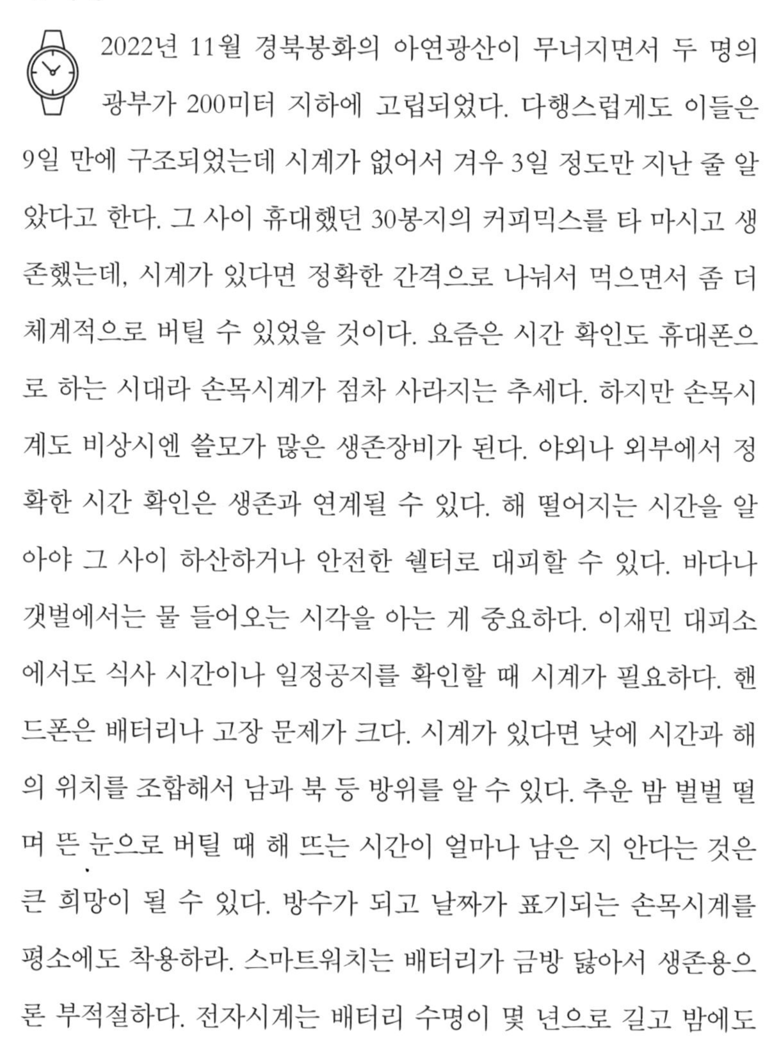

2022년 11월 경북봉화의 아연광산이 무너지면서 두 명의 광부가 200미터 지하에 고립되었다. 다행스럽게도 이들은 9일 만에 구조되었는데 시계가 없어서 겨우 3일 정도만 지난 줄 알았다고 한다. 그 사이 휴대했던 30봉지의 커피믹스를 타 마시고 생존했는데, 시계가 있다면 정확한 간격으로 나눠서 먹으면서 좀 더 체계적으로 버틸 수 있었을 것이다. 요즘은 시간 확인도 휴대폰으로 하는 시대라 손목시계가 점차 사라지는 추세다. 하지만 손목시계도 비상시엔 쓸모가 많은 생존장비가 된다. 야외나 외부에서 정확한 시간 확인은 생존과 연계될 수 있다. 해 떨어지는 시간을 알아야 그 사이 하산하거나 안전한 쉘터로 대피할 수 있다. 바다나 갯벌에서는 물 들어오는 시각을 아는 게 중요하다. 이재민 대피소에서도 식사 시간이나 일정공지를 확인할 때 시계가 필요하다. 핸드폰은 배터리나 고장 문제가 크다. 시계가 있다면 낮에 시간과 해의 위치를 조합해서 남과 북 등 방위를 알 수 있다. 추운 밤 벌벌 떨며 뜬 눈으로 버틸 때 해 뜨는 시간이 얼마나 남은 지 안다는 것은 큰 희망이 될 수 있다. 방수가 되고 날짜가 표기되는 손목시계를 평소에도 착용하라. 스마트워치는 배터리가 금방 닳아서 생존용으론 부적절하다. 전자시계는 배터리 수명이 몇 년으로 길고 밤에도 자체 라이트로 시간을 볼 수 있어서 더 유용하다.

5. 모기약과 모기장

도시인들이 갑자기 야외로 나오게 된다면 가장 놀라는 게 의외로 많은 모기와 파리, 벌레들이다. 숲과 계곡, 바다 인근 야영장 등 야외는 물론 커다란 실내운동장 같은 곳에서도 밤새 달려드는 모기떼로 잠을 이루지 못하고 고생하게 된다. 모기나 파리, 벌레에 물리면 가려움은 물론 일본뇌염에 감염될 우려도 커지며 전염병에 감염될 위험까지 커진다. 이를 막을 모기약이나 모기장의 필요성도 절실하다. 한국은 좀 낫지만 동남아나 툰드라 지방, 아프리카 쪽으로는 밀도의 차원이 다르며 말라리아 위험성도 크다. 야외나 큰 실내공간에서는 모기를 쫓거나 가려움을 완화하는 도구들도 필요하다. 스프레이 모기약과 피부에 바르는 모기약, 가려움증 완화약, 모기향, 초음파 모기퇴치기, 1인용 모기장도 도움이 된다. 모기에 물렸을 때는 물파스나 전용 모기약을 바르면 바로 붓기와 가려움증을 완화할 수 있다. 건전지를 쓰는 가열식 모기 가려움증 완화기기도 있다. 아무것도 없다면 금속 티스푼을 라이터로 살짝 가열해서 물린 부위에 대면 효과가 있다. 모기침의 주성분이 열에 쉽게 분해되는 것을 이용하는 것인데, 만일 아무것도 갖고 있지 않다면 소금 알갱이를 뭉쳐서 비벼주어도 좋다.

보온용품

외부에서는 체온을 보호하는 것도 매우 중요하다. 나의 체온을 지켜주는 비상용 의류들을 살펴보자.

우비, 방수 의류

야외에서 저체온증을 막는 가장 기본은 바람과 비를 차단하는 것이다. 발수투습 기능성에 보온재가 함유된 등산자켓은 이 같은 목적에 가장 부합한다. 유행이 지나서 입지 않거나 빛 바랜 등산자켓을 가지고 있다면 버리지 말고 생존배낭과 자동차, 직장의 여분 생존배낭 안에 넣어두자. 머리를 덮을 수 있는 후드까지 있다면 더 좋을 것이다. 체열이 가장 많이 빠져나가는 머리와 목만 덮어도 보온효과가 크다. 앞쪽에 잠금용 똑딱이 단추나 지퍼, 벨크로가 있어서 여닫기도 편하고 손도 자유자재로 쓸 수 있다는 장점이 있다.

휴대용 비닐우비도 1회용으로 입기엔 별 무리가 없다. 어디든 보관했다가 비가 올 때 꺼내 바로 입을 수 있으므로 활용성이 크다. 비닐 우비는 크기와 두께가 제각각이지만 마트나 다이소, 천원샵 등에 가면 종류별로 고를 수 있다. 가격도 저렴하므로 생존배낭과 평소 휴대하는 작은 EDC 생존백에도 얇은 비닐우비를 비치해두자. 다만 비닐이 너무 얇은 것은 내구성이 좋지 않으므로 좀 더 두꺼운 폴리재질의 정식 우비도 반드시 준비하자. 노출된 야외에서 용변을 해결할 때도 우비를 입고 앉으면 주위의 시선과 민망함을 어느 정도 덜 수 있다.

패딩과 스웨터

자켓, 우비가 외부의 비바람을 1차적으로 막아준다면 보온의류는 체온을 지켜준다. 공기는 가장 좋은 단열재다. 따듯한 의류는 공기를 함유하는 층이 많아 성글고 부피가 크다. 경량 패딩은 가볍고 보온성이 좋아 생존배낭에 어울리는 최고의 의류다. 부피는 커 보이지만 잘 접어 누른 후 공기를 빼내면 중형 비닐지퍼백에 쏙 들어가므로 휴대하기에 좋다. 오래된 오리털 패딩 중 잘 입지 않거나 살짝 오염되거나 찢긴 것들을 비닐지퍼백에 압축하여 넣어 생존배낭과 차량 트렁크 안에 보관하자. 풍성한 스웨터도 좋은 품목이다. 다만 너무 무겁지 않은지 고민해보자. 이외에도 보온내복이나 쫄쫄이 등도 보온에 도움되는 품목이다.

옷과 담요

비에 젖거나 바람이 불면 체온이 급격히 떨어져서 저체온증에 걸려 위급상황에 처하게 된다. 우비나 바람막이 자켓 외에도 여러 의류를 추가하여 추위에 대비하자. 위아래 속옷과 양말, 모자, 비니, 면장갑, 팔토시, 폴라폴리스 담요 등을 준비한다. 폴라폴리스 담요는 크기에 비해 가볍고 휴대하기 좋다. 너무 크고 무거운 것보다는 무릎 담요나 반려견 담요용으로 나온 작은 것을 추천한다. 온몸을 다 덮지는 못하지만 허벅지나 등에만 둘러도 몸이 한결 따듯해진다. 비행기 담요처럼 면으로 된 것은 너무 무겁고 젖으면 마르는 데 시간이 오래 걸린다.

모자와 비니, 머플러

의외로 간과하기 쉬운 생존장비 중 하나가 모자이다. 머리를 덮고 보호해주는 것으로 모자, 썬캡, 밀짚모자, 머플러 등이 있다. 모자는 뜨거운 햇볕으로부터 머리를 보호하고 추운 상황에선 체온이 떨어지는 걸 막아준다. 야외에서 오랫동안 머리를 감지 못했을 때 모자를 써서 지저분한 모습을 감출 수도 있고, 머리 안으로 벌레나 이가 들어가는 것을 막을 수도 있다. 여성들은 모자를 써서 외부 시선을 가릴 수 있다. 재난이라는 낯선 환경과 낯선 사람들 속에서 여성으로 주목받는 것은 그리 좋을 일이 없다. 모자는 머리뿐만 아니라 눈을 보호하는 데도 효과적이다. 잡목과 수풀이 우거진 들판이나 야산에서는 이동 시 머리나 눈을 찔리는 경우가 많다. 하지만 모자를 쓰면 이런 불편한 일을 상당 부분 막고, 머리와 눈을 보호할 수 있다.

장갑과 양말

장갑은 손을 보호하고 추위를 막아주는 요긴한 생존장비다. 붕괴되고 파괴된 재난현장에서는 절대 맨손으로 돌아다니지 말라. 시멘트 파편과 유리조각, 철근, 갖가지 잔해가 어지럽게 흐트러져 있기 때문이다. 이 외에도 뭔지 모를 끈적거리고 지저분한 액체들, 냄새를 피우며 썩고 부패되어 가는 동물과 사람의 시체, 불에 달궈져서 뜨거운 식기나 문 손잡이 등을 매순간 마주할 것이다. 예측할 수 없는 재난상황에서 맨손으로 날카로운 잔해물을 들어 치우거나 잡는 것은 정말 위험하다. 꼭 두꺼운 가죽장갑이 아니어도 좋다. 일반적인 면장갑이나 빨간 고무코팅 장갑만 끼고 있어도 큰 도움이 된다. 밧줄을 잡고 내려갈 때나 끌어 올릴 때도 맨손으로 하면 훨씬 더 힘들고 놓치기도 쉽다. 장갑은 보온 목적 외에도 손을 보호하는 데 중요하다. 생존용이라면 너무 얇은 면장갑보다 공사용으로 나온 두툼한 면장갑이나 바닥면이 고무 코팅된 빨간 장갑이 좋다. 두꺼운 캠핑용 가죽 글로브나 손에 착 달라붙는 얇은 3M 코팅 장갑 등은 별로 추천하지 않는다.

양말도 간과하기 쉽지만 중요한 의류이자 장비이다. 대피 시 오랫동안 걸으면 금방 발이 까지고 물집이 잡히게 된다. 길이 잘든 신발도 양말이 없다면 무용지물이다. 두꺼운 등산양말이나 면양말을 충분히 여러 켤레 준비해서 신어야 한다. 양말을 오랫동안 신으면 발가락이나 뒷꿈치의 압력 받는 부분이 먼저 해지고 구멍도 빨리 나게 된다. 이를 수선할 바느질 세트나 천도 미리 준비해두면 좋을 것이다. 양말의 바닥 뒷꿈치 접촉면은 금방 닳게 되므로 사전에 안쪽 해당 부위에 남는 천을 덧대서 꿰매주자. 훨씬 더 오래가고 쿠션도 좋아졌다고 느끼게 될 것이다.

등산을 하거나 오랫동안 걸어야 할 때는 먼저 얇은 신사용 면양말을 신고 그 위에 두꺼운 등산양말을 겹쳐 신어보자. 하나만 신어야 한다면 일반 양말보다는 좀 더 두껍고 튼튼한 등산양말을 추천한다. 보온과 충격완화에 좋기 때문이다. 양털 재질로 된 몽골양말은 물에 젖어도 금방 마르고 보온이 잘 되어 추천할 만하다. 5월에 한라산을 등반하던 필자도 경량 메쉬 트래킹화만 신고 갔다가 금방 눈에 젖었지만 그나마 몽골양말 덕에 낭패를 면했던 경험이 있다.

핫팩과 손난로

더 추워지거나 감기에 걸리면 입은 옷만으로 충분하지 않게 된다. 휴대할 수 있는 보조 열원이 필요한데 이때 요긴하게 사용할 수 있는 물품이 바로 핫팩과 손난로다. 핫팩은 겨울에 일상용으로 많이 사용한다. 개봉해서 흔들기만 하면 가열되므로 배낭 안에 한두 개 정도 넣어두자. 다만 몇 년 지나면 천천히 외기와 수분에 화학반응을 해 사용시간이 짧아지거나 굳어져서 못 쓰게 되므로 2-3년에 한 번 정도 확인하고 교체해주어야 한다. 보관할 때엔 크기에 맞는 비닐지퍼백이나 은박마일러백에 넣어둔다. 보통 핫팩은 한 번 개봉하면 열 시간 정도 사용할 수 있는데 중간에 껐다가 필요할 때 다시 사용하는 것은 불가능하다. 하지만 사용 중에 비닐팩이나 락앤락통에 넣어 공기반응을 차단해주면 발열이 일시 중단된다. 아침 출근 후 밀봉해 반응을 중단시키고 이후 퇴근시간 등에 꺼내서 다시 흔들어주면 재사용도 가능하다. 하지만 단점도 커서 대량으로 비치하는 것은 곤란하다. 개당 단가가 약간 비싸고 모래와 황토, 철이 주성분이라 무겁다는 것도 단점이다. USB 전기 손난로도 간간이 사용하는 데엔 무리가 없지만 내장 배터리의 한계로 발열량이 작고 금방 방전되어 애물단지가 되기 쉽다.

가장 좋은 것은 연료를 넣어 직접 불을 붙이는 손난로다. 보통 겨울철 군인들이 많이 사용하는데, 연료를 한 스푼 정도 넣어주면 열 시간가량 사용할 수 있다. 일종의 내연 버너이기에 발열량도 가장 크다. 수건에 감지 않고 품에 넣고 잔다면 다음 날 손바닥만 한 저온 화상을 입게 된다. 라이터 기름이나 화이트 가솔린 외에 비상시에는 주변의 폐차에서 나온 무연 휘발유도 임시로 사용할 수 있다. 연료 보급 걱정을 덜 수 있어서 추천하는 장비이다. 이재민 대피소나 야외에서 체온을 유지하는 여러 방법을 미리 알아두자. 손바닥만 한 납작돌이나 자갈을 불에 달궈서 옷, 수건으로 감싸거나 끓는 물을 유단팩이나 금속병, 깡통, 페트병 등에 넣어서 옷과 수건으로 감싼 뒤 품고 자도 좋다.

은박보온담요

전 세계에서 가장 많이 쓰이는 생존용품이다. 화재, 홍수 등 재난이나 교통사고 현장에서 구조자나 이재민들이 반짝이는 은색 비닐담요를 쓰고 있는 장면을 보았을 것이다. 은박보온담요, 은박담요, 써멀블링킷(Thermal blanket), 서바이벌 블링킷(Survival blanket), 스페이스블링킷(Space blanket), 에스블링킷(S blanket) 등 다양한 이름으로 불리는 것들이다. 아주 얇은 페트 재질에 한 쪽은 은박이나 금박 코팅이 되어 있어서 빛을 반사하고 열을 차단한다. 한여름의 태양이나 화재 열기는 물론 겨울이나 추운 상황에서 몸을 둘러싸면 체열을 반사해서 좀 더 따듯하게 해준다.

은색으로 반짝거리는 효과를 이용해서 손으로 펼치고 흔들면 멀리 있는 사람이나 구조대에게 SOS를 보내는 데도 효과적이다. 거실 통창문에 붙이면 여름에 뜨거운 햇빛을 확실하게 차단해준다. 태풍이나 전쟁 폭격이 우려되는 상황이라면 창에 붙이자. 유리가 깨지고 파편이 안으로 튀어 들어오는 것을 막아준다.

크기는 보통 1.2×2.2미터로 이불만 한데, 평소에는 잘 접혀서 담뱃값만 한 해서 휴대가 편하다. 가격도 천 원 정도로 저렴하며 나무 사이에 줄을 연결해서 올리면 텐트나 타프처럼 쓸 수 있다. 은박코팅은 금속 입자를 진공증착 방식으로 코팅한 만큼 마찰이 심하거나 바닷물, 소금물에 닿거나 여러 개를 압착해서 보관하면 금속입자가 떨어져서 비닐만 남게 되니 주의해야 한다. 너무 얇아 부스럭거리고 반짝거려서 실내에서 쓰려면 은근 불편하기도 하다. 한 번 펼쳐서 사용한 후에는 다시 원래대로 반듯하게 접기가 힘들다. 그러나 접으면 담

은박 보온담요. 펼치면 이불 크기가 된다.

라면봉지, 과자봉지를 펴서 테이프로 이어붙인 임시 매트

뱃값 크기로 평소 휴대하기에도 좋고 저렴하므로 몇 개 정도 비상용으로 준비하면 좋을 품목이다.

생존용품이 없을 때 대용법

1. 밧줄

-비닐이나 은박보온담요를 길게 자른 후 손으로 비비고 꼬아서 여러 개를 이어붙이면 적당히 굵고 단단한 로프를 만들 수 있다. 여러 겹 겹칠수록 더 굵고 강한 하중을 견딜 수 있고 겨울에 눈길, 빙판길에는 신발에 감아서 미끄럼 방지용으로 쓸 수 있다.

-주위에서 흔히 볼 수 있는 2리터 페트병을 사과 깎기하듯 돌리면서 1센티미터 두께로 잘라 내려가면 아주 질기고 튼튼한 로프가 된다.

-가장 좋은 것은 전선을 잘라내는 것이다. 가전제품의 전기코드도 잘라내면 2개의 전선을 얻을 수 있다. 자동차에서도 좌우 바닥 접합면의 플라스틱 커버를 떼어내면 엔진룸에서 트렁크로 이어지는 긴 전선을 찾을 수 있다.

2. 바닥매트, 우비

라면봉지, 과자봉지를 다 펴서 투명 테이프로 이어 붙이거나 머리 고데기, 불에 달군 숫가락으로 누르면 접착이 되어서 하나로 크게 이어붙일 수 있다. 은박의 마일러 재질이라 햇볕이나 열기를 잘 반사하고 일반 비닐보다 두꺼워서 내구성이 좋다. 여러 장 이어붙이면 바닥매트나 우비는 물론 타프, 배낭 방수커버 등을 만들 수 있다. 좀 더 크게 이어붙이면 작은 2인용 텐트를 만드는 것도 가능하다.

3. 나이프

쇳조각이나 쇠파이프, 자동차의 외장판넬 등 주위에서 흔히 보이고 구할 수 있는 것들을 이용해 조금만 가공하면 적당한 나이프를 만들 수 있다. 간단하게는 유리병이나 사기그릇을 깨서 나온 날카로운 면으로 물건을 자를 수 있다. 가위로는 더 쉽게 나이프를 만들 수 있다. 가운데 경첩만 제거하면 쓸 만한 두 개의 나이프가 된다.

4. 보온재

기온이 떨어져 추울 때 쉘터의 벽 안쪽이나 옷 안에 즉석 보온재를 채워넣어라. 체온을 유지하고 추위를 버틸 수 있게 해준다. 즉석 보온재는 다른 옷을 잘라내어 뭉친 천조각이나 마른 나뭇잎, 건초, 거리에 걸린 합성섬유 재질의 광고 플래카드, 신문지나 책 등을 찢어 넣어도 된다. 가장 쉽고 효과가 좋은 것은 스티로폼 박스를 부셔서 조각이나 가루로 만들어 속을 채우는 것이다.

5. 냄비와 컵

야외에서 불을 피워 물을 끓이려면 냄비와 컵이 필요하다. 통조림을 먹고 남은 폐캔을 이용하자. 캔 안쪽에 코팅면이 있기에 끓는 물을 넣어서 녹이고 스텐리스 수세미로 잘 긁어준다. 1리터 종이 우유팩이나 2리터 생수 페트병을 세로로 자르면 괜찮은 간이 그릇이 된다. 동일본 대지진 때 대피소에 많은 사람들이 몰려들었고 곧이어 전국에서 쌀과 생수, 라면 등이 전달되었다. 하지만 사람들은

우유팩이나 생수 페트병을 세로로 반을 가르면 괜찮은 1회용 식기가 된다.

하루에 겨우 한 끼만 먹을 수 있었다. 밥이나 요리를 해도 사람들에게 나눠줄 식기, 즉 그릇과 수저 등이 없었기 때문이다.

6. 수저와 젓가락

라면이나 뜨거운 국물, 밥, 죽을 먹으려면 수저와 젓가락이 있어야 한다. 영화나 책에서는 나무를 깎아서 운치있게 수저와 젓가락을 만드는 모습이 나온다. 하지만 나무를 구해 적당하게 깎는 것은 굉장한 노동이다. 빈 종이 우유팩이나 4각형 생수 페트병의 모서리를 자르면 수저가 되서 1회용으로 쓸 수 있다. 우유팩의 모서리 부분을 마름모꼴로 자르면 1회용 수저가 된다.

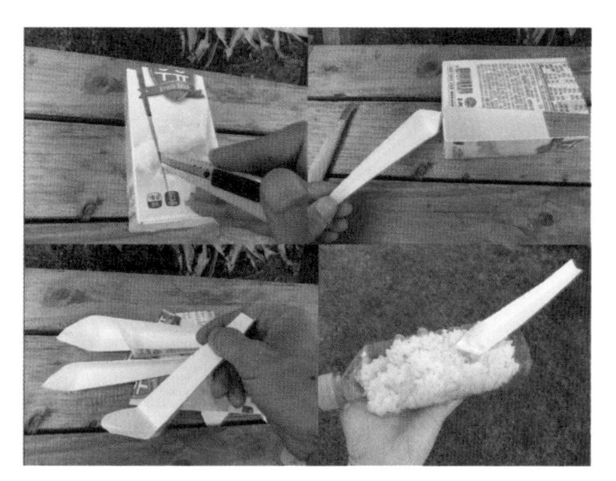

우유팩으로 일회용 수저를 만들 수 있다.

7. 배낭

생존용품과 식량, 물을 넣어둘 배낭을 찾기 힘들다면 바지를 이용해서 간이 배낭을 만들 수 있다. 긴 바지를 반으로 접고 다리 부분을 서로 묶은 후 등에 메면 간단히 짐을 넣을 수 있다.

8. 신발

대피 시 신발이 적절하지 못하면 오래 걷기도 뛰기도 힘들고 발을 다치기 쉽다. 직장에서 흔히 신는 슬리퍼나 쪼리, 굽 높은 구두와 하이힐이 그렇다. 이럴 땐 차라리 벗고 맨발로 뛰는 것이 낫다. 하지만 비상상황이 장기화된다면 신발 대용품이라도 만들어 신어야 한다. 2리터 생수 페트병을 눌러서 신거나 타이어를 잘라 샌들을 만든다. 아무것도 없다면 천이나 수건을 발싸개처럼 동여매 써보자.

❶

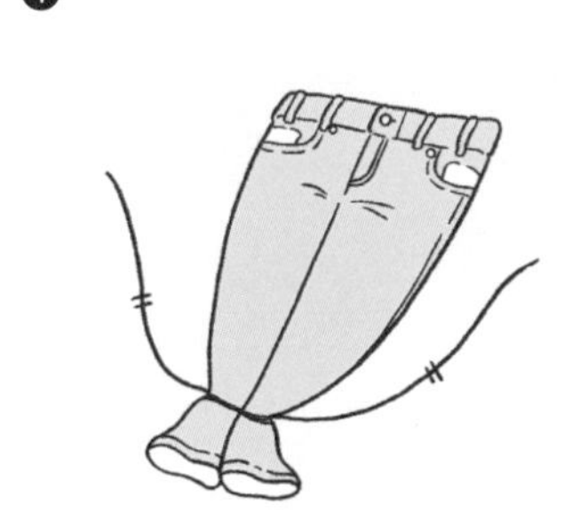

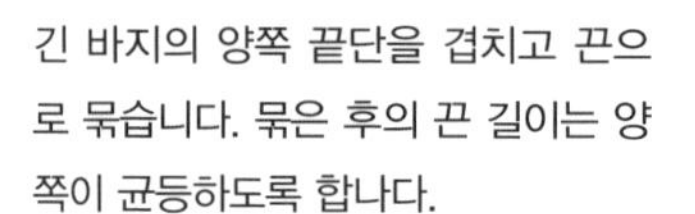

긴 바지의 양쪽 끝단을 겹치고 끈으로 묶습니다. 묶은 후의 끈 길이는 양쪽이 균등하도록 합니다.

❷

긴 바지를 무릎 둘레에서 접어 꺾고 끈의 나머지 부분을 벨트 고리에 통과시킵니다.

❸

❹

긴 바지의 양다리 부분을 배낭의 어깨 벨트로 하고 짊어질 수 있습니다.
벨트 부분의 끈을 꽉 묶으면 내용물이 나오지 않습니다.

9. 촛불 및 조명

어둠을 밝힐 촛불과 티라이트 같은 조명이 없다면 만들어서 쓰자. 작은 종지나 통조림캔 안에 식용유나 동물의 지방을 넣고 종이나 천으로 심지를 만들어서 세운 후 불을 붙이면 호롱불이 된다. 상하거나 오래된 마아가린을 깍두기 크기로 자른 다음 심지를 안에 끼워넣으면 양초가 된다. 차 엔진의 오일필터를 빼낸 후 안에 심지를 넣으면 훌륭한 호롱불이 된다.

10. 방패와 무기

차의 본넷을 열면 고정시키는 쇠재질의 본넷 지지대를 얻을 수 있다. 끝을 갈면 훌륭한 냉병기가 된다. 오토바이의 앞면에 있는 방풍 윈드쉴드는 가볍고 강한 폴리카보네이트 재질이다. 이를 떼어서 손잡이를 붙이면 화살이나 돌도 막을 수 있는 훌륭한 투명 방패가 된다.

11. 자동차 연료

차로 대피 시 연료가 부족한데 주유소엔 이미 긴 줄이 있다면 대체 연료를 찾아 나서야 한다. 휘발유 엔진 자동차는 인근 페인트 상점이나 화공 약품점에서 신나와 톨루엔을 사서 휘발유와 절반 정도 섞으면 운행이 가능하다. 구형 디젤엔진 자동차는 폐식용유를 정제해서 넣어도 좋지만 지금은 캬뷰레터 방식의 구형 디젤엔진이 많이 줄어들었다. 유로급 신형 디젤엔진이라도 기름 보일러용 등유를 받아서 절반 정도 섞으면 된다. 단독주택의 기름 보일러

연료탱크에서 쉽게 보일러 등유를 구할 수 있다. 단 이런 임시연료는 정말 비상상황 시 어쩔수 없이 차를 운행해야 할 때만 사용해야 한다. 오랫동안 쓰게 된다면 연료 필터가 막히거나 고가의 연료분사 장치가 고장나기 때문이다. 가장 좋은 것은 버려지고 방치된 차에서 연료를 뽑아내는 것이다. 차 안의 뒷좌석 엉덩이쪽 스폰지 패드를 들어내면 아래쪽에 연료탱크가 보일 것이다. 연료펌프를 제거하면 바로 연료를 뽑아낼 수 있다. 만약 차가 뒤집어져 있거나 반으로 누워 있다면 연료통 아래에 연료 배출볼트를 풀어서 뺄 수 있다.

12. 선글라스

야외에서 햇빛과 바람을 차단하고, 다른 이들의 불필요한 시선을 차단하는 데 선글라스가 요긴하다. 겨울엔 설맹증 예방과 강풍으로 인한 체온저하도 덜 수 있다. 하지만 선글라스가 없다면 두꺼운 종이나 페트병, 우유팩 등으로 임시 선글라스를 만들어 쓰면 된다.

동물 가죽과 뼈로 만든 에스키모 선글라스

야외용 에스키모 선글라스 만들기

- **눈보호** (겨울 설산, 뜨거운 햇볕, 설맹증)
- 두꺼운 종이 우유팩이나 맥주 페트병을 직사각형으로 한 뼘 정도 자른다.
- 눈 부위를 가늘게 오려낸다.
- 양쪽에 구멍을 내고 고무줄을 끼워준다.

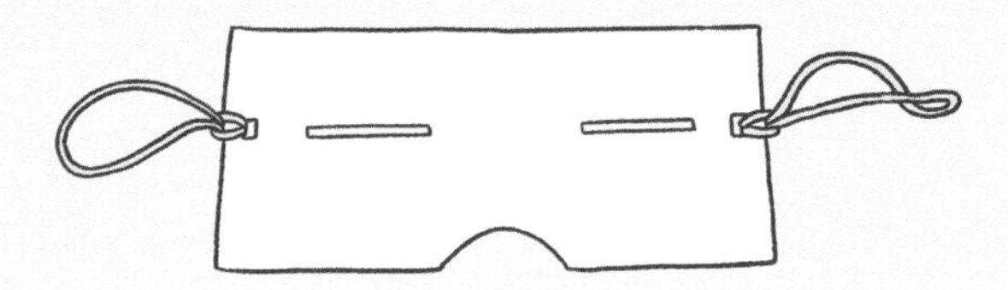

▶ 재난영화로 배우는 생존법5

재난, 그 이후

타이틀	재난, 그 이후(Apple TV, 2022)
장르	드라마/스릴러
국가	미국
등급	15세이상관람가
러닝타임	미니시리즈: 8회
출연	베라 파미가, 체리 존스
줄거리	초강력 허리케인 '카트리나'가 도시를 강타하고 제방이 터졌다. 거센 흙탕물은 도시 안으로 쏟아져 들어왔고 가장 큰 병원이었던 메모리얼 병원도 주위로 물이 차오르며 도로가 끊겼다. 전기도 비상 발전기도 꺼지면서 병원은 어둠에 잠기고 만다. 수많은 환자들이 위급상황으로 진행되는데 구조도 기약도 없는 상태에서 지친 병원 직원들은 누구를 먼저 살릴 것인가라는 어려운 결정을 내려야 한다.

▶ 감상평 & 영화로 배우는 생존팁

2005년 9월 초강력 허리케인 카트리나가 미국 남부지방을 강타한다. 5등급 역대급 허리케인이 강타하자 남부 뉴올리언스 둑이 붕괴되기 시작했다. 이 지역은 바다보다 낮은 곳으로 낡고 오래된 제방을 보수해야 했지만 서민 지역으로 정치권의 외면 속에서 미루어졌다. 결국 허술한 제방은 붕괴되었고 시의 80%가 침수, 가옥 10만 채가 파손, 1400명이 사망실종된 역대급 재난 참사가 일어났다. 그럼에도 한참동안 대통령과 정부, 지자체의 재난대응은 부실했고 경찰과 구조대도 출동하지 않았다. 그 사이 물에 잠긴 도시는 피난민과 폭도들이 뒤섞이며 약탈과 총격전, 살인사건이 터지고 생존자들은 오도가도 못하며 공포에 떨어야 했다. 가장 큰 충격은 '메모리얼' 병원에서의 환자들 집단 안락사 사건이었다. 그

것도 환자를 보호하고 살려야 할 병원 의사와 의료진들이 주도했다는 것은 믿기 힘든 일이었다. 즉각 의료진들은 2급 살인혐의로 기소되었다. 세계 최강대국 미국에서 일어났다고는 도저히 믿을 수 없는 일에 전 세계가 경악했다.

위 드라마는 미국 역사상 최악의 자연재해에서 시작된 대재난 상황과 메모리얼 병원에서의 5일을 담았다. 당시 재난상황이 상세히 보도되면서 아무리 재난상황이라더라도 병원 내 중환자를 대피시키지 않고 안락사시키는 것이 과연 온당한가를 놓고 많은 논란이 일었다. 도시와 병원이 재난으로 고립되어 외부와는 통행, 전기, 물과 식량, 의약품이 모두 끊기고 약탈로 위험해진 최악의 상황. 어떻게든 선택을 해야 하는 의료진들의 모습을 담담하게 보여준다. 실화를 바탕으로 한 드라마로 2007년 7월 24일 뉴올리언스 법원에서는 당시 상황상 의료진들의 환자 안락사가 불가피했다는 판결로 사건이 기각되었다.

한 나라의 재난대응 능력은 큰 재난이나 참사를 겪고서 한 단계 발전하게 된다. 한국은 삼풍백화점 붕괴, 세월호 여객선 참사가 대표적이었으며 미국은 이 사건이었다. 만약 지금 또 다시 이런 악몽 같은 일이 현실이 되어 모든 것이 무너지고 혼란해진다면 과연 우리는 잘 대응할 수 있을까? 우리가 믿고 의지하던 그들이 그때도 우리 곁에 있을까를 생각하게 한다.

▶ 한줄평:

태풍이 몰아친 현대 도시에서 일어난 가슴 아프고 황당한 일들. 믿을 수 없게도 영화가 아니고 현실이었다. 그럼 지금 우리는 안전한가?

6장
경계경보 및 대피

비상 경계경보

자연재해가 닥치거나 사회 안전망에 위협이 가해지는 사건사고 발생 시 정부에서는 국민에게 각종 경보를 보내 대처하도록 준비시킨다.

재난문자

큰 지진이나 자연재난, 산불처럼 주위에 큰 사고가 터졌을 때, 그리고 전쟁이 났을 때 우리가 정부에서 가장 먼저 받는 경보가 바로 재난문자다. 재난문자의 기준과 발송 담당처, 등급에 따른 알람의 차이 등을 알아두자.

1. 각종 재난문자

우리나라에 재난문자의 존재가 널리 각인된 것은 2016년 9월, 경주에 규모 5.8의 지진이 발생했을 때다. 그런데 상황이 터진 지 무려 8분21초나 지나서야 시민들에게 재난문자가 발송되었다. 때문에 아무 쓸모가 없는 무용지물이라며 큰 비난을 받았다. 이후 위급한 상황이 벌어졌을 때 시민들에게 정보를 신속하게 알리자는 취지로 기상청과 각 기관, 그리고 17개 시·도에 재난문자 발송권한을 주게 되었다. 가령 행안부는 국가비상사태나 민방공 상황에서, 기상청은 호우나 태풍주의보 등 기후와 관련된 재난상황에서, 그리고 산림청은 산사태 등의 위기 때 각각 재난문자를 보내게 된다.

코로나19 재난상황에서는 하루 수십 번씩 재난문자가 발송되었다. 미세먼지가 심할 때도 재난문자가 오는데, 재난문자가 마구 쏟아지자 시민들은 피로감을 느끼게 되었고 발송 기준에 대해 의문이 품게 되었다. 정리하자면, 재난문자 송출의 기준은 지진, 태풍과 호우, 홍수, 한파, 산불 등 20개 항목인데 최근 코로나19 등 감염병과 미세먼지, 대규모 단전 등도 재난문자 대상에 추가되었다. 재난문자는 최대 90자까지 전송할 수 있다.

핸드폰을 열어보면 종종 다른 지방의 재난문자가 동시에 수신되는 경우도 있는데, 이는 문자 발송 체계가 다르기 때문이다. 재난문자는 휴대전화로 오가는 문자 메시지와는 다르다. 단방향으로 송출되는 라디오와 같다. 기지국에 연결된 모든 휴대전화에 재난문자가 강제로 발송되며, 그 때문에 행정구역 경계에 있을 경우 여러 지자체의 재난문자를 동시에 받게 되는 것이다.

2. 3단계 재난문자

재난문자는 재난의 위급상황 정도에 따라 3단계로 나뉘며 경보 알림 소리도 다르다.

1) 위급재난 경보문자

전쟁, 적의 공습, 초강력 지진(규모 6이상), 즉각 대피가 필요한 경우 발송, 경보음은 60dB, 수신거부 설정은 불가능하다.

2) 긴급재난 경보문자

테러, 홍수, 지진, 폭우, 산사태 등 긴급한 재난상황, 위급한 사고 등 대피안내 필요 시, 경보음 40dB, 수신거부 설정이 가능하다.

3) 안전 안내문자

각종 재난 안내와 급하지 않은 안전주의 및 알림, 수신음은 일반음이며 수신거부 설정이 가능하다. 코로나19 관련 정보는 가장 낮은 등급의 '안전안내문자'로 발송된다. 코로나19 팬데믹 기간 동안 재난문자가 하루에 수십 번씩 시도 때도 없이 도착하자 시민들 가운데는 피로감을 느껴서 수신을 아예 거부하거나 알람을 꺼놓는 사람도 있었다. 그러나 알람을 꺼놓아도 위급·긴급 재난 경보는 모두가 알 수 있게 큰 소리로 경보가 울리게 된다.

3. 등급에 따라 달라지는 알람소리

경보 재난문자는 재난의 등급에 따라 수신 시 경보 알림소리가 다르다. 위급재난은 가장 큰 소리인 60dB, 긴급재난은 40dB로 요란하게 소리를 내며 경고하고, 안전안내 문자는 '딩동~' 같은 일반 문자 소리를 낸다. 2022년을 전후로 제주와 충북괴산에서 큰 지진이 일어났을 때 전 국민이 갑자기 요란하게 울리는 핸드폰 소리에 놀랐을 것이다. 비상상황 시 전 국민이 즉각 알 수 있도록 '삑이익 ~ 삑이익~' 하는 요란한 소리와 함께 재난문자가 발송되었기 때문이다.

4. 재난문자를 받지 못하는 휴대폰

재난문자가 모든 휴대폰에 발송되는 것은 아니다. 국내 전체 휴대전화 5000만 대 가운데 재난문자를 수신하지 못하는 휴대전화는 151만 대로 3%에 이른다. 재난문자 서비스가 가능한 것은 2G와 4G서비스(2013년 이후 출시) 이후 것이고, 3G폰과 초기 4G(2011년-2012년 출시) 전화기는 재난문자 수신 기능이 없다. 보통 나이 드신 부모님이나 노인들이 구형 휴대폰을 갖고 있는데 정작 가장 필요한 분들이 재난문자를 받을 수 없다니 큰일이다. 이럴 경우 대안으로 휴대폰에 안전디딤돌 앱을 설치하면 된다. 수신을 원하는 지역을 설정하면 재난문자 수신도 되고 긴급상황 시 신고하기 등 유용한 기능도 활용할 수 있다. 내 지역뿐 아니라 다른 지역에서 발생하는 재난정보도 수신할 수 있으므로 따로 사는 부모님 지역의 재난문자를 함께 확인할 수 있다. 최근에는 해외 200여 개국 체류국가에서도 지진, 화산, 쓰나미 등 재난 시 현지에서 재난문자를 받아볼 수 있게 되었다.

5. 재난문자 보완점

재난문자를 발송하는 지자체나 기관에서 별로 중요하지 않은 안내문까지 무분별하게 송출하거나 같은 내용을 지나치게 반복해서 발송하는 바람에 시민들이 피로감을 느끼기 시작했다. 재난문자가 주는 경각심이 퇴색되면서 알람을 꺼놓는 이들도 늘고 있다. 재난문자는 매우 위급한 상황임을 인지하라고 보내는 문자다. 따라서 무분별한 발송을 제한하고, 문구도 누구나 금방 이해할 수 있도록 쉽고 간단명료하게 바꿔야 한다. 날이 갈수록 재난이 잦아지는 현재 상황에서는 재난문자 하나를 발송할 때 세심하게 신경을 써야 한다. 발송체계는 물론 내용과 방법까지 계속 보완해야 국민의 생명과 안전을 지킬 수 있을 것이다.

데프콘 경보

DEFCON(Defense Readiness Condition)은 위기 상태 시 전군에 발령되는 총 5단계의 방어준비 태세를 가리킨다. 위성, 정찰기, 전자전기, 대북 정보라인 등으로 수집된 정보를 바탕으로 발령하는 것이다. 각 단계는 다음과 같다.

1. 데프콘5

전쟁 위험이 없는 평화 상태, 완전히 안전한 상태.

2. 데프콘4

준비 태세 상태. 분쟁지역에서 적과 대치하고 있으나 전쟁발발 가능성이 낮을 때이다. 대한민국은 한국전쟁 이래 휴전상황으로 데프콘 4가 유지 중이다.

3. 데프콘3

준전시 상태 단계. 조만간 적의 도발이 우려되는 상황에 발령된다. 한국은 한미연합군 사령부에 작전권이 이양되고, 전군의 출타 금지 및 육군 야전부대는 영내 모든 물자 분류(후송/적재/방치/파기품)를 시작하며, 당장이라도 무장 출동할 수 있도록 준비한다. 그간 한국에서 이 단계까지 격상된 것은 두 번이다. 1976년에 벌어진 판문점 도끼만행 사건, 그리고 1983년 아웅산 묘소 폭탄 테러 사건 때이다.

4. 데프콘2

전쟁 준비 완료 단계. 적의 전쟁 징후가 확실 시 될 때 발령된다. 동원 지정된 예비군을 소집해 부대를 편제하고, 전군에 탄약이 지급된다. 공군비행장의 전폭기들도 무장을 장착하고 민간공항과 비행장에 분산배치된다. 병영의 병사들은 군장을 완비하고 총기를 분출하며, 탄과 식량 등을 지급받고 얼굴에 위장을 실시한다. 한국에서는 판문점 도끼만행 사건 때 군사분계선 부근 한정으로 선포되었다. 1994년 북한 핵개발 선언으로 남북 간에 위기감이 조성되면서 전쟁 직전의 상황까지 치달았는데, 이때 전방지역에서는 무장을 분출하기도 했으나 결국 데프콘 2는 발령되지 않았다. 미국 본토에서는 쿠바 미사일 위기 때 딱 한 번 이 단계가 발령되었다.

5. 데프콘1

전시상태. 수 시간 내 적의 도발이 일어날 것으로 확실시 될 때 발령한다. 전쟁 시작을 의미하는 최종 단계로 전군 동원령이 선포되고, 국가가 본격적으로 전시 태세에 들어간다. 시민들의 대피경고가 즉각 발령된다.

진돗개 경보

적의 국지적 침투 및 도발이 예상될 때 발령하는 경계 및 전투태세이다. 데프콘이 전국 단위의 경계경보라면 진도개의 경우 특정 지역에만 한정된다는 차이가 있다. 적군의 국지 도발이나 특수부대 무장요원의 침투, 무장 탈영병이 발생했을 때도 발령된다. 데프콘 전투 준비 태세와 마찬가지로 숫자가 작을수록 높은 단계다. 평상시에는 '진돗개 셋' 상태가 유지되고, 위기 발생이 예상되는 경우에는 '진돗개 둘', 적의 공격이나 전투요원 침투상황, 혹은 대간첩 작전이 시작될 때는 '진돗개 하나'로 격상된다. '진돗개 둘' 상황이 되면 해당지역 군경은 경계태세를 강화하고 출동준비를 끝낸다. 경계태세인 '진돗개 하나' 상황에서는 군과 경찰, 예비군은 작전 지역으로 출동하여 수색, 전투태세를 준비하게 된다.

- 1996년 9월 18일 강릉에 북한의 반잠수함과 무장공비 침투사건으로 해당 동부지역에 '진돗개 하나'가 발령되었다.
- 2010년 11월 23일 연평도에서 북한의 갑작스런 포격 도발로 서해 5도 지역에 '진돗개 하나'가 발령되었다.

민방공 경보

다음은 민방공 경보 발령 시 행동요령이다. 민방공 경보는 적의 공격 즉 항공기나 미사일, 특수부대에 의한 공격이 예상되거나 공격 중일 때 국민들의 신속한 대피를 위하여 발령된다. 경보는 2단계로 이루어진다. 각기 사이렌 소리가 다르기 때문에 미리 알고 즉각 상황에 맞게 대처해야 한다.

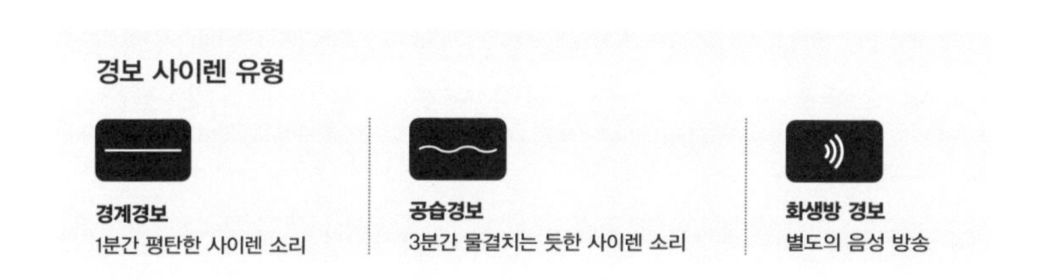

1. 경계경보(1단계)

조만간 적의 공격이 예상될 때 발령되며 사이렌으로 1분간 평탄음이 울린다. TV와 라디오는 물론 거리의 소방서나 주민센터의 스피커로 방송이 시작된다.

-듣는 즉시 근처로 대피할 준비를 하고 이동에 시간이 걸리는 어린이와 노약자는 미리 대피한다.

-대피 시 미리 준비했던 생존배낭과 옷, 담요, 먹을거리 등 비상용품을 가져간다.

-대피 전 집 안의 가스와 전기 스위치를 다 꺼서 화재·폭발 위험을 차단한다.

-식당이나 쇼핑센터, 상가 등 영업장에서는 신속히 손님들에게 경보를 전달하고 안전한 이동통로로 안내한다.

2. 공습경보(2단계)

적의 공격이 임박하거나 공습 진행 중일 때 발령되며 사이렌이 요란하게(5초 상승, 3초 하강) 3분간 파상음을 내며 울린다.

-경보를 듣는 즉시 인근 대피소나 지하도로 달려간다. 없다면 큰 건물 안으로 들어간다. 큰 화단이나 조형물 뒤, 배수구 등 지형지물을 이용해 외부 피폭을 피할 수 있게 한다.

-일행이나 아이들이 있다면 신속하고 질서 있게 대피를 유도한다.

-운행 중인 차량은 즉시 갓길이나 도로 우측 안전지대, 공터에 정차 후 대피한다.

-화재나 화생방 공격에 대비해 방독면과 물티슈, 물수건, 비닐봉지 등 보호장비를 준비한다

-대피소에 들어섰다면 안쪽부터 차분히 자리를 잡고 앉아 질서를 지키고 방송, 라디오나 인터넷으로 정부 안내 방송을 청취하며 대기한다.

3. 화생방 경보

적군의 생화학 무기 공격 징후나 실제로 공격이 실시될 때는 스피커로 별도의 안내방송이 된다. 화생방 경보는 화생방 준비 경보, 화생방 경계 경보, 화생방 경보, 경보 해제로 발령한다.

4. 민방위 경보 시 TV 자막 방송 송출 기준

구분	공습경보 (Air raid warning)	경계경보 (Prelminary warning)	화생방경보 (CBR warning)
자막 크기	가로 전체, 세로 최소 510픽셀(1/2 크기) 이상	가로 전체, 세로 최소 340 픽셀(1/3 크기) 이상	가로 전체, 세로 최소 340 픽셀(1/3 크기) 이상
바탕색 및 글자 색상	빨간색 바탕 흰색 굵은 글씨	청록색 바탕 흰색 굵은 글씨	노랑색 바탕 검정색 굵은 글씨
국문	00시00분 공습경보 발령 00지역* 가까운 지하대피시설로 대피하고, 방송 청취	00시00분 경계경보 발령 00지역* 가까운 지하대피시설로 대피할 준비하고 방송 청취	00시00분 화생방경보발령 00지역* 호흡기 및 피부 등을 보호하여 오염되지 않은 지역으로 대피하고, 방송 청취

실제 민방위 경보 시 TV 자막 방송

신고, 전화가 안 될 때 대처법

전에는 각종 신고번호가 21개나 되어서 헷갈리기도 하고 각 부서 간 떠넘기기로 시간도 오래 걸리곤 했다. 그러다 세월호 참사 이후 3개의 긴급신고 번호로 통합되었다. 이제 범죄는 112, 화재와 인명구조는 119, 나머지 민원상담은 110으로 전화하면 된다. 아울러 한 번만 하면 경찰과 소방, 해경 등 57개 상황실이 신고정보를 공유하게 되어 대응시간도 매우 빨라졌다.

1. 비상상황을 제대로 알리자

신고를 잘해야 출동이 빨라지고 정확하게 도움을 받게 된다는 점을 명심하자.

1) 무엇보다 침착하고 당황하지 않는다. 112, 119에 전화가 연결되면 신고자 이름과 사고 위치, 사고 종류를 정확히 알린다. 현장에 빨리 도착할 수 있도록 주소나 인근 건물의 상호, 간판, 눈에 띄는 건물 등을 자세하게 알려준다.

2) 현재 상황을 상세하게 알린다. 화재나 사고인지, 범죄인지, 또 얼마나 심각한지, 부상자나 환자가 있다면 어떤 종류의 부상인지 상세히 알린다.

3) 가해자나 피해자, 범인이 있다면 이에 대해 구체적으로 알려야 한다. 성별, 나이, 인상착의, 차종, 흉기소지 여부, 공범의 유무이

다. 만약 산이나 야외처럼 주변에 주소나 이정표가 없을 때도 주위를 잘 살피면 어느 정도 위치를 파악할 수 있다. 고속도로에선 도로 200미터마다 설치된 기점 표지판을 알려준다. IC나 휴게소에서 어느 방향으로 몇 킬로미터 정도인지 알 수 있다. 산에서는 등산로 곳곳에 설치된 국가 지점 위치 표지판이나 전신주에 부착된 고유번호를 불러준다.

4) 바다에서 사고를 당했을 때도 핸드폰으로 신고가 가능하다. 요즘은 해안에서 30-50킬로미터 떨어진 먼 바다에서도 휴대폰 통화가 가능해졌으므로 바다에 나갈 때도 방수폰이나 방수팩을 휴대한다. 해양사고 시 위치를 몰라도 걱정할 필요 없다. 119에 신고만 하면 내 스마트폰으로 다시 문자가 온다. 이때 전송된 메시지의 인터넷 주소를 클릭하면 자동으로 현 위치의 좌표가 해경에 전송되어 바로 구조가 시작된다. 119 핸드폰 신고앱을 이용해도 위치 좌표가 전달되어 빨리 구조대가 올 수 있게끔 도와준다.

5) 신고 시 음성 통화 외에 다른 방법도 가능하다. 문자, 스마트폰 앱, 영상통화로도 가능하다. 영상통화 신고 서비스는 말하기 힘든 상황이거나 장애인일 때 유용하다. 승강기에 갇혔다면 버튼 옆에 적힌 고유번호를 사진으로 찍어 알려주는 편이 빠르다.

6) 내 핸드폰이 안 될 때는 다른 핸드폰으로 해본다. 통신사가 다르면 연결될 수도 있다. 아울러 서브폰을 개통한다면 다른 통신사로

개통해야 비상시 좀 더 도움이 된다.

7) 그래도 핸드폰이 안 되면 건물 내 유선전화를 찾아서 연락해본다. 정전이 되면 핸드폰은 안 되지만 유선전화는 자체 전원으로 통화가 가능하다. 또 인근 공중전화로 가서 수신자 부담 전화를 할 수도 있다. 가족과 주요 전화번호를 미리 인쇄해 지갑에 보관하자.

2. 위성 통신 서비스

1) 2022년 우크라이나 전쟁이 시작되자 러시아는 사이버 공격과 더불어 발전 및 송전시설, 통신망 등을 공격하였고 그 결과 인터넷과 통신망이 끊기게 되었다. 이에 미국의 스타링크사에서는 저괘도 위성 인터넷 통신 서비스 장비를 5천 세트 지원하였다. 인터넷과 통신망을 유지하는 일은 재난이나 전쟁상황에서 매우 중요하다. 우크라이나의 경우, 기존의 통신망 시설이 파괴되어 끊겼지만 저괘도 위성 인터넷 통신 장비를 통해서 계속 원할한 통신체계를 유지할 수 있었다. 이를 통해 결국 전세를 역전시킬 수 있었다.

2) 중국의 대만 침략 가능성이 점점 더 커지면서 대만 내 외국계 회사에서도 침공 대비책을 세우게 되었다. 가장 먼저 한 일이 우크라이나에서처럼 통신망이 단절될 상황에 대비해서 스타링크 저괘도 위성 통신 서비스 장비를 수백 세트 구입하여 비상연락망 체제를 구축한 것이다. 매달 이용료가 수십만 원 정도인 스타링크 시스템을 개인이 사용하기엔 힘들다. 하지만 비상시를 대비한 것으로

이만 한 것이 없다. 기술의 발전으로 이제는 비슷한 위성통신 서비스를 좀 더 저렴하고 간단히 쓸 수 있게 되었다.

3) 애플은 2022년부터 '위성 SOS 문자 서비스'를 실시하였다. 휴대전화 서비스가 작동하지 않는 지역에서도 비상시 위성을 통해 문자로 긴급 서비스를 보내는 것이다. 오지의 교통사고나 산속 캠핑 중 사고, 혹은 외딴 무인도나 바다에서 해양스포츠를 즐기다 사고가 났을 경우 긴급상황이 생기면 위성문자로 긴급 구조 요청을 할 수 있다. 이 서비스는 위성전화업체 '글로벌스타'가 발사한 24개의 저궤도 위성을 이용하며 아이폰 14부터 이용할 수 있다.

4) 중국의 화웨이도 새로 출시하는 핸드폰에 긴급 상황 시 중국의 베이더우 위성항법 시스템과 연결해 문자 메시지를 송·수신하는 지원 서비스를 추가했다. 이제는 개인도 핸드폰이 연결되지 않는 오지에서 재난상황을 맞는다 해도 위성 문자 서비스로 긴급 구조 요청이 가능해진 것이다. 당장은 아이폰 등 특정 모델만 사용이 가능하지만 차츰 다른 메이커들의 휴대폰까지 확대될 전망이다.

대피하라!

약자가 살아남는 생존 제1원칙은 잘 경계하고 빨리 도망가는 것이다. 사자에 쫓기는 사슴처럼 행동해야 한다. 지진, 자연재해, 사고, 화재, 야외조난, 테러현장, 전쟁 모두 다 마찬가지다. 도망, 대피를 망설이거나 부끄러워하지 마라. 생존이 우선이다.

피난(避難)과 피란(避亂)

피난(避難)은 갑작스런 지진과 홍수 같은 큰 재난, 천재지변이 생겼을 때 다른 안전한 곳으로 대피하는 것을 뜻한다. 피란(避亂)은 전쟁과 혁명, 폭동 등 난리를 피하는 것을 뜻한다. 시리아, 우크라이나 전쟁에서 타국으로 대피한 이들은 피란민이라 하고, 태풍이나 홍수 지진 등으로 대피한 이들은 피난민으로 불러야 한다. 피난(避難)과 피란(避亂) 모두 첫 글자는 한자 '피할 피(避)'를 사용하지만 상황에 따라 구분해야 하는 단어라는 뜻이다. 물론 전쟁도 재난으로 볼 수 있다.

따라서 전쟁을 피해 옮겨가는 것을 피난(避難)이라고 해도 크게 틀린 것은 아닐 터다. 피난이 피란보다 상위의 포괄적인 개념이기 때문이다. 피난이든 피란이든 우리의 일상을 뒤흔드는 대 참사가 벌어진다면 어떻게 해야 할까?

1. 먼저 행동하라

2003년 대구 지하철 화재 참사 때의 상황을 보여주는 유명한 사진이 있다. 옆 지하철의 불이 옮겨 붙으면서 객차 안으로 연기가 들어오기 시작하는데도 사람들은 대부분 앉아 있거나 아무렇지 않은 듯 가만히 있었다. 낯선 소음과 진동, 타는 냄새에 이상한 조짐이 느껴졌는데도 사람들은 주변 눈치를 보며 망설였다. 이렇게 이상한 상황에서도 대부분의 사람은 먼저 일어서서 상황을 확인하고 사태를 파악하는 것을 주저한다. 비상시 탈출하거나 생존하려면 골든타임 안에 해결해야 하는데 대부분의 참사를 보면 이 과정에서 우물쭈물하는 것을 볼 수 있다. 이상한 소음이나 징조를 느꼈다면 내가 먼저 일어서서 확인하고 행동하라. 남의 눈치를 보거나 누군가 대신해주겠지, 하고 안이하게 생각하지 말고 나의 판단을 믿고 먼저 행동하라. 최소한 안전한 비상구의 위치를 확인하고 슬슬 발걸음을 옮겨라.

2. 지시하고 명령하라

신고가 필요한 상황이나 모두 다 대피해야 하는 상황, 바로 안전조치를 취해야 하는 상황일 때는 내가 리더가 되어야 한다. 주위에 도움을 요청하거나 말할 때는 단호하고 강하고 큰 소리로 명령하듯 해야 한다. 승객이나 이웃, 손님, 주위 구경꾼들에게 말할 때도 마찬가지다. "무엇 좀 해주세요"라고 조심스레 예의를 차려서 말하기보다는 "숨어" "뛰어" "엎드려" "피해" "위험해" "도망쳐"라고 큰 소리로 강하게 명령하라. 대다수 사람들에겐 교사와 부모의 가르침에 복종하던 경험이 잠재의식 안에 남아 있다. 남성들은 군대 복무경험을 통해서 이런 무의식이 더 강화되었을 것이다. 비상시 단호하고 강하게 명령조로 말해야 사람들의 즉각적인 반사능력과 빠른 행동을 이끌어낼 수 있다. 비행기 승무원들도 비상상황 시 승객에게 짧고 단호하게 지시하라고 교육을 받는다.

-저기 불이 났으니 소화기 빨리 갖고 와요.
-위험해 멈춰.
-아래층으로(혹은 위층으로) 빨리 대피해.
-바닥에 엎드려.
-어서 빠져나와.
-저곳에 빨리 숨어.
-이쪽으로 와.
-조용히 해.
-천천히 숨쉬어.
-눈 떠, 정신차려.
-거기, 어서 119에 신고해.

이렇게 큰 소리로 상대를 정면으로 바라보며 단호하고 침착하게 지시하거나 명령하듯 말하라. 만일 당신이 겁에 질려서 목소리가 흔들거리거나 작거나 지시가 단순명확하지 못하다면 사람들은 당신을 따르지 않을 것이며 모두 패닉에 빠질 것이다.

3. 특정인을 지목하라

남에게 나 대신 이 상황을 신고해달라고 부탁할 때도 요령이 있다. 사고현장에 사람이 많으면 오히려 방관하고 외면하는 구경꾼 심리나 방관자 효과가 나타나는데 이를 '제노비스 신드롬'이라고 한다. 1964년 뉴욕에서 제노비스라는 여자가 거리에서 한 강도에게 38분간 무참히 폭행당한 끝에 살해당했는데 당시 주변에 수십 명(38명)이 있었지만 다들 지켜보기만 하고 아무도 신고하지 않았다. 나 대신 누군가 해주겠거니 생각했던 탓이다. 때문에 남에게 신고 요청을 할 때에는 반드시 특정인을 지목해야 한다. 가령 "거기 파란 점퍼 입은 분" "모자 쓰신 분" "자전거 탄 학생" 등등 정확하게 지목하여 "좀 도와주세요" "112나 119에 신고해요"라고 말해야 한다.

4. "엄마" "아빠"를 외쳐라

다급한 상황, 위기에 처했을 때 "엄마" "아빠"를 외쳐라. 늦은 밤, 조용한 밤거리에서 위급할 때 "살려주세요" "도와줘요" "꺅~" 하는 비명을 지르기 쉽다. 하지만 이런 것은 앞서 제노비스 신드롬처럼 방관자 효과나 회피, 외면, 도망 심리를 유발할 수 있다. 이보다는 "엄마" "아빠"라고 외쳐보라. 순간적으로 주변 사람들의 이목을 끌

수 있고 그러면 도움의 손길도 더 빨리 다가올 것이다. 사람이 많은 번잡한 곳에서도 큰 소리로 "아빠!" 하고 부르면 근처에서 바쁘게 지나가는 아저씨들이 다 쳐다본다, "엄마"라고 외치면 굳게 닫힌 창문이 열리면서 여성분들이 밖을 내다볼 것이다. 온 세상 부모는 아이를 낳고 키워온 경험 때문에 엄마나 아빠라는 말에 즉각 반응하게 마련이다. 깊은 잠결에서도 작게 부르는 아이의 엄마, 아빠 소리에 즉각 깨서 괜찮은지 살펴보도록 본능이 프로그램화되어 있는 탓이다. 갑자기 다급하게 엄마, 아빠를 외치는 소리를 들으면 내 자식 손을 잡고 있어도 무의식적으로 반응해서 쳐다볼 것이다. 나이도 성별도 남의 아이도 관계 없다. 모성애와 보호본능을 건드리는 것이다. 아이를 키워본 어른이라면 누구나 걱정스러운 마음으로 무슨 문제가 생겼는지 살펴보게 될 터다. 비명소리를 들으면 누구나 무섭고 회피하고 도망가고 싶어 하지만 "엄마 아빠"를 부르는 소리를 들으면 어느 정도 위험이 있다 해도 감수하며 도와주려 할 것이다. 위급할 때엔 "엄마" "아빠"를 외쳐라.

5. 편의점으로 도망가라

위급할 땐 편의점으로 달려가라. 사고나 위험징조, 폭행, 스토킹, 납치위험, 길을 잃었을 때 근처 편의점으로 가서 도움을 요청하라. 전국 편의점이 5만 개가 넘을 만큼 거리와 모퉁이 곳곳에 존재한다. 입구에 자세히 보면 '아동보호 지킴이' '여성안심 지킴이' 표지판이 붙어 있다. 실제 그간 위기에 처한 많은 분들을 돕는 역할을 하기도 했다. 편의점에 아이나 장애인, 치매노인, 위험에 처한 이들이 들어가 보호요청을 하면 직원은 계산대 포스기로 바로 미아 신고를 할 수 있다. 신고는 즉시 경찰서 시스템에 직접 전달되고 5분 내에 바로 경찰관들이 도착한다. 지난 몇 년간 길을 잃었던 어린이나 치매노인, 장애인들이 편의점 신고 시스템 덕분에 많은 도움을 받았다. 최근엔 자동심장충격기(AED)까지 설치되어서 지역안전 지킴이 역할을 톡톡히 하고 있다.

6. 대피할 땐 유리창과 기물을 부수고 나가라

한국인들만큼 법질서와 공중도덕, 남의 폐를 끼치는 일에 크게 신경쓰는 민족도 없을 것이다. 아이나 가족이 아파서 응급실로 급히 차를 몰고 갈 때도 신호등과 교통질서를 되도록 지키려 한다. 특히 남에게 피해를 주는 부분이라면 더욱더 망설이게 된다. 하지만 이런 성향이 위급 시 나의 탈출에 방해나 걸림돌이 되기도 한다는 것을 알아야 한다. 탈출이나 대피, 피난은 생사가 걸린 일이란 걸 다시 한 번 명심하자. 집이나 차, 장비, 물건, 돈조차도 생명보다 더 중요할 수는 없다. 대피할 때 유리창이나 유리문이 잠겨 있다면 바로 깨부수고 탈출하라. 차 문이 잠겨 있다면 바로 유리창을 깨라. 하지만 현실에서는 의외로 망설이게 되는 부분이다. 과감해야 할 때엔 과감하게 행동하라. 그래야만 시간을 줄이고 살 수 있다.

차로 납치당하면 시간을 끌수록 생존확율이 적어진다. 핸들을 확 꺾어서 근처의 다른 차나 벽을 고의로 들이박게 한다. 차 사고로 큰 소리가 나면 주위 사람들과 CCTV 카메라의 이목을 끌 수 있다. 도망갈 때나 위급할 때 사소한 법을 어기거나 공공기물을 부수는 데 너무 민감해하지 마라.

살기 위해선 모든 일을 다 할 수 있어야 하며 남의 기물을 파괴했다면 나중에 배상해주면 된다. 이런 것에 대해 '긴급피난'에 관한 법률로 국가에서도 그 정당성을 인정 및 보장해주고 있다.

긴급 피난에 관한 법률

산불, 홍수, 지진 같은 자연재난 외에도 화재나 사고, 흉악 범죄 등이 잦아지고 있다. 위급한 상황이 닥쳤을 때나 비상시에는 창문을 깨고 탈출하거나 닫힌 문과 벽을 발로 차서 부수고 긴급히 대피해야 하지만 의외로 스스로 멈칫하게 되는 경우도 많다. 2021년 2월, 방송인 사유리 씨가 이로 인해 겪은 난감한 사례를 보자. 사유리 씨는 3개월된 갓난아이와 집에 있던 중 아파트 저층의 화재로 연기가 집쪽으로 올라오기 시작하자 아이만 안고 집 밖으로 긴급 대피했다. 다급한 상황이라 신분증과 휴대폰을 못 챙긴 채 아이만 안고 계단으로 뛰어나왔다. 2월의 매서운 추위 때문에 그녀는 종종 가던 집 앞의 유명 커피숍에 들어가 쉬려고 했다. 그러나 매장 직원이 입장을 거부하면서 문제가 시작되었다. 당시는 코로19가 급격히 확산되던 시기여서 휴대폰 QR코드 인증이나 신분증을 제시하고 출입목록을 작성해야 했는데 사유리 씨는 둘 다 챙기지 못한 것이다. 커피숍 직원은 방역지침상 어쩔 수 없다며 완강히 거부했다. 며칠 후 사유리 씨가 이 사연을 인터넷에 올렸는데 당혹스런 반응과 비난이 이어졌다. 네티즌들은 오히려 사유리 씨가 방역지침을 어긴 것이므로 잘한 것이 없다고 비난했다. 당황한 사유리 씨는 자신이 잘못했다고 긴급히 사과한 후 사건을 마무리지었다. 사유리 씨도 불을 피해 아이를 안고 급히 대피한 것이고, 카페 종업원은 정부의 방역지침을 따른 것인데, 이런 경우 우리는 어떻게 판단해야 할까? 결론적으로 말하면 위급상황에서 대피했던 사유리 씨의 행동은 비난 받을 것이 아니다. 커피숍 직원과 많은 네티즌이 법령을 잘못

알고 있었을 뿐이다. 이에 관련된 명확한 법률과 사례들이 많다.

형법 제22조 '긴급피난에 관한 법률'

'자기나 타인이 현재의 위난을 피하기 위한 행동이 상당한 이유가 있는 때에는 벌하지 않는다'라는 조항이다. 예를 들어 동네를 산책하는데 갑자기 큰 개가 쫓아와 짖고 위협할 때 당장의 위험을 피하기 위해 남의 집에 뛰어들어 갔다면 주거침입죄로 처벌받지 않는다. 긴급피난으로 인정되는 것이다. 또한 불이 난 건물이나 차에서 인명을 구조하거나 대피하기 위해 유리창이나 문을 부쉈을 때도 이에 해당한다. 밤거리에서 스토킹과 성희롱 위기에 처한 여자나 납치 위험에 처한 아이가 급히 근처 집이나 가게로 달려가 피신한 경우도 주거침입죄가 성립되지 않는다. 피신 과정에서 문이나 기물이 좀 부숴져도 손괴죄가 아니다. 대피 중 휴대폰이나 신분증이 없을 수도 있다. 이를 이유로 피난과 도움을 요청한 이를 주인이나 종업원이 외면하거나 막아서는 안 된다. 긴급한 피난이나 대피 시 어느 정도 위법성이 허용된다는 의미다.

이는 정당한 사유가 있을 때 정당방위를 인정하는 것과 비슷한 맥락이다. 타인으로부터 부당한 침해나 위협적인 공격을 받을 때 피해자는 반격할 수 있다는 것이 정당방위인데, 이 경우 피할 수도 있다. 이것이 바로 긴급피난에 해당된다. 즉 긴급피난은 자기나 타인이 현재의 위기를 피하기 위한 행위에 상당한 이유가 있다면 위법성이 없다.

상당성의 원칙

그렇다면 피난 과정 중 어느 정도 위법상황까지 인정해준다는 것일까? 정당방위도 너무 과하면 인정받을 수 없는 것처럼 긴급피난도 마찬가지다. 피난 행위 중에서도 사회 상식상 당연하다고 인정되는 이유가 반드시 있어야 한다. 이를 '상당성'이라고 하는데, 만약 이 요건이 없거나 과잉이라면 과잉피난이라고 해서 위법성은 인정되나 정황에 따라 형을 감경이나 면제할 수 있다(형법 제21조).

긴급피난이 허용되지 않는 경우(형법 제22조 2항)

일반인도 도로 운전 중에 다음과 같은 사례를 경험할 수 있다. 고속도로 운행 중 버스기사가 심장마비로 쓰러지면서 도로 한가운데에 버스가 섰다. 이에 뒤에 있던 승객이 다급한 나머지 면허가 없지만 대신 버스를 몰고 가까운 휴게소나 갓길로 운행할 수 있다. 이 역시 모두의 안전을 위한 행동으로서 무면허운전, 자동차 불법사용죄로 처벌받지 않고 긴급피난에 해당한다. 또 술을 먹고 대리운전 기사와 차를 타고 오다가 싸움이 생겼는데 화가 난 대리운전 기사가 도로 한가운데 차를 놓고 내렸다. 이에 술에 취한 운전자가 차를 끌고 갓길로 몇 미터 이동했다면 이는 긴급피난으로 무죄로 판결된다. 이렇게 긴급피난 상황은 언제든 나에게도 생길 수 있지만 모두에게 해당하는 것은 아니다. 예외 적용이 되는 직군이 있다. 긴급

피난 상황이라도 직무상이나 업무상 위난을 책임질 의무가 있는 이들은 긴급피난이 허용되지 않는다. 여기엔 군인·경찰관·의사·소방관이 해당된다. 즉 국민의 생명과 재산을 책임질 의무가 있는 사람은 위기 시에 도망가지 말고 적극 대처하라는 뜻이다. 특수한 긴급피난 상황에 해당하는 경우도 있다. 슈퍼맨이 지구를 지키기 위해 악당과 싸우다 도시의 빌딩과 차량을 수도 없이 부수는 장면이 나온다. 이 역시 인류를 지키기 위한 긴급피난 행위에 해당되므로 피해 건물주는 아무런 보상을 받을 수 없다.

앞으로 각종 재난이나 사고로 대피과정에서 위기에 처한 사유리 씨 같은 사례가 늘어날 것이다. 여성들의 스토킹 피해나 성폭행 위기, 데이트 폭력, 아이들의 유괴 같은 상황도 마찬가지다. 하지만 약자나 피해자, 긴급대피 중에 있는 이들이 잠시라도 멈칫거리다 도움을 요청하지 못하는 상황을 만들면 안 된다. 따라서 긴급피난에 관한 법과 사례만큼은 확실히 알고 있어야 할 것이다.

대피할 상황

대피해야 할 상황을 정리해보자. 위험한 상황을 명확히 정리 및 구분하는 것부터 대책의 시작이다. 단 몇 %의 낮은 가능성이 있는 위험조차도 무시하지 말고 리스트에 올려야 한다. 9·11테러 이후 놀란 미국 정부는 SF작가들을 초청해서 상상할 수 있는 모든 위험성을 다 연구하고 매뉴얼화한 것으로 유명하다. 그중엔 외계인과 좀비의 공격에 대처한 매뉴얼까지 있었다고 한다.

1. 자연재해

지진, 대형 산불, 홍수 및 수해, 태풍, 산사태 및 씽크홀, 쓰나미, 백두산 분화, 신종 전염병의 창궐, 태양폭풍, 운석이나 혜성 충돌 같은 우주재난

2. 안전사고 및 인재

화재, 원전 방사능 누출사고, 도심 주유소와 가스충전소 폭발, 공장 및 저장시설의 가스와 화학물질 누출, 도시 봉쇄령, 전국적인 대정전 사태(블랙아웃), 단수사태 장기화, 건물붕괴, 군중 밀집사고(압사)

3. 전쟁 및 폭력상황

북한도발로 인한 국지전 혹은 전면전, 중·일등 주변국과의 전쟁, 도심폭동, 테러, 내전 및 쿠데타

4. 미래재난

외계인의 공격, 좀비 출현, 인공지능과 로봇공격, 괴생명체 출현 등도 염두에 두자. 공상과학 소설이나 영화 속 일들이라고 하기엔 과학기술 발전의 속도가 너무나 빠르다.

대피 시나리오

비상대피경보, 데프콘 및 진돗개 경보가 발령될 때는 방송과 공지, 재난문자를 통해서도 알 수 있다. 만약 갑작스런 재난문자와 대피 싸이렌, 민방공 경보를 받게 된다면 어떻게 할지를 미리 준비해두어야 한다. 경보에 따라서 대비할 수 있는 시간이 있는 경우와 그렇지 않은 다급한 경우가 있다. 미리 어떻게 해야 할지 계획을 세우고 대비해야 비상시에 우왕좌왕하거나 패닉에 빠지지 않고 대피 행동을 할 수 있다.

1. 개인

즉각 안전지대로 대피한다. 재난형태에 따라서 대피해야 하는 대피소가 다르다. 지진은 운동장이나 놀이터, 전쟁 시는 큰 건물 지하, 지하주차장, 지하도이다. 대피소에 도착한 후에 가족이나 지인, 동료들에게 전화나 SNS로 연락해서 위치와 안전을 확인한다. 대피 시 생존배낭을 꼭 휴대하고 더 필요한 물품이 무엇인지, 어디서 구할 수 있는지 찾아본다. 운전 중에는 차를 안전한 도로 갓길에 세우고 근처의 건물이나 지하도 등 안전한 곳으로 대피한다. 근처의 마트, 편의점, 약국, 주유소에서 필요한 것을 바로 살 수 있다면 사람들이 몰리기 전에 충분히 사둔다. 예비군 및 민방위 동원 안내 문자를 받는다면 서둘러 집에 알리고 준비한다.

2. 집

식구들에게 전화나 SNS로 연락하여 현재 위치와 안전을 확인한다. 바로 귀가하지 못하는 가족과는 인근 안전한 대피소 위치를 알려주어 안전해진 후에 귀가하도록 전달한다. 정확한 상황을 인터넷과 방송으로 듣고 정리해서 간결하고 명확하게 가족 SNS 단톡방에 올려둔다. 빨리 귀가하지 못할 상황을 대비해서 가까운 쉼터, 만날 수 있는 제1의 장소, 제2의 장소, 이동루트 등을 알려준다. 단수사태를 대비해서 화장실 욕조와 큰 들통, 각종 물통에다 최대한 많은 물을 담아둔다. 휴대폰이나 보조배터리는 완충해두고, 가스레인지를 사용 중이었다면 불을 끄고 중간 차단기도 잠근다. 집에 있는 식량과 물자를 파악한 후 부족한 것은 외부의 가족에게 알려 조달하도록 한다. 집 거실의 창문과 유리창에 테이프나 은박보온담요를 붙여서 외부 충격에 대비하는 한편 집의 내외부에 쉽게 불이 붙을 만한 것들은 치우거나 그 위에 물을 뿌려서 화재 위험에 대비한다. 위급한 상황이 벌어졌을 때 빨리 대피하기 위해 자동차 안에 생존배낭과 식량, 물, 옷, 텐트, 담요 등 필요한 장비들을 옮겨둔다. 집에 축사나 가축 우리가 있다면 유사시 이들을 풀어줄 준비를 한다.

3. 직장, 단체

이웃 동료들에게 상황을 전달하면서 좀 더 정확하고 자세한 정보를 파악한다. 외근 중인 동료에게 연락하고 각 상황 시 부서 책임자를 선정하고 위치를 파악한다. 회사의 중요 자료를 서버와 인터넷 클라우드에 저장하고, 회사 자금이나 귀중한 물건은 캐비닛과 금고 안에 보관한 다음 사진을 찍어둔다. 공장일 경우 작동 중인 기계나 장비는 종료하고 중요 부위는 포장하거나 분해해서 보관한다. 회사 안팎의 유류나 가스통 등 위험물을 치우고, 회사 제품이나 재고는 안전한 곳에 이동 보관한 후 잠근다. 비상시에도 회사에 나올 수 있는 필수 인원 및 회사에 피해가 우려될 때 복구반을 선정하고 통보한다. 각 거래처에 전화나 메일로 연락하여 양해를 구하며 회사 홈페이지에 관련 공지를 띄운다.

탈출지도(해저드맵) 만들기

비상시 집 주위에 갈 만한 대피소를 확인했다면 가족에게 알리고 시간이 지나도 잊지 않도록 재해예측 지도를 만들자. 이를 '해저드맵'이라고 한다. 네이버나 다음카카오의 지도앱이나 '국토정보플랫폼' 지도로 우리 집을 중심으로 축척별로 출력해두자. 그다음, 인근의 위험지역이나 대피처를 표시한다. 위험지역은 자연재해 가능성이 있는 해안과 강변, 저지대, 주유소, 가스충전소, 위험물 저장소, 폭발성 물질, 붕괴위험이 있는 옹벽이나 제방, 공장지대, 공항, 항만, 군부대 등이다 이들은 빨간펜으로 표시한다. 안전지대는 근처의 민방공 대피소, 학교, 운동장, 공원, 친구집, 부모나 친인척집, 편의점이나 마트 등이다. 이런 곳은 파란색으로 표시한다.

이후 집에서 안전지대나 대피소로 가는 가장 안전하거나 최단경로를 다른 색깔의 펜이나 형광펜으로 표시한다. 되도록 거리나(km) 예상 이동시간도 표시하자. 제1경로를 설정한 다음 다른 경로도 찾아보고 제2경로를 지정한다. 또한 외부로 흩어진 가족들이 중간에서 만날 수 있는 중간지점도 지정한다. 기다려도 만나지 못하면 이동지점과 계획을 적은 쪽지를 붙일 수 있는 게시판이 있는 곳을 찾아 이용하라. 스마트폰에 'maps.me'라는 오프라인 지도 어플을 다운받아 놓으면 인터넷이 안 되는 비상상황에서도 지도와 내비게이션을 쓸 수 있다.

우리집 탈출지도를 만들기 위해서는 집 주위의 재난과 사고위험, 위험시설 등 안전위협 요소를 먼저 알아야 한다. 가장 쉽게 파악할 수 있는 방법으로 행정안전부의 '생활안전지도'(https://www.safemap.go.kr)가 있다. 각 재난은 물론 치안, 교통, 보건, 생활, 시설 등 6개 분야에 수십 개 이상의 세부 메뉴로 집 주위 각종 위험요소를 직관적이고 알기 쉽게 칼라 그래픽으로 보여준다. 재난별 위험도는 물론 도시와 거리별 치안위험도, 범죄율, 병원과 약국, 대피소 찾기도 가능하다. 인터넷뿐만 아니라 핸드폰 앱으로도 손쉽게 바로 활용이 가능하다. 앞서 한국정부의 재난안전 매뉴얼들이 허술하다고 지적하였지만 이 사이트와 앱만큼은 칭찬을 아끼고 싶지 않다. 필수로 알아두고 설치해서 이용하면 큰 도움이 될 것이다.

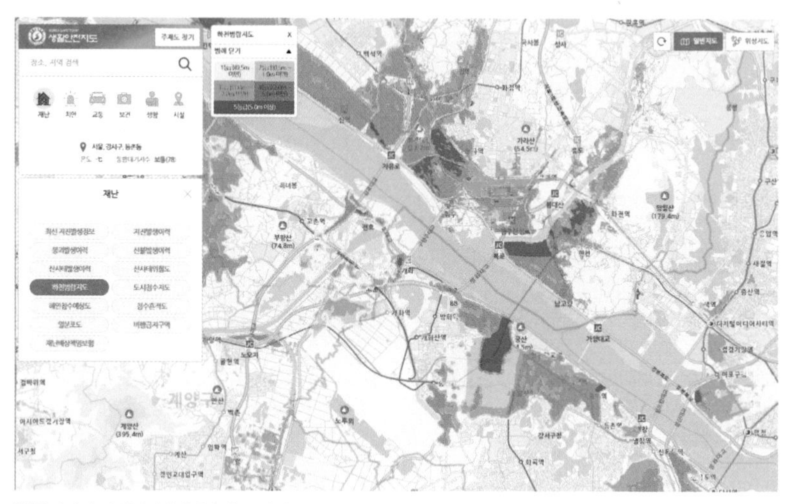

'생활안전지도' 재난- '하천범람지도' 검색(서울지역)

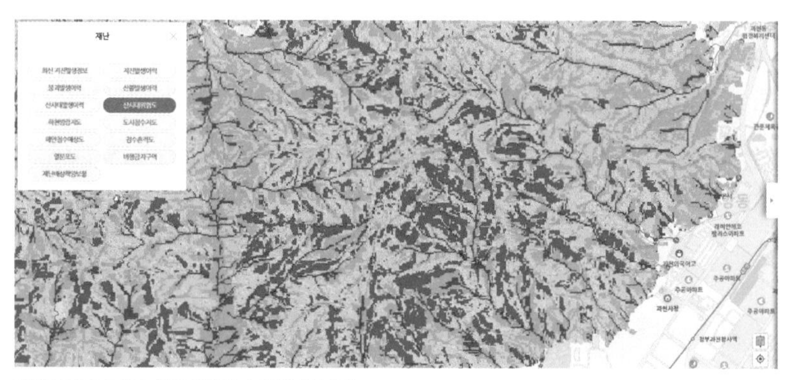

'생활안전지도' 재난- '산사태위험도' 검색(과천지역)

'생활안전지도'앱으로 서울역 '병/의원' 찾기

종로구 '민방위 대피시설' 찾기

상황별 대피요령

위험의 종류와 장소, 상황별로 대피방법이 다를 수 있다. 그렇다고 세세한 매뉴얼에 집착해서도 안된다. 완벽한 행동 매뉴얼이라는 것도 실은 불가능하며 이것 자체가 발목을 잡기도 한다. 어떤 상황에서든 당황하지 말고 위기가 전개되는 큰 흐름과 방향을 읽는 게 중요하다.

지진

갑자기 지진이 발생하여 건물이 흔들린다면 제일 먼저 책상 아래로 몸을 숨긴다. 마땅치 않다면 화장실, 기둥 옆으로 가서 위에서 떨어지는 파편에 맞는 위험을 최소화한다. 지진은 대개 수십 초 정도로 금방 끝나지만 그 사이 천장이나 지붕의 파편이 떨어져서 부상을 당할 수도 있다. 요즘 대부분의 건물엔 내진설계가 되어 있어서 웬만한 지진이 닥친다 하더라도 쉽게 무너지지 않는다. 그러나 실내 천장의 조명, 환풍시설, 공조기, 빔프로젝트, 판넬, 선풍기, 전선 등은 떨어질 수 있으니 주의하자. 밖으로 대피하는 것은 지진이 끝난 후에 가능하다. 이때도 주위에 떨어지는 파편을 조심하면서 이동한다. 그러나 오래된 벽돌건물이나 단독주택들은 붕괴위험이 크기 때문에 지진 즉시 밖으로 나갈 수 있다면 이때 대피하는 것도 고려해봐야 한다. 지진 후 바닷가와 강가에선 쓰나미 경보를 조심하고, 절벽이나 산간지역은 산사태에 주의한다.

태풍

크고 강력한 태풍이 접근해올 때는 일기예보와 기상소식을 계속 청취하면서 예상되는 이동경로를 확인한다. 피해를 최소화할 준비를 하고, 상황을 보면서 대피할지 말지 결정하고 행동에 옮긴다. 태풍의 피해는 여러 가지다. 크고 강력한 비바람으로 건물과 기물이 파손되거나 많은 비로 인해 수해가 일어날 수 있다. 2022년 8월의 11호 태풍 힌남노는 남부지방을 빠르게 일부만 관통하였지만 불과 서너 시간만에 엄청난 양의 많은 비를 뿌리는 바람에 제주와 남부 곳곳에 피해가 컸다. 특히 불어난 물이 포항 강변 하류의 제방을 넘기 시작하면서 인근 아파트 안으로 급속히 흘러들어갔다. 아침 6시경 아파트 관리소의 방송을 듣고 지하주차장에서 차를 빼내기 위해 들어간 많은 이들이 빠져나오지 못해 고립되었고, 결국 7명이 그대로 갇혀 숨지는 안타까운 사건이 발생했다.

큰 태풍이나 장마전선이 다가온다는 경보를 확인한 후엔 바람에 날릴 수 있거나 화분 같이 떨어질 만한 위험이 큰 물건들을 치운다.

강풍에 유리창이 깨지지 않도록 창에 테이프와 은박담요를 붙여준다. 물에 잠길 위험이 큰 반지하나 저지대 상습침수 지역에 사는 분들은 미리 자동차를 안전지대로 옮겨놓고 대피준비를 한다. 바람이 세게 불 때는 외출을 자제하고, 거리에서는 낙하물에 대비한다. 반지하 등 특히 침수위험이 큰 곳에서는 외부 창문과 문에 방수보강을 하고 비상시 방범창을 뜯고 탈출을 돕는 쇠지렛대 등을 준비한다. 거리가 물에 잠기기 시작했다면 최대한 빨리 탈출하고 차로 진입하지 않는다. 특히 지하주차장 안은 매우 위험하다는 것은 인지하자.

홍수

2022년 3달 넘게 쉼없이 내린 비로 파키스탄 대홍수라는 최악의 대재난이 일어났다. 국토의 1/3이 물에 잠기고 수천만 명의 이재민이 생겼으며 1천 720명이 숨졌다. 최근 점점 더 기상이변과 기후변화로 한쪽에선 폭우, 한쪽에선 극심한 가뭄이 이어지는 중인데, 이런 현상은 이미 전 세계적으로 확산되고 있다.

비가 세차게 내리기 시작한다면 차 속도를 반 이상 줄이고 도로의 맨홀이 열리는 것을 주의해야 한다. 자동차로 이동할 때 갑작스레 도로에 물이 차면서 고립되거나 지하도 진입 중에 물이 차기 시작할 수도 있다. 차량의 범퍼 높이까지 물이 찼다면 서서히 운행하면 되지만 그 이상이 되면 차의 엔진 흡입구로 물이 들어가서 시동이 꺼진다. 최악의 경우 배터리와 릴레이 단자함에 물이 차면 창문이나 문조차 열리지 않게 된다. 그 전에 안전지대나 고지대로 탈출하고, 그것이 힘들다면 차 지붕 위로 올라가서 119에 전화하거나 소리를 질러서 구조를 요청해야 한다. 물살의 힘은 생각보다 거세다. 수위가 무릎만 되어도 대부분의 사람들은 물살 압력에 넘어져 휩쓸리게 된다. 물의 힘을 절대 만만히 보지 말고 처음부터 심각히 대응해야 한다.

쓰나미(지진해일)

2004년 남아시아를 덮친 규모 9.1의 대지진으로 쓰나미가 발생해 인근 각국에 최대 30만 명의 사망실종자가 나왔다. 이를 다룬 재난영화 〈임파서블〉에는 천국과 같은 남국의 휴양지에 쓰나미가 발생하여 한순간 천지를 뒤집어놓는 재난상황이 잘 표현되어 있다. 쓰나미는 지진, 해저화산폭발, 핵폭발, 운석의 충돌, 절벽의 붕괴 등으로 발생하는데, 대개 시속 수백 킬로미터의 속도로 빠르게 내륙으로 향한다. 2011년 3·11동일본 규모 9.0 대지진 때는 높이 15미터(일부 최대 35미터)의 쓰나미가 내륙 10킬로미터까지 밀고 들어와서 사람과 집, 자동차, 제방 등 모든 것을 휩쓸어갔다. 이 지진으로 발생한 2만 명가량의 사망, 실종자는 지진보다는 쓰나미로 인해서 생긴 피해였다. 쓰나미의 어원은 일본어로 원래 지진해일이라고 불러야 하지만 이때의 충격으로 이제는 보통명사처럼 전 세계적으로 쓰이고 있다. 쓰나미는 발생 시 시속 수백 킬로미터(500킬로미터 이상) 속도로 전달되며, 내륙으로 향할수록 속도는 줄어들고 대신 위치 에너지로 변해서 파도가 점점 더 커지게 된다. 특히 지형이 U, V자 형인 만들은 바닷물이 한쪽으로 집중되는데, 이런 쪽의 피해가 훨씬 더 크다.

한국을 쓰나미 안전지대라고 흔히 생각하지만 그렇지 않다. 1983년 일본의 아키타 대지진의 영향으로 한국 동해안에도 4미터의 쓰나미가 덮쳐서 많은 해안가 마을이 잠기고 배가 부서지며 3명의 사상자가 생기는 피해가 발생했다. 쓰나미는 해안에 당도할 때 속도가 줄어든다지만 시속 수십 킬로미터나 되어서 달리거나 차를 타고 도망가는 것은 아예 불가능하다. 오로지 근처의 높은 산이나 튼튼한 건물 위로 도망가는 것이 제일이다. 큰 지진 이후엔 쓰나미 경보가 발령되는지 주의해야 한다.

현재 대부분의 국내 바닷가와 강가 주위에는 고지대에 쓰나미 대피소가 마련되어 있다. 우리집 주변이나 생활권은 물론 여행지에서도 쓰나미 대피소가 어디에 있는지 반드시 확인해두자.

산불

2022년 새해 벽두부터 극심한 가뭄이 이어지더니 결국 2월부터 강원도 영동권부터 남부지방까지 대형산불이 급증하여 초여름까지 이어졌다. 산불은 사람의 인위적인 방화나 쓰레기 소각으로 인한 실화, 바람이 나뭇가지를 마찰시켜서 일어나는 자연산불 등이 있고, 때로 전봇대의 전기 스파크에 의해서도 발생한다.

한국의 산림은 소나무 같은 침엽수가 많은데 송진과 기름 함유량이 높아서 한 번 불이 붙으면 거세게 타오르며 더 위험하다. 불똥은 바람을 타고 수 킬로미터 멀리까지도 날아가므로 순식간에 인근 수십 킬로미터까지 연쇄적으로 불이 붙게 된다. 산불이 난 곳에 있다면 바람의 방향을 확인하고 좌우방향으로 대피한다. 산에서 마땅히 대피할 곳이 없다면 계곡이나 샘 근처, 저수지, 바위처럼 탈 것이 적은 곳, 혹은 이미 타서 재만 남은 곳으로 대피해야 한다.

자동차를 타고 대피할 때는 좀 돌아가더라도 불길을 피해서 강가나 해안도로 등 비교적 안전한 길로 이동한다. 도로 곳곳에 이미 연기와 불길이 번지기 시작했더라도 당황하지 말고 천천히 앞차의 후미등을 보고 따라서 이동한다. 이때 공조기는 내부순환으로 하여 외부연기가 들어오지 않게 하고 에어컨을 강하게 켜서 열기로부터 실내를 보호한다.

화재

화재가 났다면 최대한 빨리 소화기를 가져다가 진압한다. 물 바가지를 가져와 뿌리거나 하는 방법은 효과가 별로 없다. 시간만 끌 뿐이다. 화재 초기에는 소화기 한 대가 소방차만큼의 큰 역할을 한다는 점을 기억하자. 주의할 것은 겁이 난다고 해서 소화기를 너무 멀리서 쏘는 것이다. 연기와 불꽃에 놀라지 말고 충분히 불로 다가간 후 불 자체가 아니라 아래 탈 것에 집중적으로 뿌려야 한다. 그러나 불길의 크기가 사람 키보다 높게 일고 있다면 소화기로 끄기 힘든 상황이다. 이럴 땐 즉시 건물 내 화재 경보기를 울리고 119에 신고해서 위치를 알린 후 외부로 대피한다. 이때 현관문이나 방화문을 닫고 대피해야 연기가 건물 내 전체로 퍼지는 것을 막을 수 있다.

이미 실내에 연기가 차오르는 중이라 바로 대피하기 힘들다면 자세를 확실히 낮추고 기어서라도 이동한다. 실내에 연기가 차올랐더라도 바닥 한 뼘 공간만큼은 아직 맑은 공기층이 있으므로 숨을 쉴 수 있다. 이때 수건이나 옷에 물을 묻혀 얼굴에 대고는 숨을 쉬며 이동한다. 방 안에 갇혔다면 스킨로션이나 가습기의 물을 빼서 아이들의 얼굴과 노출된 피부에 발라준다. 옷에도 물을 살짝 뿌려주면 불이 옮겨붙는 상황을 꽤 오랫동안 막을 수 있다.

아파트에서는 베란다 양쪽의 옆집과 맞닿는 부위를 발로 차서 부순 다음 탈출을 시도한다. 이 부분은 경량칸막이라고 해서 화재대피를 위해 일부러 약하게 만든 것이므로 평소 이곳에 이동을 방해하는 짐이나 서랍장 등을 놓지 않도록 한다. 베란다의 완강기를 이용해서도 탈출할 수 있다. 완강기는 1회만 쓸 수 있는 간이완강기와 여러 번 쓸 수 있는 것으로 나뉘어진다. 평소 우리집 것은 어떤 종류인지 확인해두자. 완강기로 지상까지 내려갈 것이 아니라 한 층 아랫집으로만 가도 살 수 있다.

화재 시에 실제로 가장 무서운 것은 불길이 아니라 연기다. 집에 방독면이 없다면 큰 김장비닐 봉투에 바람을 넣고 머리에 써서 이동하거나 수건을 물에 적셔서 호흡하며 탈출한다. 화재 시 물수건을 쓰면 화재로 발생한 열기를 막을 수 있다. 열기를 흡입하면 폐속의 스폰지 조직(폐포)이 순식간에 열에 익어서 체내 흡입화상을 입게 된다. 화재 현장에서 걸어서 탈출했는데 일주일 뒤 사망했다는 뉴스를 접했다면 그 이유는 분명 흡입화상에 있다.

전쟁

대부분 전쟁이 나기 전에는 사전에 여러 불안한 조짐과 징조, 경고가 있게 마련이다. 불안한 정세를 예고하는 외신이나 방송, 현지 외국인들의 귀국행렬이나 대피명령, 군의 움직임, 주가폭락과 환율급등 같은 현상들이 좋은 예다. 실제 전쟁개시 전에는 병력을 전선에 집중하고 군장비와 무기를 재배치하며 예비군 동원령이 발령된다.

이처럼 좋지 않은 여러 조짐이나 신호가 보이기 시작했다면 집안 식구들이 먹을 비상식량과 물을 충분히 사서 비축해둔다. 은행에서 2개월 분 이상의 생활비를 현금으로 찾아놓고, 자동차의 연료를 가득 채우며, 트렁크에도 생존배낭은 물론 여분의 장비와 물, 옷, 침낭 등을 좀 더 비치해둔다.

전방지역에서 작은 교전이 시작되었다거나 그에 준하는 경보가 발령되면 가족을 먼저 후방의 안전지대로 대피시킨다. 부모님집, 시댁이나 처가, 친척집, 친구집 등 아는 이들이 없다면 지방이나 시골의 저렴한 모텔이나 원룸, 민박 등을 미리 알아보고 단기계약을 해두는 것도 좋다. 먼 지역의 호텔이나 모텔, 민박집 등을 바로 예약할 수 있게 도와주는 '여기어때' 같은 숙박예약 앱을 설치해두자.

본격적으로 교전이 시작되었다는 뉴스가 나오면 이미 늦다. 그 즉시 거리는 쏟아져나온 차량과 인파에 막힐 것이고, 군경에 의해 도로가 차단되기 시작할 것이다. 시간은 더욱 지체되고 대피하기도 점점 더 어려워진다. 전쟁 시 고속도로나 큰 도로는 후방의 동원예비군과 군장비를 빨리 수송하기 위해서 군경에 의해 차단되기 쉽다.

전국의 공항과 항구, 주요 철도역, 지하철역, 고속도로 램프, 교량

등은 적의 1차적 공격 목표가 되기에 위험할 수 있다. 멀리서 폭음이 들리거나 뉴스속보와 재난문자로 대피 명령이 떨어진다면 즉시 근처 민방공 지하대피소나 아파트나 건물 지하실, 지하주차장으로 대피한다. 인터넷 '국민안전 포털'과 스마트폰 '안전 디딤돌' 앱을 통해서 평소 주위에 있는 지하민방공 대피소의 위치를 알아두자. 그러나 오래된 정보가 많고 갱신이 자주 되지 않아 실제로는 큰 도움이 되지 못할 수도 있다. 이런 곳들은 반드시 직접 가서 확인해야 한다. 전쟁 시 폭격이나 포격에서도 지하공간은 꽤 안전하다. 지하 2층부터는 지상에서 핵무기가 폭발해도 영향이 제한적이다.

아파트나 건물에 있을 때 재난상황이 발생하여 나가기 힘들어진 경우라면 폭격이 시작되는 방향의 반대편 방으로 가족과 함께 이동한다. 북한의 공격이라면 건물의 북쪽면이 포격 받을 확률이 크기에 반대쪽인 남쪽 방으로 이동한다.

테러

총기 테러나 폭발물 테러, 칼과 흉기 테러 등 최근 무차별적으로 민간인을 노리는 학살이 급증하고 있다. 전 세계는 물론 한국도 안심할 수 없다. 한국도 2016년 오패산 터널 사제 총격사건으로 사제 총을 만들어서 민간인이나 경찰을 노리고 사살하는 일들이 벌어지고 있다. 정식 전쟁이 아니라도 적 특수부대의 도심 침투로 교란작전이 일어날 수 있다. 이도 일종의 테러로 봐야 한다. 테러 상황 시에는 다음의 절차를 따르라.

1. 도망간다

폭음이나 총소리가 들린 방향 반대 방향으로 최대한 빨리 도망간다. 이때 머뭇거리는 주위 이웃이나 사람들에게 크고 강한 목소리로 "달려, 저쪽으로 도망가"라고 외쳐서 함께 도망갈수 있도록 한다. 총기로 움직이는 사람을 정확히 맞춘다는 것은 의외로 어렵고 오랜 숙련이 필요한 일이다. 만약 테러범이 성능이 낮고 조잡한 사제총이나 엽총, 권총만 가지고 있다면 생존확율이 더 커진다. 초기에 어떻게 대응하고 빨리 움직이냐에 따라서 당신의 생존율이 바뀐다는 것을 잊지 말자. 무서워서 머뭇거리거나 당황할수록 생존 가능성은 낮아진다.

2. 숨는다

바로 도망가기 힘든 상황이라면 어느 곳이든 찾아서 숨어야 한다. 화장실, 창고, 차량 뒤, 하수구, 배수구, 가구 뒤, 계단 뒷편이며 테러범의 시야에서 벗어날 수 있도록 모든 것을 이용한다. 차량 안으로 들어가 문을 잠그고 숨는 것도 좋다. 요즘 차들은 선팅이 진해 밖에서 안을 확인하기 힘들다. 가장 좋은 것은 뒷좌석을 통해서 트렁크로 이동해 숨는 것이다. 트렁크 안에는 비상탈출 레버가 있어서 언제든 트렁크 문을 열고 나올 수 있다.

교실이나 방 안에 있다면 문을 닫고 잠근다. 나무문 같이 부서지기 쉽다면 문 뒤에 의자나 책상, 냉장고, 소파, 쌀포대나 물통 등을 놓고 바리케이트를 친다. 유리창으로 보인다면 커튼이나 블라인드를 모두 쳐둔다. 테러범도 대개 혼자이거나 많아 봐야 두셋 정도인 경우가 많다. 곧 경찰이나 군, 특공대가 출동해서 올 것을 잘 알기에 테러범들도 심리적으도 쫓기고 있으며 장애물이 있는 곳을 무리하게 뚫고 나가려고 하기보다 다른 손쉬운 목표를 찾아갈 확률이 크다. 안전한 곳으로 대피했거나 몸을 숨겼다면 즉시 경찰서에 신고한다. 이때 테러범의 수와 인상착의, 무기 유무, 현재 사람들과 수와 범행장소, 사망자와 부상자 상황, 폭탄과 부비트랩 존재 여부 등을 알려야 한다.

3. 공격하라

도망가거나 숨기 어렵다면 최후의 방법으로 맞서 공격해야 한다. 겁난다고 죽은 척하는 것은 최악이다. 최근 테러범들은 더욱더 잔인하게도 쓰러진 이들을 일일히 확인하고 확인사살을 하곤 한다. 죽은 척해봐야 별로 소용없다는 뜻이다. 테러범들이 빈틈을 보일 때 용기를 내어서 공격하라. 혼자보다는 여럿이, 맨손보다는 뭐라도 손에 들고 공격하라.

테러범들이 탄창을 교체할 때, 다른 곳을 보며 시선을 돌릴 때, 부상부위를 치료할 때 등이다. 무기가 될 만한 것을 들어라. 소화기, 부엌칼, 각목이나 쇠파이프, 야구배트, 골프채, 낫이나 삽, 호미나 부삽도 좋다. 집 안에 있는 행거파이프나 옷걸이를 빼내서 들 수도 있다. 아무것도 눈에 띄지 않는다면 식탁의자도 좋은 무기가 된다. 의자를 거꾸로 집어들면 앉는 면으로 칼을 방어하고 다리로 적을 찌르며 공격할 수 있다. 잊지 마라. 최후의 수단이 '공격'이란 것을. 테러범의 수나 화력이 적다면 용기를 내야 살 수 있다.

→ 경찰이 현장으로 들이닥쳤다면 천천히 움직이며 손을 들고 나온다. 손에 핸드폰이나 물건을 든다면 총이나 수류탄으로 오인될 수 있기 때문에 되도록이면 빈손을 보여준다. 총격을 받는다고 해도 영화처럼 바로 죽는 것은 아니기에 너무 겁먹을 필요가 없다. 총상으로 인한 사망 대부분은 과다 출혈로 인한 것이므로 밖에서 대기 중인 구급대가 빨리 와서 응급조치를 해준다면 생존 확률이 크다.

원전 방사능 누출사고

한국엔 24개의 원자력 발전소가 있다. 대부분 수십 킬로미터 부근에 대도시가 있으며 백 킬로미터 이내 영향권 내에는 수백만 명의 시민들이 살고 있다. 평소 집이나 직장 근처에 원전이 있다면 사고 시나 비상시 어떻게 할 것인지를 미리 생각해두자.

원전은 자체 사고와 지진 등 자연재난, 그리고 외부 공격으로 문제가 발생할 수 있다. 우크라이나 체르노빌 원전사고는 자체적으로 안전 테스트를 진행하다가 통제 범위를 넘어서며 사고가 났다. 2011년 3·11동일본 대지진은 예측하지 못한 수백 년 빈도의 큰 지진이 발생한 후 연이어 닥쳐온 쓰나미에 발전기 등 주요 장비들이 고장나서 대형사고로 이어진 것이다. 2022년 우크라이나 전쟁에선 러시아가 전격침공한 후 바로 우크라이나의 자포리자 원전을 강제로 무력점령했다. 이때 원전 주변에서 여러 차례 포격전이 일어나고 보조 발전소도 공격을 받으면서 방사능 누출 공포가 크게 일었다. 즉시 원전 주변에

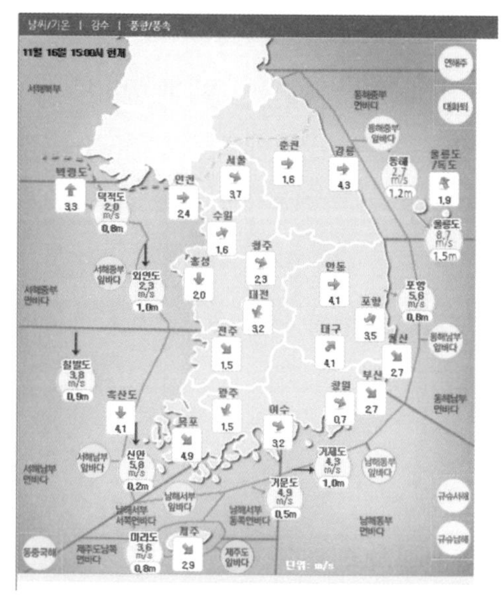

실시간으로 전국 각지의 풍향/풍속 확인하기(기상청 날씨누리 홈페이지 weather.go.kr)

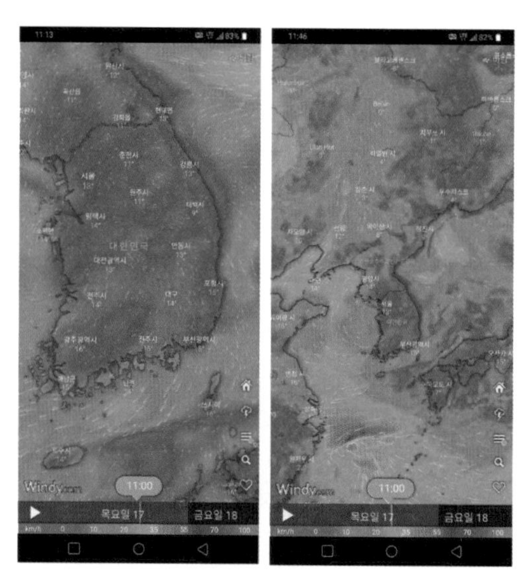

핸드폰 기상관련 앱(윈디)을 설치하면 더 빠르게 실시간 태풍의 진로나 각지역 바람의 방향 등을 알 수 있다.

사는 주민들에게 방사능 누출 시에 먹을 요오드 알약이 지급되었다. 멀리 떨어진 유럽에서도 이런 일이 진행되었다.

평소에 확인할 가장 중요한 정보는 원전이 어느 방향에 있는가 하는 점이다. 방사능이 누출되면 바람을 타고 퍼지게 된다. 한국에선 여름과 겨울의 바람 방향이 바뀌며 기상청 홈페이지나 풍향 정보 앱과 사이트에 들어가서 현재 시간 각 지역의 풍향과 속도를 확인할 수 있다. 사고 시 바람의 진행 방향에 있는 주민들은 서둘러서 바람 방향 좌우로 대피해야 한다. 원전사고는 핵폭발처럼 한 번 터지고 끝나는 것이 아니기에 더 무섭다. 몇 일, 몇 주, 혹은 몇 달이나 몇 년까지도 방사능 누출이 계속될 수 있는 장기적인 재앙이므로 되도록 초기에 대피해야 한다. 대피할 때는 모자와 마스크를 쓰고 방수가 되는 우비나 등산자켓을 입어서 피부 노출을 최소화한다. 공기로 들이마시는 미세한 방사능 물질은 수준이 낮아도 체내에 들어오면 심각한 체내 피폭이 될 수 있으므로 황사 마스크를 착용해야 한다. 안전지대에 왔다 해도 안심할 수 없다. 우선 대피과정 중 입었을지 모를 오염피해를 제거해야 한다. 입고 온 옷들을 모두 벗어서 새옷으로 갈아입고, 손과 머리는 물론 노출된 피부를 물에 몇 번씩 씻고 머리카락도 잘라내자.

만약 집에 있는데 당장 대피하기 힘든 상황이라면 창문과 출입문, 통풍구를 모두 닫는다. 최신 건물이나 아파트의 창호는 2-3중 창으로 기밀이 잘 되는 구조라 외부 공기가 거의 유입되지 않는다. 하지만 오래 되어서 창틈이 있거나 덜거덕거리는 곳이라면 비닐테이프로 틈이 있는 곳을 모두 막는다.

군중밀집 사고(압사사고)

2022년 10월, 서울 이태원 할로윈데이 압사참사는 전 국민에게 큰 충격을 주었다. 한국재난사에도 큰 획을 긋는 일대사건이었다. 좁은 곳에 많은 인파가 몰려들어 벌어지는 압사사고는 후진국에서만 발생하는 일이라고 여겼는데, 선진국이라 자부하는 한국에서 그런 참사가 발생한 것이다. 이 같은 대중밀집 사고는 경기장, 콘서트장, 야외 행사장, 좁은 골목, 극장, 대피로 등 인파가 밀집한 곳에서 언제든지 발생할 수 있다. 큰 사고나 재난상황이 벌어졌을 때 패닉에 빠진 대중이 좁은 출구를 찾아 도망가다 보면 갑자기 이런 유형의 사고가 발생할 수도 있다. 축제를 즐기려는 들뜬 군중이든 사고를 피하려는 군중이든 특성상 대규모 인파인 경우라면 행동특성이 비슷하게 나타난다. 밀집된 군중 속에 있다면 미리 사고 위험성을 파악하고 조금씩 대비해야 몇 분 만에 위험한 상황에 빠지는 것을 막을 수 있다.

1. 인파가 몰리는 곳에 갈 때

집을 나설 때 운동화 등 튼튼하고 벗겨지지 않는 신발을 신어야 한다. 하이힐이나 샌들은 좋지 않다. 사람들이 밀집하면 통제가 불가능하게 되고 서로의 발을 밟으면서 다치거나 넘어지기 쉽다. 튼튼한 신발을 신는 것만으로도 발을 지키고 안정감을 높일 수 있다. 또한 대중이 몰리는 곳에 가서는 제일 먼저 출입구와 비상구, 창문, 야외 대피소의 위치를 확인한다. 화재 등 위급상황 발생 시 탈출경로를 미리 파악해놓는 것이다. 내 자리와 가까운 인근 출입구 번호를 기억하고 일행에게도 알려준다. 만약 헤어지게 되면 외부 출입구 몇 번 출구 혹은 '어디'서 만나자고 약속해두어야 한다. 행사나 공연이 끝나고 사람들이 나올 때도 위험하다. 인파가 몰리기 전에 10-20분 먼저 나오도록 한다.

2. 위험징조

동행하던 군중의 움직임이 천천히 느려진다면 밀도가 높아지고 있는 것이다. 그러다 인파의 흐름이 멈춘다면 밀집도가 위험 수준이라는 신호다. 주변 신호들을 최대한 수집하고 이상한 징조가 있는지 알아채야 한다. 가령 앞쪽 사람들이 불편함이나 고통을 호소하는 소리, 비명소리가 들린다면 경계하고 탈출할 준비를 해야 한다. 군중 밀집도가 ㎡당 6명을 넘어서면 극히 위험 수준이다. 이태원 참사에서는 ㎡당 16명까지 몰렸다. 압사위험이 있는 곳은 출입구, 경사로, 계단, 좁은 골목이나 통로다. 이런 곳들은 최대한 피해서 이동하거나 차라리 좀 늦게 나오는 편이 낫다.

3. 인파 속 생존법

군중이 움직임이 멈추고 압박이 심하게 느껴진다면, 그리고 여기저기서 비명 소리가 들린다면 최고 위험 수준이다. 어떻게든 빨리 대각선 방향으로 이동해서 인파의 가장자리나 벽으로 붙어야 한다. 그렇게만 해도 압박을 절반 이상 줄일 수 있다. 이때 급하다고 인파의 흐름을 역방향으로 거스르지 말아야 한다. 그런 행동이 군중 전체의 위험을 초래한다. 흐름과 천천히 함께하면서 탈출로를 찾는 것이 좋다. 키가 작은 여성이나 어린아이가 이런 상황에서 가장 위험하다. 아이가 있다면 어깨 위에 올려 무등을 태운다. 만약 빽빽하게 밀집된 인파 속에서 휴대전화나 가방 등 물건을 놓쳤다면 바로 포기하라. 물건을 줍는 행동으로 예기치 못한 위험 상황에 빠질 수 있다. 또한 옆자리의 사람이 넘어졌다면 바로 일으켜줘야 한다. 한 명이 넘어지면 그 뒤의 모든 일행이 도미노처럼 넘어질 수 있다고 생각해야 한다. 압사사고에서는 밟혀서라기보다 선 채로 끼어서 꼼짝 못 하고 호흡곤란을 겪는 '압박질식'으로 사망하는 경우가 많다. 약 6분간 압박질식 상태로 끼어 있다 보면 선 채로 호흡곤란과 질식에 의해 사망하는 것이다.

4. 만약 넘어졌다면

어떻게 해서든 팔을 앞으로 모아 가슴을 보호하라. 두 팔로 팔짱을 껴 한뼘이라도 숨쉴 공간을 확보하라. 혹은 복싱하는 자세를 취해도 된다. 만약 넘어지고 인파에 깔렸다면 고함·비명은 안 된다. 힘과 산소를 낭비할 수 있다. 최대한 침착함을 유지하면서 숨쉴 수 있는 좁은 공간을 찾거나 머리를 들어 산소를 확보해야 한다. 만약 넘어졌다면 곧바로 일어서기 위해 최선을 다해야 하지만 그게 불가능하다면 곧바로 왼쪽 옆으로 웅크려 손으로 머리를 보호하는 태아자세를 취하라. 등·배를 대고 눕거나 엎드리면 매우 위험하다. 아수라장 속에서 겨우 빠져나왔다고 안심해선 안 된다. 다리나 팔, 갈비뼈가 부러지거나 꺾일 수도 있다. 심지어 폐, 심장 등 내부장기가 손상되어 내출혈과 근육 손상, 괴사가 진행될 수 있다. 서둘러 병원으로 가야 한다.

실전 대피 체크

이제 중요한 실전 단계이다. 위험을 피하고 생존할 수 있는 나만의 매뉴얼과 대피처를 만들어야 한다. 공부하는 것은 물론 발로 움직여야 한다. 직접 가서 내 눈으로 확인하고 체크리스트와 매뉴얼을 만들자.

대피 매뉴얼

먼저 기존의 안전 메뉴얼을 보고 필요한 정보를 얻도록 하자. 개선도 기반이 있어야 가능하다. 국내는 물론 해외의 공공 매뉴얼이나 책, 유튜브, 인터넷을 최대한 확보해서 정보를 습득한다. 최근엔 해외의 공공안전 매뉴얼도 한국어로 같이 서비스되기에 쉽게 접할 수 있다.

1. 한국

한국 정부기관의 대국민 재난안전사이트로 각종 재난과 사고, 전염병, 전쟁대비에 대한 내용을 다루고 있다. 그러나 외국에 비해서 제공되는 내용이나 행동요령이 허술하고 수준이 떨어진다. 재난 항목마다 상세히 제공되어야 할 정보의 내용과 수준, 도움을 주는 삽화가 부실하며 오래전 내용 그대로라 구태의연하다고 지적받고 있다. 무엇보다 큰 재난이 일어났을 때 일반인의 생존과 안전에 도움이 될 만한 세부방법이나 팁이 부족하다는 점이 가장 큰 차이다. 논란이 될 만한 사소한 내용은 아예 언급조차 되지 않는다. 가령 물을 정수하기 위해서 미 정부에서는 락스 정수법을 제시하고 있지만 한국에서는 아예 언급조차 하지 않는다. 많은 정보가 이런 식으로 두루뭉실하며 관념적이라는 평이다.

국민재난안전포털(https://www.safekorea.go.kr/)

2. 미국

재난이 잦은 나라답게 각종 상황별, 재난별로 자세하고 실용적인 대처방법을 제시하고 있다. 이민자들이 많은 만큼 영어 외에 수십 개국의 언어로 내용을 제공하는데, 한글도 있다. 각 페이지의 정보와 항목은 더 자세한 상세 페이지로 연결되어 쉽게 이동할 수 있다. 재난안전 매뉴얼을 추천할 때 가장 먼저 꼽는 사이트다.

'Ready.gov' 미국 국토안보부 공식 웹사이트 https://www.ready.gov

3. 일본

지진과 태풍, 각종 자연재해에서의 대처법을 자세히 다루고 있다. 만화형식이라 친근하고 쉬워 보이지만 내용은 상세하고 실용적이며 정말 훌륭하다. 재난대처와 생존법을 일목요연하게 체계화한 내용을 3백 페이지에 달하는 PDF파일로 제공한다. 물론 한국어로도 서비스된다. 필수로 다운 받아서 보고 프린터로 인쇄해놓으면 좋을 것이다. 미국의 '레디'와 더불어 양대 추천 사이트이다.

'도쿄방재' 일본 도쿄시에서 제공하는 방재 매뉴얼
(https://www.metro.tokyo.lg.jp/korean/guide/bosai/index.html)

⚠ '도쿄방재' 매뉴얼의 각종 조치법

1. 골절 • 염좌의 응급 처치

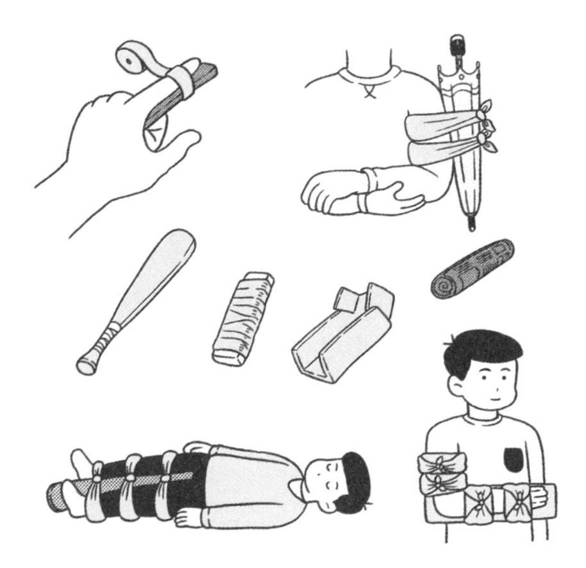

부목으로 고정시킨다

뼈가 부러져서 통증이 있는 부분을 함부로 움직이는 것은 금물입니다. 부러진 뼈를 지탱할 수 있는 부목이 되는 것을 준비하고 부러진 뼈의 양쪽 관절과 부목을 천 등으로 묶어 고정시킵니다.

삼각건을 사용한다

삼각건은 신체 어디에나 사용할 수 있고 스카프나 보자기, 대형 손수건으로도 대용 가능합니다. 상처의 오염은 물로 씻어내고 멸균 거즈 등을 대고 사용합니다. 매듭이 상처 바로 위에 오지 않도록 합니다.

2. 칼에 베인 상처의 응급 처치

재료 | 천, 붕대, 물, 멸균거즈

❶

상처를 제대로 덮을 수 있는 크기의 천 또는 붕대를 준비합니다.

❷

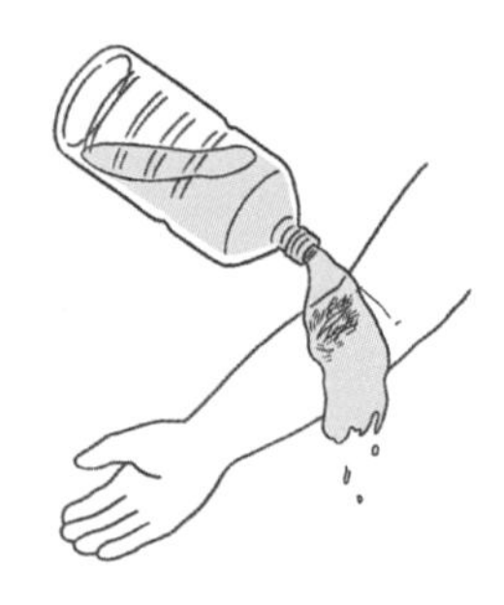

상처가 토사 등으로 더러워져있는 경우에는 물로 깨끗이 씻어냅니다.

❸

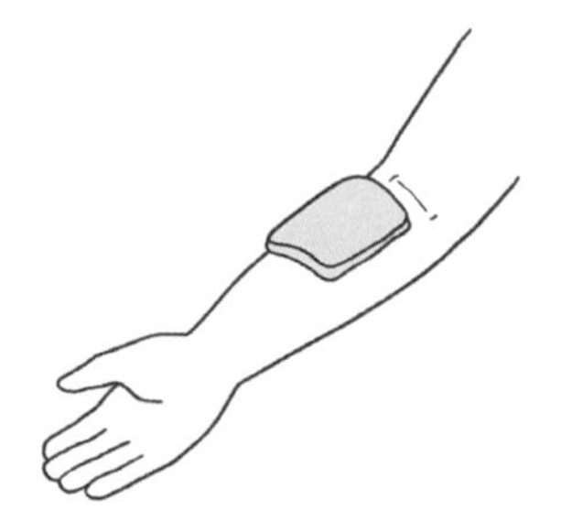

출혈하고 있는 경우에는 멸균거즈 등을 대고 상처를 보호합니다.

❹

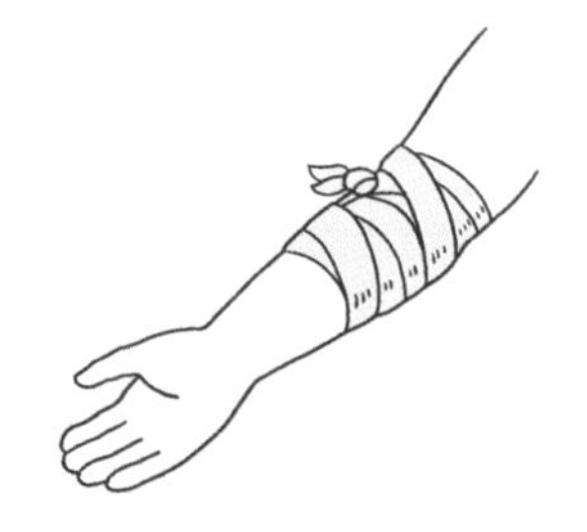

붕대를 감습니다.

3. '도쿄방재'에 제시된 '비상용 반출 가방' 리스트

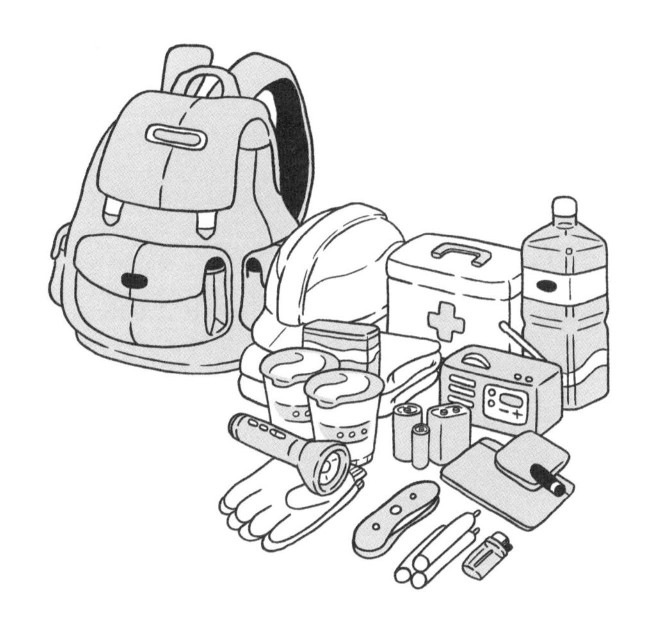

☐ 손전등	☐ 담요	☐ 식품	☐ 젖병
☐ 휴대용 라디오	☐ 건전지	☐ 인스턴트 라면	☐ 현금
☐ 헬멧	☐ 라이터	☐ 통조림따개	☐ 구급함
☐ 방재두건	☐ 양초	☐ 나이프	☐ 적금통장
☐ 면장갑	☐ 물	☐ 의류	☐ 인감

대피처 및 대피시설

최근 한국에서도 갑작스런 재난으로 한밤중에 집을 떠나 대피를 하는 일들이 종종 발생하고 있다. 홍수, 태풍, 지진, 산불, 공장의 가스 누출과 화재 등은 예고 없이 닥쳐온다. 재난과 사고로 집을 나올 경우 어디로 대피할 수 있을지 안전한 대피처나 쉘터를 찾아보자. 집 주위 아파트나 건물의 지하실, 지하주차장, 지하도는 민방위 대피처로 지정되어 있다. 바다나 큰 강변 등 수해재난이 우려되는 곳은 산 위나 건물 위처럼 높은 고지대가 대피처로 좋다. 지진에는 인근 놀이터나 공터, 주차장, 학교 운동장이 대피처이다. 스마트폰 앱을 설치하여 집 주위 대피처가 어디에 있는지 찾아보자. 대도시가 아닌 시골이라면 의외로 집에서 한참 떨어진 곳에 있는 경우도 많다. 대피처는 내 집에서 최대한 가까운 곳이어야 한다.

일단 대피처를 찾았다면 직접 가보자. 앱에는 지정되어 있지만 개인 빌딩 지하라면 창고로 쓰거나 문이 잠겨 있을 수도 있다. 대피소 지하실 벽에 더러운 물이 줄줄 흐르거나 검은 곰팡이가 끼고 벌레들이 뛰어다닌다면 기겁할 것이다. 대형마트의 주차장도 대피소로 지정되어 있지만 영업이 끝나는 밤시간부터 아침까지는 문을 닫아두기도 한다. 위치를 직접 확인했다면 가족들에게 자세히 알려주고 한 번씩 데리고 가본다.

미국 국민 중에는 개인 벙커를 만드는 이들이 많다. 미국은 국토가 넓은 데다가 토네이도, 허리케인 등 자연재해도 자주 일어난다. 도로를 벗어나면 인적 없는 황무지에 핸드폰 신호조차 터지지 않는 곳도 많다. 서민들은 대개 단층 목조주택에 사는데 담장이 낮고 현관문이

나무로 되어 있는 등 보안시설이 허술한 집도 많다. 게다가 총기사고가 많은 나라여서 본인의 집에 비상시를 대비한 쉘터를 준비하는 이들이 많다. 집 뒷마당에 땅을 파고 가족이 들어갈 만한 작은 벙커를 만들어 여기에 비상식량과 물, 장비, 총기 등을 넣어둔다. 이들을 프레퍼라고 부른다. 제대로 된 벙커공사를 하기 어렵다면 소형 '토네이도 쉘터'를 만들어 설치하기도 한다. 4인 가족이 들어가면 꽉 찰 만한 작은 콘크리트 덮개나 철제 컨테이너를 반지하로 파묻고 흙을 덮어 간단히 만들기도 한다. 좀 더 큰 번화가나 경제적으로 여유 있는 사람들이라면 지하실이나 집 한켠을 특별히 강화설계하여 대피소로 만들기도 한다. 일명 '패닉룸(panic room)' '세이프 룸(safe room)'이라고 하는데, 조디 포스터가 주연으로 나왔던 동명의 영화도 있다. 도둑이나 강도가 침입해왔을 때 즉각 패닉룸으로 가족과 함께 들어가서 경찰이 올 때까지 버틴다. 이런 방은 해적의 위협이 많은 바다를 지나는 민간 대형선박에도 설치되어 있다.

이웃 일본에도 지진이나 태풍 등 자연재난 대비용 지하벙커를 전문적으로 제작하고 판매하는 업체들이 많다. 최근에는 북한의 미사일이 일본 열도를 관통해 날아가며 공습경보가 울리는 일들이 잦아지자 전쟁대비용으로 홍보하며 판매하고 있다. 한국에서도 지하벙커 제조업체가 하나둘 나타나기 시작했다. 비용은 억대이지만 북한과의 전쟁상황을 대비하여 부자들이 개인쉘터를 설치하고 있어 판매가 늘고 있다고 한다.

1. 집주위 대피소 찾기

스마트폰에 '안전디딤돌앱'을 설치하고 '대피소 조회' 메뉴에서 집 주위, 직장과 일터 주위의 대피처를 찾아보자. 그러나 재난이나 유사시 접속자가 많아지면 접속이 잘 되지 않을 수도 있으니, 미리미리 확인해두어야 한다.

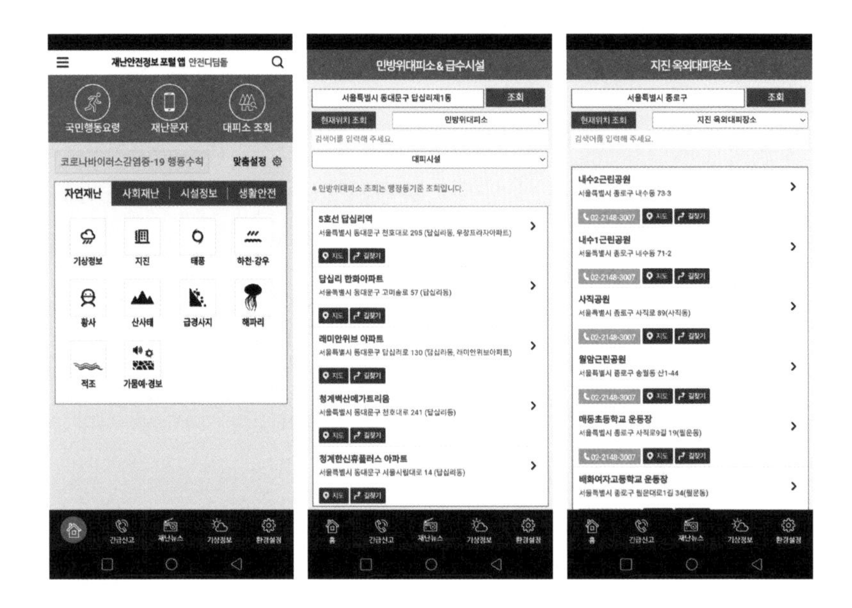

2. 인터넷으로 대피소 찾기

인터넷에서 '국민재난안전포털'로 검색해 들어간다. '민방위→비상시설→대피소'로 들어가서 내 집 주위의 대피소를 검색하면 된다. 대피소로는 주로 인근 건물, 아파트의 지하주차장이 지정되어 있다.

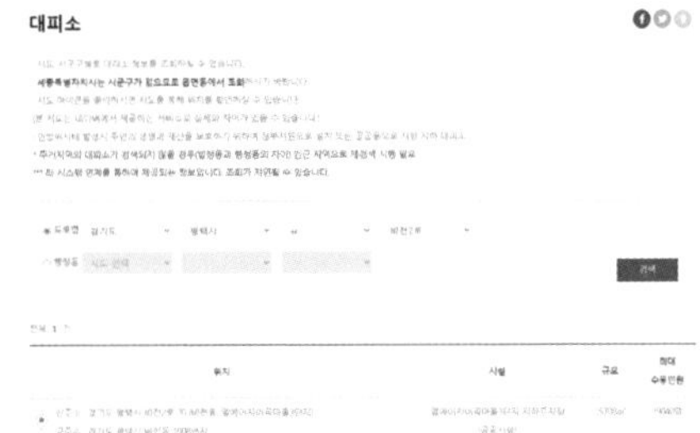

국민재난안전포털 (safekorea.go.kr)

3. 이외 각종 대피시설

1) 주위 학교와 체육관

한국에서 지진이나 수해, 홍수, 태풍, 산불 등의 재난사태 시 이재민들의 임시 단체 대피소로 주로 쓰인다. 대개 주위 학교와 실내 체육관이 지정되며 비바람만 피할 수 있는 정도이다. 남녀노소 구분없이 한 곳에 모여들어 정신없고 시끄러우며 개인 프라이버시는 커녕 눕기도 힘든 열악한 상황이다. 최근에는 개인용 텐트나 칸막이가 추가로 지급되는 등 개선되고 있다.

2) 교회나 노인정, 주민센터

이들 시설은 공공 투표소로도 이용된다. 이재민들을 위한 대피소로도 활용될 수 있을 것이다.

3) 도시 교외지역의 연수원, 원룸, 모텔건물

코로나19 확산으로 한꺼번에 수많은 감염자가 생기자 병원병동이 모자랐다. 정부는 감염자들을 격리치료하기 위해서 교외지역의 국공립 및 기업의 교육연수원 등을 치료병원으로 지정하였다. 민간의 모텔이나 원룸 건물도 통째로 임대했다. 큰 재난이나 유사시에도 민간의 연수원이나 원룸, 모텔 등이 이재민 대피소로 지정될 것이다. 조용한 교외에 있으며 작은 원룸이나 방은 웬만한 편의시설이 다 갖춰져서 당분간 생활하기엔 다른 곳보다 쾌적할 것이다.

4)임시 컨테이너 시설

대형재난 현장에서 풍수해로 집을 잃은 이재민들을 위해 임시 컨테이너 거주시설이 보급된다. 희망브릿지 등 구호전문기관에서 이재민들을 위한 전문 컨테이너 거주시설을 보유하고 있다. 포항지진으로 집을 잃은 많은 이재민이 이 같은 거주형 컨테이너에서 몇 년간 지내기도 했다.

5) 임시 가건물

중국에서는 코로나가19가 확산되면서 감염자 수가 폭증하자 격리시설 문제가 가장 심각한 것으로 대두되었다. 중국 정부는 즉각 대도시 인근 빈터에 병원과 격리소로 쓸 수 있는 대형 가건물을 짓기 위해 총력을 기울였다. 시간이 문제였다. 전국 각지에 최대한 빨리 많이 짓기 위해 샌드위치 패널을 주 자재로 하여 설계와 구조, 자재, 시설을 최대한 단순화하고 표준화하였다. 이를 통해 각지의 도시 외각마다 대형 임시 병원들이 1-2달 만에 완성되었고 큰 효과를 보았다. 우리도 추후 대규모 재난이나 전쟁상황, 북한의 난민이 대량으로 넘어오는 때를 대비해서 이런 방법을 미리 생각하고 설계와 자제, 공법을 표준화하는 준비가 필요하다.

6) 대규모 난민캠프

외국의 내전 현장이나 아프리카의 기근 현장에는 고향을 떠나온 대규모 난민들을 위해서 텐트형 난민캠프가 세워진다. 대형 텐트형이라 많은 이재민을 수용할 수 있는데, 가격이 저렴한 반면 거주 환경은 열악하다. 최근 외국에서는 다양한 크기와 모양, 기능, 재료별로 난민 텐트를 디자인하여 보급 중이고, 가구회사로 알려진 이케아에서도 조립식 난민 텐트를 개발하여 판매하고 있다.

민방공 대피소

우리나라는 북한의 남침 위협이 컸던 70년대부터 집이나 건물을 지을 때 지하실을 유사시 방공호로 쓸 수 있도록 유도했다. 영화 〈기생충〉에 나온 것처럼 반지하 거주 시설도 이 때문에 시작됐다. 서울시청 앞 거대한 공동 지하도는 유사시 임시 서울시청 용도인데, 종로에서 동대문까지 이어지는 긴 지하도로는 인근 주민의 비상시 대피용으로 활용하게 기획되었다. 남산 1호 터널도 유사시 용산과 중구의 시민 각 15만 명 등 30만 명의 대피처로 설계되어 터널 안에 수도와 화장실, 물품 보관 창고 등이 있다. 여의도 환승센터 부지 지하에서도 몇 년 전 커다란 지하대피 공간이 발견되었다. 70년대 말 여의도에서 군사 퍼레이드 행사가 자주 있었는데 행사 중 갑작스런 북한의 공격이 발생했을 때 주요 인사들을 근처 지하벙커로 대피시킬 수 있도록 설계한 것이다. 북한과 중국, 러시아, 우크라이나 등 과거 공산국가들도 핵전쟁을 대비해서 도시 아래 지하도를 방공호 겸용으로 쓸 수 있도록 준비하였다. 지하 구조물의 깊이가 다른 서방국가보다 최소 2-3배 이상 깊게 파 수십미터 혹은 백 미터 아래에 만들어진 것들도 많다.

지하실은 전쟁 시 폭격으로부터 가장 안전하게 몸을 대피할 수 있는 공간이다. 우크라이나 전쟁이 터지자마자 수도 키예브의 많은 주민들은 집 아래의 지하실과 거리의 지하철로 모여들어 폭격을 피했다. 그런데 각 대피소는 방호가 어느 정도 가능한지에 따라 대응수준 등급이 있다.

1. 1등급 대피소

1등급 대피소와 시설은 재래식 포탄과 미사일 공격은 물론 핵무기 공격과 화생방 공격까지 막을 수 있다. 전기나 통신설비, 공기정화설비, 정수설비를 갖춰 전시에도 장기간 거주할 수 있다. 하지만 전국에 몇 개 되지 않는다. 전국에 단 16곳 정도로 총 수용인원은 최대 1만 명 정도에 불과하다. 주로 근래 신축된 서울시청, 성남시청, 양주시청 등 각 지자체 대형 시도청이 여기에 해당한다.

경기도 양주시청 지하 대피소의 경우는 두께가 20센티미터가 넘는 육중한 강철 출입문을 설치하여 핵 충격파는 물론 전자기파(EMP)까지 방어할 수 있도록 준비했다. 화생방전에 대비한 공기정화설비, 오염처리실, 제독실과 자가발전기가 설치되어 생화학전, 핵전쟁도 대비할 수 있다. 최대 1200명의 인원이 들어가서 1개월까지 버틸 수 있도록 설계되었지만 실제로는 부족한 점이 많다. 이 점을 보완하기 위해 비상상황 발생 시 인근 편의점 및 마트로부터 대피자들을 위한 비상식량을 보급받을 수 있도록 협의하고 있다. 평소에는 비상식량이 제대로 준비되어 있지 않다는 뜻이기도 하다. 필자는 민방위 강사로서 각 시도청에 있는 지하대피소에 여러 곳 방문해보았는데, 역시 그 대비 상태가 실망스러웠다. 그런 곳은 평소엔 민방위 교육장으로 활용되고 전시나 비상시에는 해당지역 민방위 기지로 사용된다. 공무원이나 민방위 관계자만 들어갈 수 있고 민간인에겐 출입이 통제된다. 대피소 안은 그리 크지 않으며 실제로는 2-3백 명 정도 들어가면 꽉 찬다. 출입문은 외부 충격을 방어하기 위해서 강철과 콘크리트로 된 수십 센티미터 이상의 강화문이다.

이들 1등급 대피소는 비상시 행정기관 및 공무원의 대피소 겸 지휘소라 민간인은 이용하기 힘들다. 만약의 비상사태가 발생했을 때 국민들이 가야 할 곳은 2-3등급 대피소인 지하철역이나 일반건물의 지하, 지하주차장 정도다.

2. 2-4등급 민방공 대피시설

전국에는 26,000개의 대피소가, 서울에만 3919개의 비상 대피시설이 있다. 그중 2등급으로 분류되는 것은 고층건물의 지하 2층 이하, 지하철, 터널 등이다. 이런 곳은 임시대피 정도만 가능할 뿐이어서 몇 일 이상을 거주하기는 어렵다. 3등급은 거리의 지하상가나 일반

저층 건물의 지하층, 지하 차·보도 등이다. 4등급 시설은 개인주택이나 소규모 건물 지하주차장 등으로 대다수 대피시설이 3-4등급에 집중되어 있다. 그러나 3-4등급 대다수가 민방공 대피소임을 알리는 표지판 표시가 낡아 있고, 더러 표시 자체가 아예 없는 곳도 있어서 인근 주민들이 모르고 지나치기 쉽다.

현행 민방위 기본법상 이런 대피시설은 3.3㎡당 4명이 대피할 수 있는 곳이라고 지정하는데 실현 불가능한 이야기다. 이는 좁은 지하공간에 사람들이 모두 빽빽히 서 있을 경우를 가정한 것으로 앉거나 누울 수가 없다. 현실적으로는 지하공간과 주차장의 사정도 열악하다. 이런 곳은 낮에도 반 정도의 주차 차량이 남아 있기 때문에 실제 대피할 수 있는 인원은 더 적어지게 마련이다.

어쨌든 여러 법규 때문에 우리나라 민방위 대피소 수용률은 인구 대비 170%가 넘고 서울은 무려 225%에 달한다. 언뜻 완벽한 민방공 대피시설을 완비한 것처럼 보이지만 대부분 주위 건물 빌딩의 지하실, 거리의 지하도, 지하상가, 터널 등이 민방공 대피시설에 속한다. 평상시에도 각종 시설과 집기, 주차된 차가 자리를 잡고 있기에 예상 인원만큼의 사람이 들어갈 수는 없다. 잠깐 동안의 공습에만 대비하는 정도다. 재난이나 유사시를 대비한 전문시설–가령 수도나 화장실, 잠자리, 식량저장소–을 갖춘 곳은 거의 없는 셈이다. 일부 상업시설의 주차장 같은 곳은 저녁 10시가 넘어 영업이 종료되면 입구가 아예 잠기는 곳도 많다. 밤이나 새벽에 북한의 도발이 시작되면 어떻게 할 것인가.

서울과 수도권 시민들이 유사시 대피할 곳은 따라서 인근 건물 지하실과 지하도가 가장 적절하다. 서울 지하철 5호선은 설계 때부터 방공호 기능을 강화해서 노선 전체가 더 깊고 역 시설에 비상시 대피할 수 있는 공간과 식수를 비축하는 공간을 마련해두었다. 이 때문에 역 건설비와 운영비가 높았다고 한다. 대피소용의 지하철 역은 깊을수록 공격과 안전에 유리하다. 그래서 노선이 교차해서 만나는 환승 노선과 한강 아래를 지나는 노선의 좌우 역사들이 더 깊고 대피에도 유리하다.

그러나 이런 시설조차 수도권에만 몰려 있는 실정이다. 지방에는 대피소가 아예 없거나 너무 멀리 지정된 곳이 반 이상이다. 한국민 1천만 명, 국민의 5분의 1은 전쟁이 나도 주변에서 피할 곳을 찾을 수 없다는 뜻이다. 2022년 11월, 북한의 미사일 도발로 아침 9시 울릉도에 실제 공습 사이렌이 울렸다. 공무원들은 지하벙커로 바로 대피했지만 대부분의 주민은 대피할 곳이 없어서 당황했다는 사실이 이 같은 씁쓸한 현실을 상징적으로 보여준다.

3. 개인 전용 대피소

서울 서초구의 한 초호화 빌라는 민간 건물 중 유일하게 지하 방공호가 있는 것으로 유명하다. 재벌회장과 전문직, 정치인, 유명 인기인 등 거부들이 살며 요리 사업가 백종원 씨의 집도 있는 유명한 곳이다. 건물 지하 4층에는 핵공격 및 방사능과 생화학 무기 공격도 막아낼 수 있는 커다란 입주민 전용 지하벙커가 설치되어 있다. 그 안에는 최첨단 공기정화시설과 다량의 식량, 식수가 준비되어 있어 몇백 명이 몇 달간 버틸 수 있다고 한다. 개인의 사설 대피소로 철저히 통제되며 비상시 입주민 가족과 허가된 지인만 들어갈 수 있다. 평소 일반인의 출입조차 엄격하게 금지하는 곳으로 유명하다. 최근 한국에도 이 같은 개인전용 대피소가 늘어나는 추세다.

4. 개인 벙커(앤더슨식 쉘터)

2차대전 때 영국은 독일군의 V1 신형 무인드론과 V2 지대지 로켓의 폭격을 받고 큰 피해를 입었다. 이런 신무기들은 한밤중 아무런 경고나 공습 사이렌도 없이 날아와 도시를 강타했고 런던의 수많은 건물이 붕괴해 민간인 피해가 속출하였다. 이에 영국 정부에선 독일의 공습에 대비하고자 가정용 혹은 개인용 미니 방공호를 개발하여 각 가정의 마당 한켠에 만들도록 지원했다. 이를 '앤더슨 쉘터'라 부른다. 이것은 존 앤더슨이라는 과학자에 의해 고안된 것으로 반지하로 땅을 판 후 길이 2미터, 폭 1.5미터의 반원형 강관을 지붕으로 삼고 위에는 흙을 두텁게 덮는 구조물로 단 몇 명이서 쉽고 빠르게 만들 수 있다. 앤더슨 쉘터는 기본 4명에서 최대 6명을 수용할 정도로 작은 규모라 안에 들어가려면 몸을 웅크려야 한다. 평상시엔 쉘터 안쪽에 의자, 간이침대, 선반을 만들어두고 각종 비상용품을 박스에 넣어 보관하다가 공습과 폭격이 시작되면 일가족이 서둘러 안으로 대피했다. 반지하라서 언뜻 보면 무덤 같지만 옆 건물이 무너지고 불타는 치열한 도시폭격 상황에서도 많은 민간인을 구한 것으로 알려졌다. 미국에선 지금도 개인들이 자기집 뒷마당에 이런 소형의 간이 개인벙커나 쉘터를 많이 만든다고 한다. 자재와 방식은 예전보다 고급스러워졌지만 기본적인 형태와 주제는

2차대전중 런던 시민들을 보호하기 위해 개발된 앤더슨식 가정용 벙커

비슷하다.

5. 개인용 중간 베이스캠프

일종의 개인 쉘터로서 나만의 물자 보급 기지로 사용할 수 있다. 72시간 생존배낭은 한계가 있다. 가장 중요한 물조차 무거워서 많이 넣을 수 없다. 우리가 집에서 나와 안전지대로 이동하거나 대피할 때 요긴하게 사용할 수 있는 나만의 비밀물자 보급기지를 만들어야 하는 배경이다. 에베레스트산을 오르는 프로 등반가들도 오르는 길 곳곳에 베이스캠프를 만든다.

베이스캠프라고 해서 거창한 것은 아니다. 20리터 플라스틱 통에다 물과 통조림, 초코바, 옷과 신발, 양말, 배터리, 각종 장비 등을 넣어두고 숨겨두는 것도 소박한 베이스캠프다. 이런 물품을 땅에 파묻고 그 위에 작은 표식을 할 수도 있다. 가장 간단하게는

2-5리터 페트병에 물이나 쌀, 과자, 설탕 등을 넣어서 땅에 묻어도 된다. 좀 더 크게 한다면 낡은 중고 승합차를 사서 안에 식량과 물, 침낭, 옷, 필요한 장비 등을 넣은 후 통행이 적고 인적이 드문 도로 한켠에 주차해두어도 좋다. 시골이나 지방에 방 한 칸이나 원룸을 년세로 빌려서 필요한 것을 넣어둘 수도 있다.

6. 일반건물, 아파트

우리가 평소 살고 있는 아파트나 빌딩은 그 자체로 아주 튼튼한 요새이다. 철근 콘크리트 구조에 각각의 방들이 벌집 형태로 층층히 이어져 외부 충격에도 아주 강하다. 아파트조차 내력벽과 기둥의 두께가 30센티미터에서 1미터에 달한다. 기본적인 내진설계가 적용되어서 웬만한 지진이나 쓰나미, 심지어 핵폭발 등의 엄청난 외부 충격에도 잘 버틴다. 2차대전 말 일본 히로시마와 나가사키에 떨어진 15-20kt급의 핵폭발로 주위 목조주택들은 모두 다 날아가 버렸다. 하지만 철근 콘크리트 건물들은 의외로 많이 형태를 유지했다. 비상시 집 안에 대피하고 있는 것만으로도 안전하고 생존확율이 높다는 뜻이다. 도시 내 대부분의 민간 대피소들은 보급 상태가 열악하다. 이 점을 생각하면 우리 집 안에서 버티는 것이 더 좋은 전략일 것이다. 식량과 물만 충분히 준비되어 있다면 말이다.

다음 그림은 각 건물별과 실내 위치별로 핵폭발 충격과 방사능 안전도를 도표화한 것이다. 야외에서 무방비로 노출되었을 때를 1로 하여 허름한 목조주택 안에만 들어가도 3배로 안전도가 향상된다. 지하실은 10배이며 건물이 커질수록, 안쪽으로 깊이 들어갈

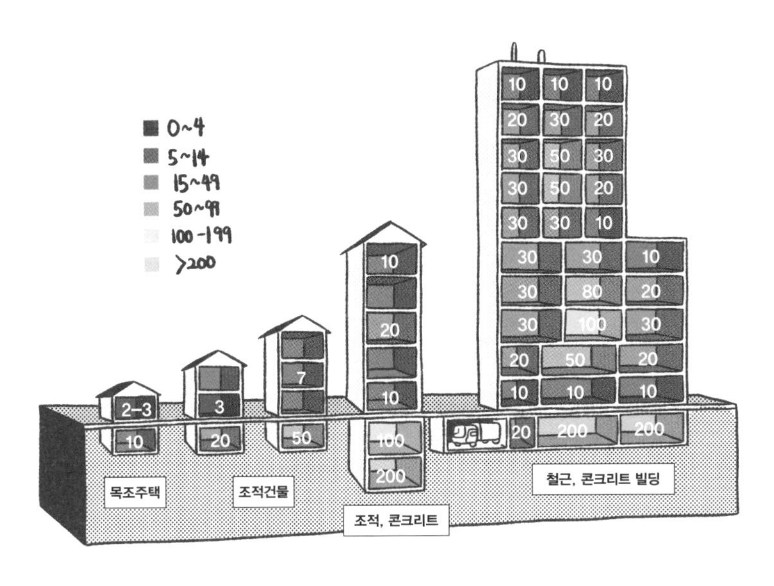

건물별 핵폭발 충격 및 낙진 피해 안전도, 점수가 높을수록 안전함 (로렌스 리버모어 국립연구소)

방사능 낙진의 시간별 감소도

핵폭발 후 경과 시간	강도
H + 7시간	1/10
H + 48시간	1/100
H + 2주	1/1000

강도는 H+1 시간의 강도를 기준으로 한 것임

수록, 지하실이 깊어질수록 안전도는 200배까지 높아진다. 다만 창문이 있거나 직접적으로 공격받는 면은 약해지니 반대 방으로 대피해야 한다.

핵폭발 시의 방사능 노출에 대해서도 막연히 무서워할 필요가 없다. 방사능의 777법칙이 있다. 핵폭발후 첫 7시간이 지나면 방사능 노출 강도가 1/10로 줄어든다. 이후 7의 7제곱으로 시간이 지날수록 강도는 1/10씩 더해서 약해진다. 가령 7일이 지나면 방사능 노출 강도은 1/100로, 7의 3제곱인 2주 후에는 1/1000로 줄어든다는 뜻이다. 방사능 오염물질이 바람과 비에 섞여서 흩어지거나 반감기가 줄기 때문이다. 실제 상황에선 집이나 지하실에서 일주일만 버틴 후에 밖으로 나와도 이동에 큰 무리가 없다. 우비나 방수옷, 방독면과 마스크를 착용했다면 이동이 좀 더 빨라질 수 있다.

대피 가이드

생존배낭을 준비하는 최종 목표는 안전한 대피처나 쉘터까지 갈 수 있도록 하기 위함이다. 비상시 바로 달려갈 수 있는 집 주변, 직장 및 일터 주변에 대피소나 안전지대를 만들어놓도록 한다.

대피소 가이드

안전 대피처는 지진, 쓰나미, 전쟁 등 재난상황마다 달라진다. 하지만 어느 곳이든 실제로 가서 눈으로 확인해 보면 당신의 생각과 크게 달라서 실망할지도 모른다. 아마도 생존배낭의 필요성을 더 절감하게 될 것이다.

1. 원칙

- 대피소엔 원칙적으로 사람만 들어갈 수 있다. 개, 고양이 등 반려동물은 제외된다.

- 대피소로 주변의 실내체육관, 학교, 노인정, 군부대 막사 등이 임시 제공된다.
- 한국 내 전쟁 대피소는 1-4등급으로 나뉜다. 화생방 대비가 되는 1등급은 전국에 몇 개 되지 않으며 이도 유사시 민방공 지휘소로 활용된다. 공무원, 민방위 담당자 등 관계자만 들어가게 된다.
- 민간인이 유사시 대피할 수 있는 곳은 주위 건물의 지하, 지하주차장, 지하도이다.

2. 현실

- 대부분의 대피소 안엔 아무런 준비도 물품도 화장실도 물도 없다.
- 좁은 장소에 갑자기 많은 사람이 섞이면 혼란스럽기 쉽다. 처음부터 여자, 아이, 노인, 가족, 반려동물, 동행가족 등 방이나 칸을 구분해서 구획하고 같이 있을 수 있도록 해야 한다.
- 잠시라도 편히 쉴 수 있도록 간단한 개인공간을 만들어야 한다. 임시용이라도 텐트나 종이박스, 천 등을 이용해서 구획을 나누고 주위의 시야를 가리도록 한다.
- 외부 구호물자도 가는 곳만 가고 외진 곳이나 소규모 대피소 등은 조달이 어렵다. 대피소 간에 생존경쟁과 빈익빈부익부 현상이 생기는 것을 막아야 한다.
- 먹거리나 물, 용품 등을 더 달라고 항의하는 사람들을 마주치게 될 것이다. 어떻게 대응할지 미리 생각해둔다.

3. 관리

- 외부에서 식량이나 생수, 옷 등 구호물자가 정신없이 도착하기 시작할 것이다. 관리자를 지정해서 리스트와 날짜 등을 장부에 기록하며 정리해야 한다.
- 부족한 점들을 미리 생각하고 준비해둔다. 식량과 물은 구호품으로 계속 들어오지만 식기나 휴지, 여성용품, 속옷 등은 감감 무소식일 수도 있다.
- 대피장소는 사람이 많이 모일수록 위생에 특히 더 신경써야 한다. 화장실, 세면장, 주방 등을 항상 청결히 하고 수시로 청소해야 한다. 물이 없더라도 청소를 할 수 있는 방법을 찾아 가능한 한 깨끗하게 관리하자.
- 사람이 많아질수록 분위기가 험악해지거나 싸움, 다툼, 도둑질 등이 빈번해질 수 있다. 질서와 치안 유지에 신경써야 한다.
- 대피기간이 길게 이어지면 큰 스트레스와 공포, 배고픔으로 사람들 사이에 다툼과 싸움, 험악한 분위기가 조성될 수 있다. 사람들의 스트레스를 풀 수 있게끔 조치해야 한다. 운동, 퀴즈, 직소퍼즐, 책보기, 교육과 강의 등 프로그램을 만들어보자. 무엇보다 중요한 것은 구성원 각자에게 임무와 역할을 부여하는 것이다.
- 대피소 운영 첫날부터 접수대를 만들고 이재민 접수 업무를 한다. 모두의 명단과 카드를 만들고 지급한다.

대피 시 탈 것과 이동수단

집이 가장 안전하고 현실적인 대피처이지만 급히 떠나야 할 수도 있다. 예기치 않은 상황 속에서 우리집 승용차를 쓰지 못할 수도 있다. 가족들과 같이 안전하게 이동할 수 있는 모든 수단을 미리 생각해두어야 한다.

1. 자가용

큰 지진이나 수해, 전쟁 등 비상시에는 도로가 파괴되거나 통제되기 쉽다. 자동차를 타고 안전지대로 이동하는 것이 가장 좋겠지만 생각대로 되지 않을 가능성도 고려해야 한다. 2020-22년까지 코로나19 사태에서 중국은 우한시부터 상해까지 수천만 명이 사는 많은 대도시를 수시로 통제하고 봉쇄하였다. 차가 다닐 수 있는 도로와 기차역, 공항은 모두 봉쇄하고 집에만 머물도록 강요했다. 내가 차를 타고 대피할 때도 여러 가지 사정이 생기고 이동이 제한될 수 있다. 이런 불상사를 피하려면 남보다 일찍 출발해야 한다. 아울러 차에 펑크 수리키트나 공구 등을 미리 챙겨두자. 연료통과 물통도 비상시 구하기 어려운 품목이므로 사전에 미리 준비하고 있어야 한다. 연료는 평소에도 늘 반 이상 유지하도록 한다.

2. 대중교통

비상시에는 개인의 차를 몰고 도로에 나가기 힘들 수도 있다. 그러나 최악의 상황에서도 정부는 시민들의 안전한 이동과 대피를 위해 버스, 지하철, 기차 같은 대중교통을 최대한 유지해줄 것이다.

평소 지하철이나 버스를 타지 않는다 하더라도 교통카드를 만들고 사용법을 알아둔다. 교통카드나 잔돈이 없다면 혹은 통신과 전기가 끊긴다면 만 원, 5만 원권짜리 현금으로 교통요금을 내야 할 것이다. 현금을 종류별로 준비해야 하는 이유다.

집, 회사, 일터 그리고 도시 외각으로 나가는 지하철과 버스 노선, 환승역, 시간 등을 미리 숙지해둔다. 환승역은 몇 개 층이 교차되면서 계단과 노선, 출입구가 많아 복잡해서 평소에 잘 이용하지 않던 사람에겐 적응하기 어려운 장소일 수 있다. 평소에는 좀 늦어져도 큰 문제가 아니지만 비상시나 사람이 많이 몰릴 때엔 군중에 떠밀리거나 남을 따라 다른 곳으로 가기 쉽다. 최대한 정확한 경로를 알아두어야 한다. 또 하나, 지방으로 가는 기차나 고속버스 표를 남보다 한 발이라도 빨리 예매해야 할 순간이 올 수 있다. 핸드폰에 KTX, SRT 예약 앱을 미리 설치하자.

3. 자전거

자전거는 대피 시 가장 손쉽게 이용할 수 있는 교통수단이다. 무작정 걸어서라면 오래 가지 못할 수 있다. 금세 지치거나 다리가 아파서 멈추게 될 터다. 무거운 배낭과 장비들, 캐리어, 아이, 반려동물까지 있다면 주저앉아 울고 싶어질 것이다. 이럴 때 걷기보다 허름한 자전거라도 타게 되면 훨씬 편하고 빠르게 이동할 수 있다. 훈련이 안 된 일반인이라도 평소에 꾸준히 자전거를 이용해왔다면 하루 100킬로미터까지는 너끈히 자전거를 타고 이동할 수 있다. 웬만한 비상상황에서 위험지대를 탈출할 수 있는 수준이다.

큰 도로가 차로 막히거나 봉쇄되더라도 2차선 지방도나 작은 뒷길, 논밭 사이의 오솔길, 농로로 이동할 수 있고 지도에 없는 지름길로도 갈 수 있다. 자전거 뒷자리에 한 사람 정도 쉽게 태울 수도 있다. 하지만 그 전에 자전거에 약간의 장비를 해두자. 자전거에 바구니와 뒷안장, 물통 수납함, 공구백, 펌프 등을 미리 설치해두거나 최소한 준비해둔다. 굳이 고가의 자전거일 필요는 없다. 우리가 일상에서 타는 생활용 자전거나 유사 MTB로도 충분하다. 다만 바퀴가 얇은 고속 위주의 사이클이나 기어가 없는 자전거는 좋지 않다. 오르막이나 비포장길, 파편이 많은 길을 가기에는 오프로드 타이어에 기본 변속기어만 있다면 충분하다.

좀 더 전문적으로 대비하고 싶다면 자전거에 장착하는 50CC 엔진키트를 준비할 수 있다. 예전에 쌀집 배달 자전거 용으로 쓰던 것으로 조그만 가솔린 엔진을 바퀴에 장착해 구동한다. 무거운 짐을 싣거나 사람을 태우고 이동하거나 힘을 절약하는 데 좋다. 엔진키트는 지금도 인터넷 마켓이나 해외직구로 쉽게 구할 수 있으며, 유튜브로는 장착법을 배울 수 있다. 이렇게 해두면 오토바이처럼 편하게 쓸 수 있다. 휘발유도 전국 어디서든 구할 수 있지만 엔진 소음이 너무 크고 요란해 주위의 이목을 집중시킬 수 있으니 주의하자. 한편으로 배기량이 너무 큰 것은 법적인 문제도 있다. 이럴 땐 배터리와 모터를 이용한 전동키트로 대체해도 좋다. 작동 시에도 조용하고 전기만 들어온다면 어디서든 콘센트에 연결해 충전하면 된다. 단지 상대적으로 좀 더 고가이고 1회 충전 시 이동거리의 제한이 있다는 점이 다르다. 어느 타입이든 타이어 펑크 우려를 대비해서 직접 수리할 수 있는 타이어펑크 수리키트와 미니 펌프, 수리방법만큼은 미리 준비하고 익혀두어야 한다.

4. 오토바이

2020년 코로나19 전염병이 전 세계로 급격히 확산되면서 전 세계는 상상을 초월하는 피해를 입게 되었다. 각국 정부는 도시 내의 도로와 철도를 모두 차단하고 도시봉쇄 조치를 실시했다. 중국과 인도는 특히 조치가 강력했는데, 몇 주를 넘어 몇 달 동안 도시봉쇄가 이어졌다. 식량과 숙소, 여윳돈을 충분히 준비하지 못한 많은 시민이 극심한 고통을 겪기도 했다. 인도의 한 도시에선 일하러 나갔다가 도시봉쇄로 갇혀버린 아들을 만나기 위해 고향에 있던 엄마가 낡은 스쿠터를 타고 찾아나선 일이 화제가 되었다. 그녀는 작은 지도를 쥐고 낡은 스쿠터를 몰아 아들이 있는 도시로 향했다. 엄마의 스쿠터는 일주일을 넘게 비포장길 수백 킬로미터를 달렸고 결국 아들을 만나서 뒷자리에 태운 후 다시 고향에 무사히 돌아올 수 있었다.

이처럼 오토바이와 스쿠터는 일상용 외에도 비상시에 도로가 파괴되고 봉쇄되거나 차를 이용하기 힘들 때 개인이 쓸 수 있는 가장 좋은 교통수단이다. 전 세계적으로 가장 많이 팔리는 혼다 커브 기종은 10억 대 이상 팔린 것으로 자전거 수리점에서도 쉽게 고칠 수 있을 만큼 정비성도 편하다. 반자동 기어라 운전이나 변속도 쉽고 연비도 휘발유 1리터당 50킬로미터에 달한다. 이 때문에 평소 배달용으로 많이 쓰지만 그만큼 비상시의 이동과 대피에도 최적화되었다. 혼다 커브는 오토바이계의 AK47이라고 불릴 만큼 고장율이 낮고 운전도 쉬우며 대량 보급되어 있는 기종이다. 한국에서는 시티백, 시티에이스, 에스코트, DD110 등 여러 이름으로 라이선스 생산되어 저렴하게 팔리고 있다. 오토바이가 처음이라면 새것보다는 중고로 구입해서 연습해보자.

오토바이, 스쿠터는 자전거보다 훨씬 빠르고 기동성이 좋다. 실을 수 있는 짐의 양도 많아서 캠핑용으로 쓰는 사람도 많다. 뒷자리에 한 명은 기본으로 태울 수 있고 인도나 동남아시아에선 약간의 개조로 일가족 4-5명도 태우고 운행하는 사진들을 쉽게 볼 수 있다. 자전거만 탈 줄 안다면 스쿠터도 쉽게 배울 수 있지만 몸무게 중심을 이동해 코너를 돌고 손잡이 스로틀을 조절하는 방법, 차 사이를 운행하는 방법 등은 1-2달 정도의 익숙해지는 기간이 필요하기 때문에 비상시에 바로 타기는 힘들다. 평소 미리미리 연습해봐야 하는 이유다.

흔히 오토바이는 위험하다는 말에 대부분 사람들은 아예 쳐다보지도 않는다. 그러나 비상시엔 오토바이만 한 게 없다. 나도 불과 몇 년 전에야 중고 오토바이를 사서 타게 되었는데 그간 별다른 사고 없이 안전하고 재미있게 탈 수 있었다. 헬멧과 장갑, 무릎, 팔꿈치 보호대 등 기초 안전장비를 갖추자. 2륜 오토바이의 특성을 익히고 차들과 흐름을 맞춰서 같이 안전 운행한다면 크게 위험하지 않다. 비상시 바로 탈 수 있도록 미리 타보며 익히자.

5. 킥보드

킥보드는 아이들이나 타는 것이라고 평가절하하기 쉽지만 비상시 의외로 유용한 탈것이다. 어른용으로 나오는 킥보드는 좀 더 큰 바퀴와 발판, 앞뒤 충격 흡수장치를 갖추고 살짝만 밀어도 쉽게 나아간다. 무게도 7킬로그램 대로 가벼워서 차 트렁크 안에 보관하거나 들고다니기도 좋다. 나도 당근마켓에서 중고로 저렴하게 구입해서 차 트렁크에 보관 중이다. 비상용으로 사람이 타지 않더라도 무거운 물건이나 물통을 발판에 얹어 이동하는 데도 정말 유용하다. 단수 시 20킬로그램 물통을 받아올 때도 그냥 들고 오기는 힘들지만 킥보드에 실어서 이동하면 훨씬 수월하다. 킥보드는 구조가 간단해서 고장도 적고 버스나 전철 등 지하철에 들고 타는 것도 부담이 적다.

일반 킥보드 대신 요즘 유행하는 전동 킥보드를 준비하는 것도 좋다. 모터와 배터리로 최소 10킬로미터에서 100킬로미터까지 주행할 수 있다. 오르막도 쉽게 오르고 먼 거리를 빨리 이동할 수 있다. 길거리 공유 킥보드를 타는 이들 중에는 불법이지만 한 대에 두 명이 타기도 한다. 도시 내의 이동과 피난길에선 전동 킥보드도 나름대로 쓰임새가 크다. 직접 사는 것이 부담스럽다면 길거리 곳곳에 있는 공유 킥보드를 사용해보자. 필요 시 바로 쓸 수 있도록 미리 핸드폰으로 회원가입을 해두고 사용과정을 알아둔다. 평소 쓰지 않더라도 비상시 사용할 수 있도록 미리 준비해두는 것만으로도 든든할 것이다. 어떤 킥보드를 쓰든 대피할 때엔 걷는 것보다 훨씬 큰 도움이 된다. 비슷한 것으로 스케이트보드도 있지만 익숙해지는 데 시간이 더 걸릴 것이다. 손잡이와 브레이크가 있는 킥보드가 안전도 더 낫다.

대피 시 문제점들

전투에서 가장 큰 피해가 날 때는 전투 당시가 아니라 패해서 도망갈 때다. 유능한 지휘관은 질서정연한 후퇴를 항상 고민한다. 당신도 대피 시 생각지도 못한 여러 문제점과 갖가지 장애물들이 튀어나와 앞길이 막히는 경험을 하게 될 것이다. 지금 5분간의 고민이 비상시 노상에서 5시간 동안 헤매고 시간을 허비하는 문제를 막아줄 것이다.

1. 도로문제

지진, 홍수, 태풍 등 재난 시 도로가 일부분 혹은 상당 부분 크게 파괴될 수 있다. 부러진 전봇대와 꺾인 도로 표지판에선 불꽃이 튀기고 고압 전선들도 늘어져 있을지 모른다. 멈춰서 버려진 차량들도 장애물이 된다. 심지어 교량이나 육교도 상판이 붕괴해서 주저앉아 커다란 콘크리트 더미만 남아 있을지 모른다. 우크라이나 전쟁에선 러시아군의 집중 폭격으로 우크라이나의 거의 모든 다리들이 주저앉았다. 피난하는 사람들은 그 밑으로 조심스레 지나가야 했다. 1994년 일본 고베 대지진에서는 수백 미터의 고가도로가 통째로 옆으로 쓰러지기도 했다. 전쟁 시에는 더 위험하고 골치 아파질 것이다. 도로 곳곳에 몰래 매설된 지뢰와 바리케이트, 부비트랩 그리고 사람과 동물들의 사체가 길을 막고 있을지도 모른다. 우크라이나전에서도 도로 위에 세숫대야만 한 대전차 지뢰들을 마구잡이로 뿌려놓은 모습이 자주 목격되었다.

2. 도로차단

유사시엔 정부와 군경에 의해서 주요 도로와 고속도로가 차단되기 쉽다. 전쟁 시에는 후방의 군수물자와 동원 예비군들을 수송하는 게 최우선으로 국가의 존망이 걸린 문제이다. 이를 위해서 상행선은 물론 하행선까지 민간인들의 차량을 모두 통제할 확률이 크다. 코로나19, 메르스 같은 급성 신종 전염병 상황이 재발한다면 타 도시로의 전염 확산을 막고자 시민의 도로 통행은 물론 집 밖으로 외출조차 못하게 강압할 수도 있다.

3. 연료문제

간과하기 쉬운 것 중 하나가 차량의 연료문제다. 많은 차량이 연료게이지 경고등이 들어올 때까지 운행한 다음에야 가까스로 주유소를 찾는다. 고유가가 지속되는 상황에선 주유할 때도 3만 원, 5만 원 등 소량으로만 자주 주유하는 경향이 있다. 상당수 차량이 평소 평균 1/3 정도의 연료량을 보유하고 있으며 바닥 근처인 경우도 많을 것이다. 그러다 갑자기 재난상황이 된다면 연료를 넣기 위해서 많은 차량이 근처 주유소로 몰릴 텐데, 여기에 분위기에 편승해온 차량까지 합류하게 된다. 주유소 주위는 기다란 대기차량 행렬로 막히고 언제나 내 차례가 올지 가늠하기 힘들 것이다. 미국이나 일본에서도 초대형 태풍이나 허리케인, 지진 등이 일면 가장 먼저 마트와 주유소에 사람들이 몰려 붐비게 된다. 또한 지진·재난을 피해 집을 나와서 차 안에서 식구들과 머무르는 경우도 있다. 하지만 히터 작동으로 계속 시동을 켜놓는 경우 연료 게이지는 다음 날 바닥을 가리키게 될 것이다. 대부분의 차는 시동만 걸어놔도 한 시간에 0.7-1리터 정도의 연료를 소모한다.

4. 적재 문제

2016년 1월 북한이 4차 핵실험을 강행한데 이어 2월 장거리 미사일을 발사해 남북 관계가 급냉하자 바로 개성공단 전면 중단 조치가 발표되었다. 이에 북한 측도 남측 인원 추방과 자산동결로 맞받았다. 개성공단 내의 한국 업체들과 관계자들은 사전 협의나 예고도 없는 갑작스레 무조건 철수 명령을 들어야 했고, 2일 내에 전원 남측으로 탈출해야 했다. 이들은 가능한 한 많은 장비와 물자를 가져오고 싶어 했지만 마땅한 트럭이나 수송장비가 없었다. 어쩔 수 없이 자신들의 출퇴근용 승용차의 본넷, 지붕 위, 트렁크에 몇 미터 높이로 물건박스를 적재하고, 테이프로 여러 겹 동여 매어 겨우겨우 빠져나올 수 있었었다. 시리아 내전으로 도시가 초토화되자 많은 피난민이 탈출하기 시작했다. 이들은 작은 승용차에 일가족 모두를 태우고 지붕 위에도 철제 바스켓을 장착하여 최대한 많은 식량과 물, 장비, 이불 등을 우겨 넣고 출발하였다.

재난상황은 언제 끝날지 아무도 모른다. 지진과 같은 큰 재난이라면 몇 달, 전쟁이나 내전이라면 몇 년을 끌 것이다. 하지만 대피한답시고 식구들과 반려견, 먹을 것과 이불, 조리도구, 값나가는 장비들을 승용차 안에 모두 넣기는 불가능하다. SUV나 RV, 트럭인 경우는 짐을 많이 실을 수 있지만 승용차는 공간이 부족하다. 사전에 승용차에도 많은 짐을 달 수 있는 방안을 생각하고 준비해놓아야 한다. 승용차용 소형 견인식 트레일러나 루프탑 캐리어 등을 준비하는 것도 좋은 방법이다.

노약자 및 반려동물 대피

계단으로 내려가는 것조차 어려운 경우도 생길 수 있다. 특히 노약자나, 장애인, 반려동물들이 있다면 대피시간도 더 걸리고 훨씬 힘들게 된다. 그래서 같이 대피하는 방법들을 단 하나라도 더 생각하고 준비해두어야 한다. 막연히 무섭고 불편하다고 외면하면 할수록 아무것도 못 하게 된다.

1. 반려동물, 어떻게 할까?

현재 한국에서 개, 고양이 등 반려동물을 기르고 있는 집은 604만 가구에 반려인은 1천500만 명에 달한다. 전체 인구의 30%나 되는 가정에서 개나 고양이 등 애완동물을 자식처럼 키우고 있다. 이런 상황에서 갑작스런 대피나 피난과정 등 비상사태가 발생하면 반려인들은 고민이 많아진다. 우크라이나 전쟁에서도 대피소에 간 많은 군중 가운데 겁을 먹고 잔뜩 움츠려든 개와 고양이들의 사진이 공개되었다. 큰 폭음과 불길, 인파로 시끄러운 도로 등 집을 떠나 만나게 된 낯선 상황을 동물들은 도무지 이해하지 못할 것이다. 반려동물이 불안하지 않도록 필요한 것들을 미리 고민하여 준비하라.

가장 먼저 알아야 할 것은 사람들이 모인 재난대피소나 민방공대피소로는 공식적으로 애완동물을 데리고 갈 수 없다는 점이다. 2022년 8월 제주행 비행기 안에서 아기가 운다는 이유로 옆자리의 남자가 부모에게 한참동안 욕설과 폭언을 한 사건이 있었다. 만약 동물들이 스트레스를 받아 계속 짖거나 울거나 할퀴려 한다면 비슷한 상황이 벌어질 수 있다. 심지어 다같이 쫓겨나거나 입장과 보급에서 뒤로 밀리게 될지도 모른다. 반려동물을 집에 놓고 가는 상황과 데리고 가는 상황 두 가지로 생각하고 준비해야 한다.

행정안전부의 '애완동물 재난대처법'에 따르면 비상시 동물 소유자들은 동물을 자발적으로 대피시켜야 한다. 그러나 '애완동물은 대피소에 들어갈 수 없다'라고 명시되어 있다는 것도 알아야 한다. 실제로 사람만으로도 복잡한 좁은 대피소에서는 주위 사람들이 애완동물을 거부할 확률이 높다. 시각장애인용 개는 법적으로 허가된 것이지만, 역시 실제 상황에서는 장담할 수 없다. 비상시 좁은 대피소에 사람들이 많이 모이면 동물들도 스트레스가 커져서 예민하게 반응하게 마련이다. 짖거나 끙끙거리거나 할퀴거나 으르렁거리다가 심하면 갑자기 난폭해지거나 물 수도 있다. 악의가 없는 행동이라도 주위 사람들은 짜증을 내거나 겁을 낼 수 있다. 또 동물들의 털 알레르기가 있는 사람도 있을 것이다. 무엇보다 비좁은 곳에서는 사람의 안전이 최우선인데 만약 애완동물이 조금이라도 위협적이거나 예민한 행동을 하는 등 해를 끼친다면 바로 수용 거부나 격리 명령이 떨어질 수도 있다.

재난이 잦은 외국에선 오래전부터 이 문제를 공론화해 법규로 명문화했다. 미국 연방재난관리청은 반려동물 대피 방법을 시민대피 매뉴얼에 포함시켰다. 만약 허리케인이 접근해 대피명령이 떨어지면 동물보호단체들과 협력해서 동물피난소를 설치하고 주인이 올 때까지 애완동물을 보호한다는 방침이다. 국제동물보호단체도 재난 발생 시 반려동물 피난 방법을 홈페이지에 소개하고 있다. 또한 주한미군은 한반도 내 비상시 미시민권자 22만 명을 해외로 탈출시키는 민간인 대피작전(NEO작전)이 실행된다. 이때 민간인들을 비행기로 이동시키면서 애완동물도 가족으로 인정해 같이 대피시키며 보호 케이지와 10일 분의 사료를 제공한다. 비좁은 수송기 내에서도 사람 대신 반려동물의 자리와 식량을 확보하는 것이다.

2. 애완동물을 집에 놓고 가는 상황

우리가 비상식량을 준비하는 것처럼 애완동물 사료도 미리 몇 달치 여유있게 준비해둬야 한다. 없으면 사람이 먹을 걸 나눠줘야 하는데 서로 곤란하다. 참고로 동물 사료는 비상시 사람이 먹을 수도 있다. 최악의 경우 어쩔 수 없이 반려동물을 집 안에 놓고 대피할 때는 곳곳에 큰 그릇과 세숫대야 등에 사료와 물을 충분히 놓고 수도꼭지를 살짝 틀어서 물이 졸졸 흐르게 해둔다. 그리고 집을 나설 때는 집 앞이나 대문에 개가 있다는 표시를 해두거나 글을 적어둔다. 추후 구조대를 위해서나 들어오는 사람이 놀라지 않게 배려하는 것이다. 또한 이렇게 표시를 해두면 내가 오랫동안 돌아오지 못할 경우가 생겨도 인근 주민이나 자원봉사자들이 들어와 사료를 챙겨줄 수 있다. 우크라이나 전쟁에서도 지역 봉사단체가 집에 홀로 남겨진 동물들에게 물과 먹이를 공급했다.

만약 대피 시 너무 다급해 반려동물들을 챙기지 못할 때도 최소한의 대비는 해야 한다. 한국도 매년 봄에 울진, 강릉 등 동해안 산불이 점점 더 심해지고 있다. 대형 산불이 한순간 인근 마을을 연쇄적으로 덮치면서 묶여 있던 가축과 개들도 큰 피해를 입었다. 때문에 비상시 대피할 때는 집 안 축사의 문을 열어주고 개의 목줄도 풀어서 도망가게 해야 한다. 집 앞 논이나 밭으로만 도망가게 해줘도 큰 도움이 된다. 비상시 이들을 어디로 이동시킬지 미리 생각해보자.

3. 애완동물을 데리고 가는 상황

비상시 애완동물을 데리고 대피해야 할 때는 생존배낭이나 캐리어에 필요 물품을 준비한다. 5일 분의 사료, 운반용기, 목줄, 입마개, 오물 수거용 비닐봉지, 예방접종을 받은 이력 정보와 전용 약품들이다. 또 대피소나 역사 등 사람들로 번잡한 곳에서 주위 사람들의 거부감을 줄이기 위해 귀여운 옷이나 장신구를 챙기는 것도 좋다. 좋아하는 개껌이나 츄르 등 간식도 미리 챙겨두자.

대피 중 애완동물을 잃어버리는 상황도 대비하라. 미리 여러 각도에서 사진을 찍어 출력해놓는다. 사진 뒷면에는 반려견의 이름, 품종, 몸무게와 키, 주인의 주소와 이름, 연락처, 찾아주면 사례할지 여부, 부르면 반응하거나 좋아하는 단어 등을 자세하게 적어둔다. ID정보칩이나 인식줄은 꼭 매달아주어야 한다.

4. 노약자와 환자, 장애인 대피

한 시민단체에서 국내의 재난대피소를 조사해본 바 대피소 대부분이 장애인에 대한 배려를 하지 않음이 밝혀졌다. 가령 대피소 안이나 지하층으로 내려가는 안내판부터 점자블록, 휠체어 경사, 승강기 등이 준비되지 않은 것이다. 평소에도 재난 시 대처법에 관한 알기 쉬운 장애인용 시청각 책자나 영상, 음성, 문자 안내판 등을 볼 수 없다고 한다. 이런 안이한 태도는 평소 지진이나 화재 대피훈련을 할 때 여실히 드러난다. 옥외 대피훈련 중 일반인만 참여하고 환자나 노약자, 장애인 등은 제외했음을 보여주는 것이다. 학교나 회사, 병원에서 대피훈련을 할 때에도 일부는 장애인과 노약자, 환자를 역할 분담해서 훈련하고 어떻게 야외로 탈출시킬 것인가를 두고 고민해야 할 것이다.

2018년도 밀양 세종병원 화재 당시에도 간호사 홀로 노인 환자 5명을 승강기로 탈출시키다 시간이 지체되어 다같이 목숨을 잃는 참변이 발생했다. 미국의 병원에선 직원 한 명이 환자를 매트리스에 올려놓고 끌어서 계단으로 탈출하는 훈련과정을 꼭 시행한다. 혼자서 환자 대피가 가능할까 싶지만 평소 훈련을 통해서 노하우를 익히면 된다. 집에서도 이런 준비와 고민이 필요하다. 만약 거동이 힘들거나 휠체어를 탄 장애인 혹은 노인 가족이 있다면 어떻게 할 것인가. 어디까지 대피할 것인지, 몇 명이서 도와야 이동이 가능한지, 휠체어나 목발이 없다면 어떻게 할 것인지 미리 생각해보자. 휠체어나 들것, 이동 보조장치 등 필요하다면 장비도 준비해둔다. 유사시 일반인뿐만 아니라 이동이 힘든 장애인이나 노약자, 환자들 모두 안전하게 대피할 수 있도록 노력하고 준비해야 할 것이다.

대피 중 헤어짐과 실종 대비

긴박한 대피 과정에선 별일이 다 일어나게 마련이다. 자칫 한순간에 일행이나 가족 간에 혹은 아이들의 손을 놓쳐서 헤어지거나 잃어버릴 수 있다. 생각만 해도 무서운 일이지만 그만큼 미리 대비해두면 별일 없이 지나갈 수 있을 것이다. 무섭다고 무작정 외면하면 안 좋은 일이 발생할 확률은 커질 것이다.

1. 아이들 실종 대비

1) 사전 지문등록제

내 아이의 실종? 생각만 해도 무섭지만 좋은 방법이 있다. 바로 '사전 지문등록제'를 활용하는 것이다. 가까운 파출소에 가서 아이의 지문과 사진, 신체 특징, 보호자 연락처를 등록하면 된다. 그 외 지적장애인, 치매노인도 등록 가능하다. 경찰청 홈페이지나 '안전드림앱'을 이용해도 된다. 효과도 좋아서 지문 정보가 등록된 아이는 실종되어도 바로 찾는다. 반면 등록되지 않은 아동은 신원을 확인하기 힘들어서 보호자를 찾기까지 3일 이상 걸리기도 한다. 그러나 부모들이 이 제도를 제대로 인지하지 못하여 전국 8세 미만 아동

중 48%만 등록되어 있다.

2) 아이 사진과 인식표

어린 자녀와 집 밖으로 나갈 때는 한눈에 띄게 원색의 밝은색 옷을 입히자. 평소에도 집을 나설 때는 아이 전신 사진을 스마트폰으로 찍어놓는 습관을 들이자. 실종 시 당일 아이 사진만큼 좋은 알림수단도 없다. 그리고 이름과 전화번호를 적어놓은 인식표나 메달을 채우거나 옷 안쪽에 이름과 전화번호를 적어두면 미아 방지에 도움이 된다.

3) 아이에게도 알려줄 것

아이에게도 길을 잃었을 때 해야 할 행동수칙을 알려주어야 한다. 첫째, 멈추기이다. 아이에겐 부모가 보이지 않으면 계속 앞으로 가려는 직진 본능이 있다. 따라서 이리저리 다니지 말고 그 자리에서서 부모를 기다리라고 말해야 한다. 또 낯선 사람을 따라가지 않도록 주의시켜야 하며 만약 강제로 데려가려고 하면 큰소리를 치라고 말한다. 기본적으로 자기 이름과 나이, 주소, 전화번호, 부모 이름 등을 기억하도록 가르쳐라.

4) 아이를 잃어버린다면

만약 아이가 실종되면 최대한 빨리 찾아야 한다. 아동실종 사건은 시간이 지체될수록 찾을 확률이 급격히 낮아지는 사고다. 먼저 경찰신고와 함께 즉시 해당 건물에 '코드아담제도'를 요청한다. 마트나 야외놀이공원 등 다중이용시설이라면 출입구를 봉쇄하고 아이를 찾는 시스템이다. 시설물 관리자도 실종 신고를 받으면 곧바로 경보를 발령하고, CCTV와 출입구에 사람을 배치해 수색해야 한다.

아이에게도 부모나 길을 잃고 무서울 때는 즉시 근처에 있는 편의점으로 들어가라고 알려준다. 전국 편의점이 4만 개 이상되는데 아동보호 지킴이 역할을 한다. 편의점에 아이가 들어가 보호요청을 하면 직원은 계산대 포스기로 미아 신고를 하고, 그러면 즉시 경찰서 미아 신고 시스템으로 전달된다.

미아의 경우 골든타임이 있어서 실종 후 바로 찾아야 하는데, 이 사실을 꼭 아이에게 알려주어야 한다.

2. 긴급 연락카드 만들기

비상시를 위해 긴급 연락카드를 만들어서 휴대하도록 하자. 내가 정신을 잃거나 죽었을 때 구조대나 발견한 이들이 가족에게 연락을 해주는 용도이다. 아래 카드처럼 중요한 필수 정보를 적어넣게 만든다. 집 프린터로 출력해서 코팅하거나 시중의 인쇄집에 스티커로 의뢰하여도 좋다. 명함이나 엽서 크기로 만들어 생존배낭이나 나의 지갑, 핸드백, 차 안, 중요 물건에 넣거나 붙여둔다. 여러 장 만들어서 가족과 이웃, 동료들에게 나누어주자. 어린아이들이 있다면 평상시 학교나 유치원 가방에도 만들어서 넣어두도록 한다.

긴급 연락카드 (20 . .)

이름		생년월일/ 신체특징	
주소		혈액형/성별	/
이메일, SNS		전화번호	
비상연락처	이름1	관계 및 전화	
	이름2	관계 및 전화	
비상시 가족 만남장소	1	2	

재난영화로 배우는 생존법6

그린랜드

타이틀	그린랜드(Greenland, 2020)
장르	스릴러
국가	미국
등급	12세이상관람가
러닝타임	120분
감독	릭 로만 워
출연	제라드 버틀러, 모레나 바카린
줄거리	유명한 건축공학자 주인공은 희대의 멋진 유성쇼를 구경하기 위해 집에 이웃들도 초청해 작은 파티를 열었다. 그러나 곧 뭔가 크게 잘못되기 시작했다. 커다란 혜성 파편이 지구를 강타해 큰 피해를 입혔고 대규모 군부대 이동이 시작되는 등 심상치 않은 징조가 시작되었기 때문이다. 그때 그의 핸드폰을 비롯해 소수인원에게만 정부의 긴급피난 명령이 내려지며 대혼란이 시작된다. 살기 위해서 어딘가에 있다는 정부의 비밀 지하벙커로 가족의 힘든 탈출과정이 시작된다.

감상평 & 영화로 배우는 생존팁

인류 종말급 재난으로 혜성 충돌만 한 게 없을 것이다. 다른 재난들은 어렵지 않게 시간이 지나면 복구와 회복이 가능하지만 큰 혜성 충돌 재난에선 다 소용없다. 우주 재난에는 어떤 방어도 도망도 복구도 힘들다. 그만큼 긴장의 강도도 크고 몰입하게 된다. 과거 '딥임팩트'나 '아마겟돈' 같은 혜성 충돌 영화 이후 오랜만에 같은 주제로 재미있는 영화가 나왔다.

"오늘, 클라크 혜성이 지구를 향해 날아옵니다 재밌게 구경하세요!"

정부와 미 항공우주국 나사(NASA), 학계에서는 커다란 혜성이 지구를 향해 돌진해오는데도 구경이나 하라고 거짓말을 했다. 하지만 유성우 쇼가 될 거란 말과 달리 혜성 파편은 미 남부를 비롯 세계 대도시 곳곳에 추락해 엄청난 피해를 일으켰다. 그리고 곧 더 큰 덩어리가 지구를 강타할 거란 소식에 세계는 순식간에 대혼돈에 빠진다. 정부가 마지막으로 공개한 초대형 혜성 추락까지 남은 시간은 단 48시간. 공룡을 멸종시켰던 행성보다 더 큰 파편이 떨어질 급박한 상황 속에서 주인공 가족은 그린란드에 있다는 비밀 대피소를 찾아 필사의 탈출을 시작한다. 하지만 사람들은 자포자기하거나 정부가 주요 소수 인물들만 대피시키려는 계획에 불만을 품고 약탈과 방화, 폭력 상황이 시작된다. 조금은 식상할 수도 있는 혜성 충돌을 소재로 한 영화이다. 하지만 앞서 소개한 다른 재난 영화처럼 영웅이 나타나거나 기발한 방법으로 문제를 해결하지 않는다. 평온한 일상을 사는데 48시간 후 전 세계가 다 불바다가 되어 사라질 거라면 사람들이 어떻게 반응할까라는 면에 초점이 맞춰져 있다. 비상상황에서 펼쳐지는 인간의 성향과 심리를 자세히 엿볼수 있어 다른 영화들보다 더 현실적으로 느껴진다. 종말적 상황에서 상가 약탈과 사재기, 정부의 비밀 초대장을 뺏기 위해서 서로 속이고 싸우는 디스토피아적 장면. 또 한편 모든 걸 자포자기하며 술잔치를 벌이며 구경하는 광기 어린 사람들의 모습이다. 마지막으로 혜성이 지구를 강타해서 모든 것이 다 불타서 재와 함께 사라지고 사람들이 긴급하게 대피소로 도망치는 장면이 인상적이다. 주인공 가족은 과연 살아남을 수 있을까.

▶ 한줄평:

지구멸망급 재난에서 문명 재건에 필수적인 전문 지식을 가진 이들이 비밀벙커에 초대되었다. 기술자는 전쟁터에서도 살아남는다. 당신은 어떤 기술을 가지고 있는가.

7장
생존하라

생존식사 훈련

사람마다 체력이나 지력이 다르듯이 생존력도 차이가 난다. 대개 아이보다 어른이, 여자보다는 남자가 유리하다. 불편하지만 엄연한 현실이다. 하지만 책과 이론을 배우고 직접 몸으로 훈련하면서 생존력을 키울 수 있다. 그렇다고 산이나 무인도로 갈 필요는 없다. 첫 훈련 단계는 집에서 오늘부터 바로 시작할 수 있다. 생존상황을 가정한 먹는 훈련이다.

먹는 훈련

많은 고민 끝에 생존배낭을 하나 구성해서 준비하였다면 이제 1단계를 마친 것이다. 그다음으로 여러분은 이제 비상시 이를 잘 활용할 수 있도록 체계적인 훈련에 돌입해야 한다. 주말마다 배낭을 메고 몇 시간 동안 등산을 해도 좋고 야외를 걸으며 이동훈련을 해보라. 운동도 되고 생존훈련도 할 수 있는 일석이조 활동이 될 것이다. 먹는 훈련도 매우 중요하다. 생존배낭으로 준비한 먹을 것과 물의 양은 턱없이 부족해서 72시간, 3일 치에도 못 미친다. 집이나 대피소, 안전지대로 가는 과정에서 편의점에 들어가 사 먹거나 배급을 받거나 모르는 이에게서 얻어 먹는 것은 정말 운 좋은 상황일 터다. 대부분 먹을 것이 빠르게 소진되어 굶주리게 되면서 기운이 떨어질 것이다. 배고픔과 스트레스가 쌓이면 정신력도 무너진다. 그러다 보면 시간이 갈수록 외부상황에 무뎌지게 되고 결국 모든 것을 포기하게 된다.

강인한 정신력도 체력이나 배고픔에 좌우된다는 것을 인정하라. 이때를 대비해서 평소에 근력훈련을 하는 것처럼 몇 끼씩 굶어보는 것도 좋다. 이런 방식은 군 특수부대의 필수 훈련코스이기도 하다. 군인들만큼은 안 되겠지만 일반인도 몇 끼 정도 단식을 시도해보면 다이어트는 물론 극기력, 정신력 향상에 큰 도움이 될 것이다. 굶주린 상태일 때 우리 몸에서 생존에 관계된 호르몬이 더 분비된다는 것이 과학적으로 입증되었다. 무엇보다 나 자신의 한계를 미리 경험해보자. 이렇게 하면 나에게 딱 맞는 생존계획을 세우기가 쉬워진다. 평소에 소식을 습관화하고 간헐적 단식에 익숙해져보라. 몸의 에너지 흡수 소비율이 올라가고 식량 소비율도 줄일 수 있다.

단식 훈련

요즈음 건강을 목적으로 간헐적 단식에 도전하는 사람들이 늘고 있다. 이조차 비상시 생존력을 키우는 데 큰 도움이 된다. 배고픔이라는 낯선 느낌을 고통으로 인식해서 화를 내거나 당황하거나 무서워할 수도 있다. 하지만 평소에 단식훈련으로 허기에 놀라지 않는다면 남보다 훨씬 유리할 것이다. 헝그리 정신을 기억하라.

1. 1단계

식사 외에는 간식을 모두 끊는다. 설탕을 넣은 커피나 과자, 빵, 사탕, 콜라, 음료수 등 단것과 군것질 먹기를 중단하자. 처음에는 이조차도 쉽지 않을 것이다. 수시로 단것을 먹고 싶은 유혹이 일겠지만 이를 견뎌보자.

2. 간헐적 단식

저녁식사 후 다음 날 점심식사 시까지 물 외에는 아무것도 먹지 않고 버티는 간헐적 단식에 도전해보자. 가벼운 공복감이 느껴질 텐데 이에 익숙해져야 한다.

3. 1일 1식

하루 한 끼 먹기에 도전해보라. 배고픔에 익숙해지는 훈련 중 하나다. 처음에는 배가 꼬르륵거리며 어지러움을 느끼거나 혈당 저하를 느낄 수도 있다. 단, 대사성질환이나 기저질환이 있는 사람은 주치의에게 상담한 후 안전하게 시작하기 바란다.

4. 본격 단식훈련

2-4일간 물 외에 먹을 것을 차단하는 본격적인 단식 훈련을 실시한다. 주위의 단식 경험자나 전문가의 조언을 들으며 단식 시작과

끝에 무리가 없도록 잘 조절한다. 시중에 단식과 관련된 많은 책과 유튜브 영상이 있으므로 자신에게 맞는 것을 골라 정보를 얻어보자. 사람마다 신체반응이 다를 수 있으므로 충분히 공부하고 시작해야 당황하지 않을 수 있다.

5. 각 단계별 단식

앞서 소개한 단계별 단식 훈련은 한 번에 몰아서 하는 것이 아니다. 부정기적으로 혹은 틈이 날 때마다 한 번씩 해보라는 뜻이다. 배고픔이 과도하게 지속되면 신체는 기초대사량을 줄이면서 지방을 축척하게 된다. 피부에 주름과 기미, 다크서클 등도 생기고 생리불순 등 부작용도 생길 수 있으므로 반드시 자신의 건강 상태를 고려하여 시도한다.

6. 가벼운 운동 병행

단계별 단식 훈련을 하는 중에 기운이 없다고 그냥 실내에서 쉬지 말고 가볍게 배낭을 꾸려서 걷거나 이동하는 훈련을 병행한다.

다양화 & 적응 훈련

굶고 배고픔을 겪는 극단적인 것만이 훈련이 아니다. 평소에도 음식을 가리거나 편식하지 말고 다양하게 먹어보며 어떤 상황에서도 적응할 수 있게 해야 한다. 고기 없이는 밥을 못 먹었다면 채식을 하는 것도 좋은 훈련방법이다. 평소에 안 해봤던 것, 가리던 것, 좀 불결해 보이는 것 같이 다양한 먹기에 도전해보라.

1. 다양하게 먹기

꼭 먹는 것을 줄이거나 소식하는 것 외에도 다양한 방법으로 먹는 훈련을 할 수 있다. 학교나 회사, 군대에서 나오는 급식이나 구내식당 음식이 형편없더라도 생존을 위한 훈련이라 생각하고 남기지 않고 먹도록 노력해본다. 등산하다가 이따금 만나는 절에 들르면 외부인에게도 간단한 식사를 제공해준다. 메뉴는 밥과 김치, 맑은 된장국 정도인데 이런 담백한 음식에 적응하도록 평소 훈련해보는 것도 좋은 방법이다. 자극적인 음식에 입맛이 길들여진 아이들과 함께 도전해보는 것도 바람직하다.

2. 안 먹던 음식 먹기

평소에 즐기지 않던 음식들을 먹어본다. 식사 때마다 고기류를 먹던 사람은 고기없이 채식으로만 식사해보고, 생선 등 비린 것을 좋아하지 않던 사람들은 생선류를 먹어본다. 국이나 반찬의 간을 약하게 해서 먹어보는 등 평소와 다르게 조리해서 먹어보는 것도 추천할 만한 방법이다.

3. 거칠게 먹기

거친 음식을 먹어보는 것도 좋은 훈련이다. 평소 쌀밥만 먹던 이들은 보리나 콩, 수수, 조 같은 잡곡을 많이 넣어서 밥을 지어본다. 라면도 생라면으로 부셔서 먹어보라. 가족 나들이나 등산할 때엔 주먹밥을 만들어서 먹어보자.

4. 산이나 야외에서 먹거리 구하기

쉽게 찾을 수 있는 먹거리를 공부하고 하나씩 찾아서 먹어본다. 산딸기, 머루와 다래, 두릅, 칡덩굴, 각종 나물과 채소, 과일들이다. 사진과 설명이 자세한 약초도감이나 산나물도감 같은 책을 구입해서 틈날 때마다 읽으면서 먹을 수 있는 종류를 익혀둔다. 다만 야생버섯은 초보자가 구분하기엔 위험 요소가 많으므로 제외한다. 덜 익어서 딱딱하고 시큼한 야생과일이나 열매도 시험 삼아 먹어보자. 다만 확신이 가지 않을 때엔 먼저 혀를 살짝 대봐서 자극적인 맛이나 반응이 있는지 느껴보고 괜찮다면 조금만 먹어본다. 또한 잘 모르거나 헷갈리기 쉬운 독초를 조심해야 한다. 야외에서 채취한 것을 먹을 때는 한 사람이 먼저 먹어보고 몇 시간 뒤에도 괜찮다면 다른 이나 일행이 먹는 식으로 신중하게 접근한다.

요리 훈련

먹기는 좋아하지만 요리하기는 잘 모른다고? 집을 나가면 전기밥통과 오븐 대신 냄비와 장작불로 밥을 해야 할 수도 있다. 냄비와 그릇, 수저 같은 식기조차 제대로 없을지도 모른다. 그래도 어떻게든 해야 한다. 그것이 생존상황이며 그래야만 가족이 굶지 않는다. 미리미리 생각해보자.

1. 휴대용 도구로 음식하기

가스버너와 코펠, 냄비만으로 쌀밥을 짓는 훈련이다. 요즘 사람들은 버튼만 누르면 되는 전자동화된 압력밥솥에 익숙해져서 냄비로 밥을 짓기 힘들 것이다. 처음에는 밥을 태우거나 3층밥을 짓는 등 실패가 더 많을 테지만, 냄비로 밥을 짓는 것은 야외이동이나 대피 시 필수 생존기술이므로 반드시 훈련해야 한다.

2. 장작불에 요리하기

나무를 쪼갠 장작으로 불을 피운 다음, 닭고기나 삼겹살을 구워본다. 시판되는 숯이나 번개탄이 얼마나 사용이 쉬운 고급 화력이었는지 경험하게 될 것이다.

3. 식기 없이 조리하기

냄비나 코펠 등 정식 금속식기 없이 밥을 하고 반찬을 만들어보자. 서바이벌 책이나 영상에 나온 것처럼 대나무를 잘라 밥을 지어보고 우유팩이나 은박지를 감싸서 조리해볼 수도 있다. 아무것도 없다면 종이나 큰 나뭇잎을 이용하여 고기를 구울 수도 있고, 진흙을 덮어 바른 다음 굽거나 찌는 요리를 할 수도 있다. 운이 좋아 풋사과, 애호박, 옥수수, 감자, 고구마 등을 구했다고 상상하고 이들을 익히거나 조리할 수 있는 다양한 방법을 고민해 시도해보자. 주변에 커다란 깡통이나 사각캔, 사기그릇 등이 있다면 이것들은 당신에게 유용한 도구가 되어줄 것이다. 심지어 삽만 있어도 조리가 가능하다.

4. 물과 불, 시간을 적게 쓰는 요리법을 연구하라

야외에선 시간과 장비, 도구 등 모든 여건이 부족하다. 좀 더 빠르게 조리할 수 있는 방법이나 도구를 찾고 구상해보아야 하는 이유다. 가령 산 위에서 코펠밥을 할 때는 기압에 의해 끓는 물의 온도가 낮아지므로 설익기 쉽다. 이때 냄비 뚜껑에 커다란 돌을 올려놓으면 효과가 있다. 라면을 끓일 때도 찬물일 때 면을 넣으면 익히는 시간을 빨리할 수 있다. 또한 물에 삶는 것보다는 고열의 기름에 볶거나 튀기는 편이 더 빨리 익는다는 것을 알아두자.

5. 대용량으로 조리하기

3-4인용 등 한 가족이 먹을 것을 조리하는 것과 20인이 먹을 것을 한 번에 조리하는 것은 생각보다 훨씬 어려운 일이다. 물과 양념의 양, 불의 세기, 뜸을 들이고 익히는 시간 등이 모두 다르다. 간단하게 라면으로 10-20인 분을 조리하는 훈련을 해보자.

생존대피 훈련

생존배낭을 준비했다고 하여 안심하기엔 이르다. 평소 다양한 재난 상황을 염두에 두고 배낭을 직접 메고 두 발로 걷거나 자전거 등을 이용해 이동하는 훈련을 해보자. 외국의 재난대비자 즉 프레퍼들은 이런 것을 중요한 트레이닝으로 여긴다. 그래서 혼자서 혹은 여럿이 모여 정기적으로 이동훈련을 함께한다. 2008년 중국 쓰촨성 대지진으로 일가족을 잃었던 어떤 가장은 그 일로 교훈을 얻어 새로 태어난 아이와 함께 매달 무거운 돌을 넣은 배낭을 메고 이동훈련을 한다고 한다. 또 다시 큰 지진이 왔을 때 아이를 업고 안전지대까지 대피할 체력을 키우기 위해서 말이다.

계단 이동 훈련

생존배낭을 메고 아파트 고층에서 1층까지 오르내리는 훈련이다. 처음에는 내려오는 것으로 시작하고 어깨에 멘 배낭의 무게나 중심의 흔들거림을 파악해서 끈을 조절한다. 익숙해지면 배낭을 메고 계단을 걸어서 올라가본다. 처음에는 십 층 이내로만 걸어 올라가는 것도 쉽지 않을 것이다. 하지만 횟수가 늘어날수록 다리와 허리, 어깨, 코어의 근육을 강화하여 더 높은 층을 오르내릴 수 있게 된다.

야외 운반 훈련

생존배낭을 메고 야외 도로를 걸어서 이동하는 훈련이다. 초기엔 한 시간만 걸어도 배낭을 멘 어깨가 아파오고 무릎과 발, 다리가 땡기고 힘들 것이다. 신발이 맞지 않으면 발꿈치에 물집이 생기거나 피부가 벗겨지기도 한다. 벗겨지는 부분도 발가락 사이 등 생각지도 못한 부분일 수 있다. 걸어가는 시간을 1시간에서 2시간, 3시간으로 점차 늘리며 그 사이 소모되는 물의 양이나 힘든 정도를 파악하고 익숙해지자. 배낭의 무게를 점차 늘리는 것도 좋은 방법이다. 군인들은 훈련시 20-30킬로그램 정도의 군장을 메고 무박 2일의 40킬로미터 행군을 종종 한다. 특전사의 유명한 천리행군은 400킬로미터 정도로 일주일간 이어진다. 홀로 하는 훈련이 힘들다면 동료를 구해서 함께하라. 그러면 훨씬 더 든든하고 서로에게 힘이 되어줄 것이다. 배낭의 무게가 익숙해졌다면 물을 채운 2리터 페트병을 한 개씩 더 휴대하면서 무게를 늘려보자. 무거운 등산화나 군화를 신고 이동하는 것도 좋은 트레이닝이다.

도시 탈출 훈련

내가 아는 한 프레퍼 의사는 매달 휴일마다 서울에서 용인까지 하루 종일 국도를 따라서 걷는 훈련을 홀로 한다. 본인이 사는 도시에서 외각으로 빠져나가는 훈련만 꾸준히 해놓아도 비상상황 시 큰 도움이 된다. 자동차나 자전거조차 사용하지 못할 상황도 올 수 있으므로 미리 걸어서 대피하는 훈련을 하는 것이다. 이때 지도 읽는 훈련도 병행한다.

달력 크기의 커다란 종이지도를 구해서 생존배낭 안에 넣고 휴대하자. 전에는 자동차 보험에 가입하면 사은품으로 주었으나 요즘은 의외로 종이지도를 보기 힘들어졌다. 네이버나 다음의 지도로 들어가서 내가 사는 지역이나 가야 할 지역, 필요한 지역을 인쇄해두자. 핸드폰 지도앱도 좋지만 배터리가 없거나 부서지거나 통신망에 문제가 생겨 사용하지 못하게 되는 순간이 올 수 있다. 반면 종이지도는 가볍고 휴대가 좋으며 스위치를 켜는 등 별도의 조작이 없어도 바로 볼 수 있다는 큰 장점이 있다. 다만 잉크젯 프린터로 인쇄할 경우 물에 젖으면 번지거나 찢어질 우려가 있으니 칼라 레이저 프린터로 인쇄하거나 방수코팅을 하자.

지도는 깨끗할 필요가 없다. 지도에다 각 노선과 대피소, 중간에 미리 준비해놓은 중간 보급기지의 위치, 도움을 받을 친척이나 친구의 집 위치, 민방위 급수처의 위치, 거리와 시간 등을 색볼펜과 색연필, 형광펜으로 한눈에 알 수 있게 적어놓자. 지금은 잘 알고 있는 것 같아도 위급해지면 잘 생각나지 않는 탓이다. 나에게 필요한 요점 표시만 해놓아도 몇 달, 몇 년 후에 다시 지도를 꺼내보면 잊었던 것들이 바로 떠오를 것이다. 가족이나 아이들과도 함께 읽는 훈련을 하자. 이 훈련으로 지도를 보며 길 찾기에 익숙해진다면 나중에는 지도나 이정표, 도로 표지판이 없어도 머릿속에 전체 노선을 떠올리며 이동할 수 있을 것이다.

야간 이동 훈련

화창한 대낮에 걷거나 자전거를 타고 이동하는 것은 쉽지만 어두울 때 이동하는 것은 어렵고 위험하다. 특히 가로등이나 조명이 없는 상태에서는 더욱 그렇다. 작은 손전등을 들거나 헤드램프를 끼고 시골길이나 산길을 걸어서 이동하는 훈련을 해본다. 혼자서라면 생각보다 겁이 날 것이다. 주위의 바스락거리는 소리나 동물의 울음소리 등에 긴장하게 되고 겁도 날 것이다. 차츰 익숙해지면 플래시를 켜지 말고 달빛이나 주위 반사광만을 이용해서 이동하는 훈련을 해본다. 처음에는 어두운 밤에 과연 보일까 걱정도 되겠지만 곧 눈이 어둠과 달빛에 적응하면서 서서히 주변이 눈에 들어오기 시작한다. 그래도 발 밑의 도로 상황은 좀처럼 보이지 않을 수 있다. 어두운 상황에서 잘 보려면 정면이 아니라 약간 비껴서 보는 요령이 필요하다. 이를 '주변시'라고 하는데, 군에서는 야간사격 때를 위해서 이런 방법을 교육한다. 주변시는 사람의 눈 홍채 구조상 가능한 보기 방법이다.

빗속 이동 훈련

이 모든 훈련에 성공하고 익숙해지며 할 만하다 느껴진다면 그다음은 빗속 이동 훈련이다. 배낭을 방수커버나 비닐로 단단히 감싸고 우비나 판초우의를 입은 채 비가 내리는 길을 걸어서 이동하는 훈련이다. 길을 떠나자마자 곧 신발 안으로 물이 스며들고 옷도 젖어들 것이다. 신발은 점점 더 무거워지고 발이 쓸리면서 작은 상처도 크게 거슬리기 시작한다. 걸으면 걸을수록 몸은 점점 더 추워지고 이까지 덜덜 떨리게 된다. 우중 이동 시에는 체력 저하가 훨씬 빠르며 넘어지기도 쉽다. 빗속 이동 훈련은 마른 길보다 몇 배 더 힘이 들고 극기심을 필요로 하는 훈련 중 하나다. 독한 마음과 의지가 있어야만 가능한 극기훈련이다.

급속 이동 훈련

생존배낭이나 별다른 장비가 없는 맨몸 상태에서 최대한 빨리 안전지대로 탈출하는 훈련이다. 최소 8시간 동안의 빠른 걷기 훈련 과정 중 빵이나 초콜릿, 과자 같은 음식을 먹지 말고 걸어야 한다. 물을 마시는 것도 최소화하여 평소 소모량의 절반으로 마신다. 행군이 1시간이 넘어가면 금방 목이 마르고 배가 고파지며 기운이 떨어지게 된다. 걸음을 멈추는 시간이 점점 늘고 쉬는 주기도 늘어나며 이어서 빠르게 지치게 된다. 처음에는 반나절 정도부터 시작해본다. 물론 처음에는 힘들지만 차츰 나아지고 강인해질 것이다. 8시간을 말한 것은 시속 5-6km × 8h = 40-50km이기 때문이다. 하루 만에 40-50km 정도만 벗어날 수 있다면 위험지역을 탈출해 안전지대에 진입할 수 있을 것이다.

자전거 & 손수레 이동 훈련

지금까지 홀로 걸어서 이동하였다면 이제는 자전거 및 손수레를 끌면서 이동하는 훈련이다. 재난상황 시 경험할 수 있는 현실적인 상황이다. 자전거의 바구니와 짐대에 물품과 배낭을 묶고 손잡이를 끌어서 이동한다. 타이어가 펑크 난 상황을 가정한 것으로 페달이 자꾸 다리에 걸려서 의외로 힘들 것이다. 다음은 손수레와 여행용 캐리어에 물건을 채우고 끌고 가는 단계다. 무거운 물건을 채운 캐리어나 손수레를 한 손으로 끌고 간다는 것도 생각처럼 만만치 않은 일이다. 짐이 없는 상황에선 너무나 쉽지만 무거울수록 바퀴와 노면의 저항이 커져서 힘들어진다. 풀밭이나 비포장 길에선 훨씬 더 골치 아픈 일이 생길 수 있다. 심지어 바퀴축이 휘어져서 삐그덕거리며 난처한 상황에 놓일지도 모른다. 여러 상황을 상정하여 미리 겪어보아야 하는 이유이다.

단체 이동 훈련

지금까지 혼자서 할 수 있는 훈련이었다면 이제부터는 여러 일행이 있는 상황을 가정한 단체 이동 훈련이다. 가령 가족이나 친구, 친척 혹은 대피과정 중 만날 수 있는 다른 피난민들과 함께 이동하는 상황인 것이다. 단체 이동은 혼자서 걷는 것보다 더 신경쓰이고 속도가 느려지게 된다. 일행 중 아이나 환자, 노인이 있다면 속도는 훨씬 더 떨어진다. 건강한 성인이라면 시속 5킬로미터 속도로 꾸준히 걸을 수 있지만, 사람이 모여 무리가 되면 속도가 시속 3-4킬로미터까지 떨어지게 된다. 전문적으로 행군훈련을 하는 군대에서도 행군의 선두보다는 후미쪽 인원에서 점점 더 느려지고 문제가 발생하게 된다.

하지만 사전에 단체로 이동하는 훈련을 통해서 어떤 문제가 생길 수 있는지 미리 파악해두면 큰 문제 없이 헤쳐나갈 수 있다. 가령 가족이나 일행과 이동할 때 각자의 생존배낭 외에 텐트나 이불, 식기 같은 공용짐을 누가 끌 것인지, 교대는 언제 어떻게 할지, 한 사람이 얼마나 가지고 갈 수 있는지 등을 체크해두고 담당할 몫을 정해두면 편리하다. 다리가 아프다며 주저앉아 우는 아이가 있다면 등에 업거나 목마를 태우고 이동해야 하는데 이때 얼마나 갈 수 있을지도 대략 파악해두어야 한다. 매년 여름 대학생들의 국토순례 도보여행이 시작되는데 여기 신청해서 참가하거나 친구들끼리 단체 이동 연습을 해보는 것도 좋을 것이다.

2011년 3·11 동일본 대지진을 겪은 일본에서는 수도 도쿄에서도 전기와 대중교통 마비로 대혼란이 일었다. 특히 회사에서 집으로 귀가하지 못한 사람들이 많아 큰 문제가 되었다. 이후 도쿄에서는 시 주최로 매년 정기적으로 해당일에 사람들이 모여서 간단한 생존배낭만을 소지한 채 걸어서 집으로 가는 훈련을 실시하고 있다. 한국도 예전엔 초등학교 소풍에서 수백 수천 명의 학생들이 걸어서 인근 야산으로 1-2시간쯤 걸어서 갔는데 이 역시 단체로 이동하는 하나의 좋은 경험이 된다. 중간에 좀 힘들어하는 친구가 있다면 가방을 대신 들어주거나 힘내라고 서로 다독거리는 좋은 경험을 할 수 있다.

환자 수송 및 응급처치

위 과정이 지나면 환자 수송 훈련을 실시한다. 단체로 이동하던 중 본인의 부상이나 체력 저하로 주저앉게 되는 경우, 혹은 부상자와 환자를 데리고 가야 하는 최악의 상황을 가정한 것이다. 환자를 홀로 업거나 안고서는 오래 가기 힘들다. 거리를 정해놓고 교대로 하거나 들것을 만들어서 2명 혹은 4명씩 양쪽에서 들고 이동한다. 임시 들것은 주위에서 찾을 수 있는 나무나 청소용 목봉, 각목 등을 이용해서 만들 수 있다. 농촌에서 흔히 볼 수 있는 철제 울타리나 비닐하우스의 쇠파이프, 비닐을 이용해서도 들것을 만들 수 있다. 집에서는 방안의 행거 파이프나 문짝을 분해해서 써도 좋다. 편의점 앞에 놓인 플라스틱 의자도 환자를 이송하는 데 요긴하게 쓰인다. 특수부대에서도 부상자나 환자가 발생할 경우를 대비하여 부축 및 환자 후송 훈련을 필수로 수행한다.

대피 시 환자 이송법

지진이나 큰 재난현장에서는 많은 인명피해가 발생한다. 그게 나의 가족일 수도 있다. 의료시설이나 의료진이 있는 곳, 안전지대까지 최대한 빨리 환자를 후송해야 한다. 긴급 시 응급조치와 함께 환자 이송법에 대해서 알아보고 훈련하자.

1. 혼자서 환자를 이동할 때

혼자서 부상자를 이동하는 방법이다. 업기, 안기, 부축하기, 이불로 잡아끌기 등이 있는데 이 경우는 환자에게 어느 정도 의식이 있다는 것을 전제한다.

2. 두 사람이 환자를 이동할 때

혼자보다는 둘이 함께해야 환자를 부축하고 이동하기가 훨씬 쉽고 빠르다. 환자가 느끼는 압박이나 괴로움도 줄어든다. 환자가 기절하거나 정신을 잃은 경우는 무게중심이 흐트러져 혼자서 들거나

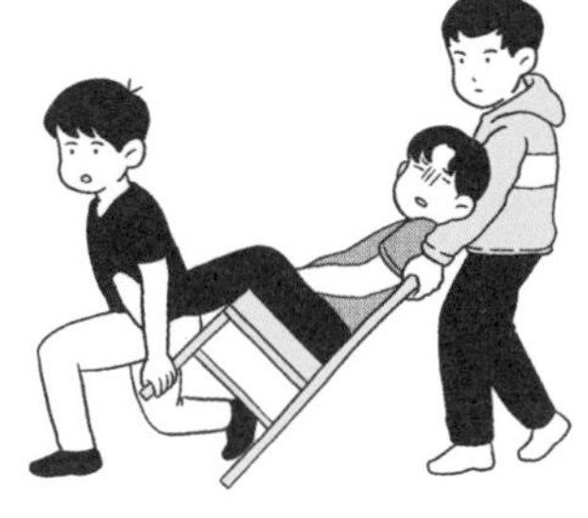

업기가 더 힘들어진다. 2인이 도구와 맨손으로 환자를 이동하는 법을 알아두자.

3. 여러 명이 중환자를 이동할 때

의식이 없는 중환자를 많은 사람이 이동할 때엔 주위에서 구할 수 있는 천이나 플래카드, 커튼, 이불, 의자, 로프, 맨손 등을 이용한다.

주로 맞손잡이 이동법, 지그재그 로프 이동법 등을 사용한다.

4. 간이 들것 만들기

목과 척추를 다친 중상자, 의식이 없는 중환자가 있다면 간이 들것을 만들어 이동해야 한다. 간이 들것은 긴 봉 사이에 이불이나 커튼을 놓고 1/3씩 접고 겹쳐서 만들 수 있다. 주위에 보이는 커튼이나 이불, 옷, 청소밀대, 파이프, 행거 등을 이용해서도 간이 들것을 만들 수 있다.

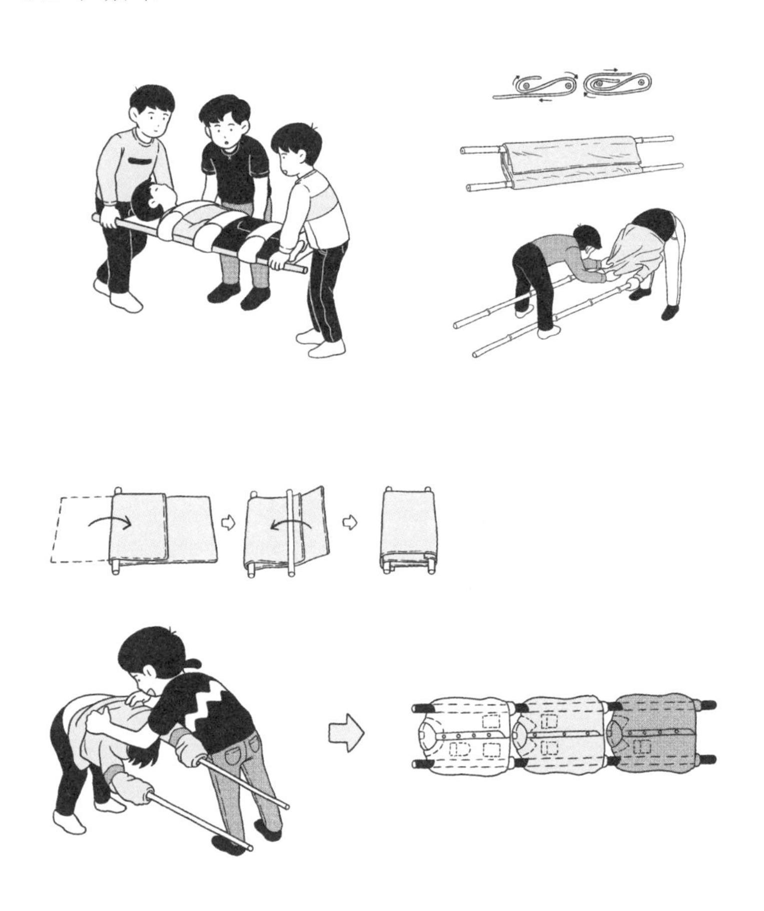

부상자 응급처치(First Aid)

큰 재난일수록 부상자가 많이 나오게 마련이다. 팔이나 다리를 부상당한 경우 쓸 수 있는 간이 응급처치법을 배워두자. 비상시엔 근처에 병원이나 의사, 의료장비를 찾기 힘들어질 것이다. 얕은 상처라면 간이처치 하고 증세의 악화를 막으며 구조대가 오거나 병원에 갈 때까지 안정을 유지하며 버텨야 한다.

1. 심폐소생술(CPR)

- 심장마비(심정지)로 쓰러졌을 때 4분 안에 응급조치를 시작하면 대부분 사람을 살릴 수 있다. 그러나 5분이 지나면 뇌손상이 일어나기 시작하며 10분 뒤부터는 다른 장기들도 손상을 입어 회복이 힘들다. 최대한 빨리 해야 한다.
- 쓰러진 환자를 보면 말을 걸어 의식이 있는지 목 안에 이물질이 있는지 확인한다. 이후 쓰러진 환자를 똑바로 눕힌 후 턱을 들어올려 기도를 유지한 상태에서 호흡을 확인하고 없다면 바로 심폐소생술을 시작한다.
- 양쪽 젖꼭지 사이 정중앙을 두 손을 겹쳐 강하고 빠르게 누른다. 압박속도는 초당 2회로 누르는 깊이는 성인은 5cm, 어린이는 4cm 깊이로 한다.
- 신고 후 의료진이 도착할 때까지 심폐소생술을 진행한다.

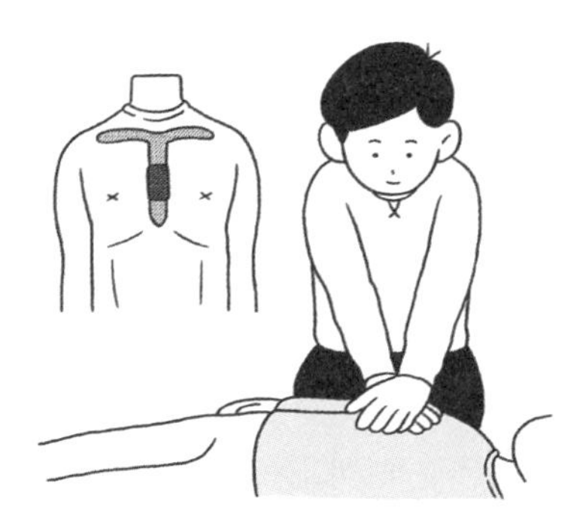

흉골을 압박한다
가슴의 중앙에 두 손을 모아 성인인 경우에는 가슴이 최소한 5cm 들어갈 정도의 강도로 압박합니다. 분당 100회 속도로 합니다. 흉골 압박과 인공호흡을 결합할 경우 흉부 압박 30회와 인공호흡 2회의 주기를 결합합니다.)

2. 하임리히 처치법

- 약물이나 음식 등 이물질이 목에 걸려 기도가 폐쇄되고 숨을 쉬지 못할 때 실시하는 응급처치법이다.
- 뒤에서 두 손으로 감싸 안고 주먹으로 복부를 강하게 쳐올린다.

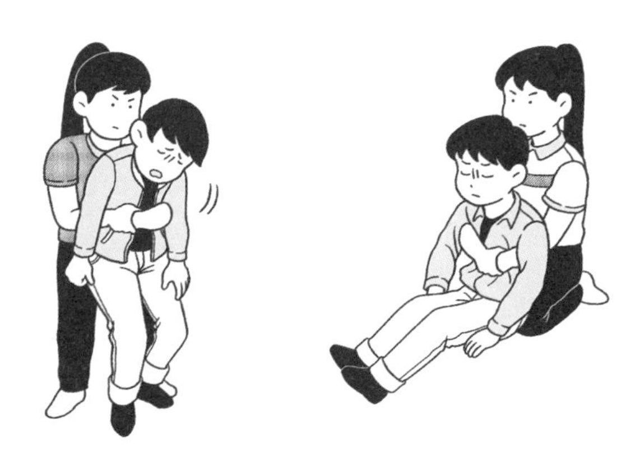

복부 위쪽(명치끝과 배꼽중간)을 감아쥔다.
위쪽으로 밀쳐 올린다.(4-5회 연속적으로 반복)
앉은 자세에서 실시할 수 있다.

- 환자의 등을 강하게 내리쳐 목구멍의 이물을 빼낼 수 있다.
- 서서 하거나 앉아서 할 수도 있고 혼자 있을 때는 의자에 대고 할 수 있다.

3. 자동 심장충격기(AED) 사용법

- 주위 사람들을 물러서게 하고 초록색으로 된 전원 버튼을 눌러서 전원을 켠다.
- 전선에 연결된 2장의 패드 커넥터를 기기에 연결한 후 패드 1개는 오른쪽 젖꼭지 위에 부착하고 다른 하나는 심장이 위치한 왼쪽 젖꼭지 옆 겨드랑이 쪽에 부착한다.
- 자동 심장충격기에서 "분석 중"이라는 음성 안내에 이어 "재세동 필요 충전 중"이라는 음성 메시지가 나올 때까지 환자에게서 손을 떼고 기다려야 한다. 10초 정도면 충전이 완료된다.
- "재세동 버튼을 누르세요"라는 안내 음성이 나오면 주황색 번개 모양 버튼을 눌러 전류를 흘려보낸다. 버튼을 누를 때는 감전위험

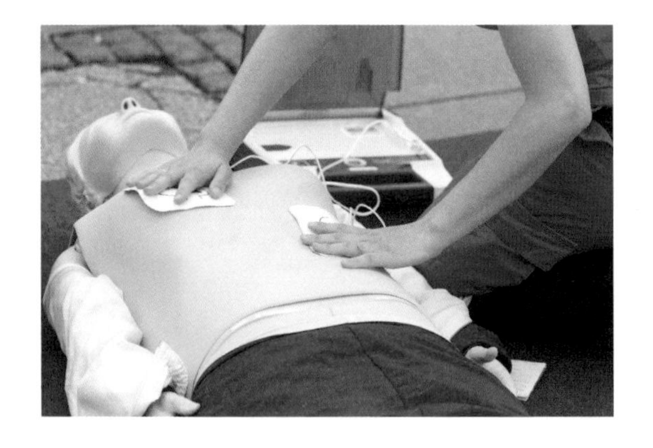

이 있으니 본인과 옆 사람들은 환자와 접촉하지 말고 떨어져 있어야 한다.

4. 상처 처리(드레싱), 붕대 응급처치법

- 팔, 다리, 머리 등 상처로 피를 흘리거나 찰과상, 창상 등 까지고 다친 부위에는 서둘러 응급처치를 해야 한다. 반창고나 거즈, 메디폼, 붕대와 소독약을 이용하는 것을 드레싱 및 붕대 응급처치법이라고 한다.
- 상처에서 더는 피를 흘리지 않도록 지혈하고 외부 오염물을 차단해 직접적으로 보호하는 게 가장 큰 역할이다. 이외에도 분비물을 흡수하며 움직이지 않도록 고정한다. 드레싱 작업을 소홀히 하면 압박을 받을 때마다 상처가 노출되고 벌어져 환자의 고통이 더 심해지고 감염 위험이 높아지며 치료 기간도 오래 걸린다.
- 작고 간단한 상처는 깨끗한 물로 오염물을 씻어내고 반창고를 붙인다. 큰 부위는 소독거즈와 붕대로 조치한다. 최근에는 손바닥만 한 친수성 습윤밴드가 나와서 사용과 효과가 더 간편해졌다. 야전에서 이런 장비를 구하지 못했다면 깨끗한 손수건이나 수건, 면옷을 잘라서 이용한다. 최악의 상황에서는 생리대나 청테이프라도 이용하여 상처 부위를 덮고 보호해야 한다.
- 접지르거나 삔 부위에 압박붕대를 쓰는 것도 좋지만 너무 조이거나 압박하는 것은 잘못된 처치법이다. 처음엔 약간 느슨하다고 생각될 정도로 계속 감아줘야 한다. 이렇게만 해도 저절로 압박이 된다.

- 조치 후에도 해당 피부 부위의 말단부를 계속 살펴보며 색깔이 짙게 변색되지 않는지 확인해야 한다. 색이 변했다면 다시 풀었다가 재조치한다.

- 이들 조치는 임시조치이며 최대한 빨리 병원으로 가서 제대로 처치를 받아야 한다.

붕대 사용 시 주의점

- 소독거즈와 소독약으로 드레싱한 부위를 붕대로 감싸 보호한다.
- 아래쪽에서 위쪽으로 감는다.
- 붕대의 시작과 끝부분을 안쪽으로 말아서 넣고 너덜거리지 않게 한다.
- 붕대가 상처에 직접 닿지 않게 한다.
- 너무 압박하여 혈액순환 장애가 되면 안 된다.
- 손가락 발가락은 되도록 붕대로 감지 않는다. 수시로 말단 피부의 색깔을 확인한다.

5. 팔 탈골이나 부러진 곳에 삼각건 처치하기

- 뼈가 탈골되거나 부러졌을 때는 억지로 바로잡으려 하기보다 더 이탈하지 않게 빨리 고정시켜야 한다. 부목이나 천, 삼각건을 이용해 고정시킨다.

- 한 변이 80센티미터 이상 되는 삼각형 모양의 천을 준비하여 환자의 목 뒤로 묶어 고정한다.

- 다친 팔을 삼각건 안에 넣어 흔들거리지 않게 가슴에 묶어 고정한다.

- 탈골 부위에 댈 부목이 없다면 임시로 고정할 만한 것들을 이용

한다. 신문지를 접어서 사용해도 좋다.

6. 화상처치

- 불, 끓는 물, 기름, 뜨거운 증기에 닿으면 화상을 입게 되는데, 주로 화재 시나 요리하다가 사고를 당하는 경우가 많다.
- 화상을 입으면 최대한 빨리 해당 부위를 찬물에 넣어 적어도 10분 동안 담가야 한다. 화기를 내려주는 것이 중요하며 여의치 않다면 물이나 음료수에 적신 수건으로 감싸준다.
- 화상 부위는 감염 위험이 크기에 깨끗하고 멸균 처리된 거즈로 덮어야 한다.
- 화상 부위에 옷이 붙어 있다면 절대 떼어내선 안 된다. 피부가 달라붙어 같이 떨어질 수 있으므로 즉시 병원으로 가야 한다.
- 물집이 생겼을 때 터뜨리면 안 된다. 로션이나 연고, 된장 같은 것을 바르는 것도 금지사항이다.

7. 응급의료 포털(https://www.e-gen.or.kr/egen/main.do)

상황별 각종 응급처치 방법, 근처의 병원과 약국 및 응급실 찾기, 민간 구급차 검색 등 다양한 의료 정보를 알 수 있다.

집에서 하는 생존훈련

일상에서 닥칠 수 있는 가장 큰 재난이 화재다. 방화, 실화 외에도 지진이나 전쟁에서도 도시화재 위험이 커진다. 화재가 났다면 불을 빨리 진압하고 가족과 안전하게 탈출할 수 있는 대피훈련도 포함해야 한다. 평소 가족과 함께한다면 흥미로운 놀이 겸 훈련이 될 것이다.

완강기 탈출법

평소 재난상황에서 무사히 대피하기 위해 가족과 다양한 훈련을 함께할 수 있다. 화재 시 건물 밖으로 탈출할 때 쓰는 완강기를 실제로 사용해보자. 나의 지인은 매년 특정일을 가족대피 훈련일로 정해 아이들을 모두 데리고 나와 훈련하곤 한다. 아파트 놀이터의 미끄럼틀 위나 철봉에 완강기를 설치하고 몸에 연결해서 뛰어내려오는 체험을 하는 것이다. 벌써 몇 년째 훈련을 받아서 그런지 이제 그집 아이들은 익숙하게 스스로 몸에 완강기줄을 연결해서 뛰어내리며 즐길 정도가 되었다. 그럴 때면 인근에서 구경하던 아이들도 몰려와 서로 자기도 해보겠다고 손을 든다고 한다. 이렇게 반나절 동안 재미있게 완강기 탈출 훈련을 하는데 이 자체가 곧 놀이 겸 훈련인 셈이다. 완강기는 아무리 안전하다고 해도 수십 미터 창틀에서 줄 하나만 묶고 뛰어내리는 것이어서 보통 떨리는 일이 아니다. 대부분 한참 망설이게 된다. 따라서 평소에 이렇게 훈련해야지만 비상시에 즉각 완강기를 이용하여 무리 없이 탈출할 수 있다. 다만 완강기는 계속 쓸 수 있는 정식 완강기와 한 번만 쓸 수 있는 1회용 간이완강기가 있으므로 사용 시 주의해야 한다.

소화기 사용법

집 주위에 흔히 볼 수 있는 소화기를 실제로 사용해본 이는 많지 않을 것이다. 유통기한이 지났거나 오래된 소화기를 가져다 소화훈련에 직접 이용해보자. 야외에서 모닥불을 피울 때 아이들이 직접 소화기의 안전핀을 뽑고 레버를 작동해서 불을 꺼보게 하는 것도 좋은 훈련이다. 소화기를 처음 쓰면 갑자기 고압으로 분사되는 소화약재에 깜짝 놀라거나 놓칠 수 있으므로 미리 연습해두는 것이 좋다. 불 그 자체보다는 밑의 탈 것에 소화약재를 분사해야 한다는 점도 잊지 말자. 일반 3.3킬로그램 분말소화기의 분사시간은 10초 남짓으로 길지 않다. 소화기를 처음 잡고 실제 불을 끄려다 금방 중단되어서 당황하는 경우도 많다. 미리 훈련하여 이런 것들을 직접 경험해보아야 침착하게 쓸 수 있다. 훈련을 통해 불에 대한 막연한 두려움을 없애고 정확한 소화기 사용법을 익혀서 잘 쓸 수 있도록 교육하자. 집에 어른이 없어서 아이들끼리 있을 때에도 충분히 활용할 수 있도록 연습한다.

소화기 사용법

- 소화기는 1년에 몇 번씩 뒤집어서 흔들어야 약재가 굳지 않는다. 이때 압력게이지가 가운데 녹색에 있는지 확인한다.
- 불이 났다면 소화기를 가져다 오른손으로 안전핀을 뽑는다. 케이블 타이가 고정되어 있다면 안전핀을 계속 돌려서 끊을 수 있다.
- 불이 난 곳 최대한 앞까지 가서 왼손으로 소화기의 노즐을 불로 향한다.
- 오른손으로 손잡이를 꽉 움켜줘서 약재를 분사한다. 불 그 자체보다 아래쪽의 탈 것에 집중 분사한다.
- 불의 크기가 내 키보다 커지면 소화기로 진화가 힘들다. 서둘러 몸을 숙이고 대피한다. 이때 "불이야" 하고 큰 소리로 외치면서 주위에 알리고 화재 경보기를 울린 후 119에 신고한다.

투척식 소화기 훈련

요즘 많이 보급되는 투척식 소화기는 사용이 간단해 보이지만 실은 훨씬 더 어렵다. 건물이나 공공장소마다 기존의 분사식 소화기 대신 손으로 던지는 투척식 소화기가 늘어나고 있다. 500밀리그램 정도의 생수병 크기에 소화액을 담아서 불이 난 곳에 던지면 통이 깨지면서 소화액이 누출되고 이로써 불을 끄는 원리다. 불이 난 곳에 소화기를 던지기만 하면 된다니, 너무 간편해 보이지만 실제 사용법은 그리 간단하지 않다.

불난 지점에 정확히 투척해야 효과가 있는데 평소 이런 훈련을 해보지 않은 사람들에겐 조금 힘든 일이 될 것이다. 특히 갑자기 불이 나면 흥분하고 겁에 질리게 마련이어서 소화기를 정확하게 조준하여 투척하는 것도 힘들다. 야구시즌이 시작되어 개막식에 가보면 일반인들이 시구할 때 바로 눈앞에 야구공을 내리꽂는 일명 패대기 시구를 하는 모습을 볼 수 있는데, 투척식 소화기의 경우도 비슷하다. 그러므로 일반인에게는 투척식 소화기보다 일반 분말식 소화기가 사용하기에 더 편리하다.

가족과 함께 투척식 소화기 사용법을 훈련해보자. 3-4미터 정도 앞에 불을 직접 피워놓거나 목표물을 설정해두고 500밀리리터 빈 생수병에 물을 채워서 정확히 맞혀본다. 아이들도 놀이로 생각해서 더욱 재미있어 할 것이다.

계단 대피훈련

화재 대피시 승강기보다는 계단으로 이동해야 한다. 불이 나면 승강기 통로는 굴뚝효과로 열기와 연기가 제일 먼저 확산되어서 위험하다. 계단으로도 연기가 유입될 수 있기에 수건이나 옷에 물을 묻혀서 호흡기를 보호하고 이동한다. 집에 방독면을 식구 수대로 준비하는 것이 가장 좋다. 없다면 커다란 김장비닐이나 쓰레기 비닐봉투를 뒤집어 쓰고 이동한다. 바람을 가득 넣고 바로 머리에 뒤집어 쓴 후 목 부분을 감싸고 한 손으로 잡는다. 3분 정도는 숨을 쉴 수 있다. 가족이나 아이들과 김장 비닐봉투를 뒤집어 쓰고 3층 정도 내려오는 계단 대피훈련을 한다. 아이들이나 인원이 많다면 왼손으로는 목 부분의 비닐을 잡고 오른손으론 앞 사람의 오른쪽 어깨를 잡고 기차놀이하듯 천천히 이동한다.

생존하기 3 단계

이 책에서는 생존에 꼭 필요한 각종 물품과 식량을 준비하여 어떻게 하면 알차고 쓸모 있는 생존배낭을 꾸릴 수 있을지 노하우를 소개하고 있다. 재난과 화재, 각종 사고, 전쟁, 나를 위태롭게 하는 비상상황은 언제 어디서 어떤 식으로 닥쳐올지 모른다. 따라서 일반인이 이 상황을 극복하고 살아남으려면 최소한의 생존배낭이라도 준비해야 한다. 하지만 이것 역시 가장 기초적이고 낮은 단계일 뿐이다. 힘들게 준비한 장비와 생존배낭을 만약 가지고 나갈 수 없게 된다거나 남에게 빼앗긴다면 어떻게 해야 할까. 갑자기 빈손이 된다거나 기껏 준비해놓은 장비와 무기들을 활용하지 못하게 된다면 크게 좌절하게 될지도 모른다.

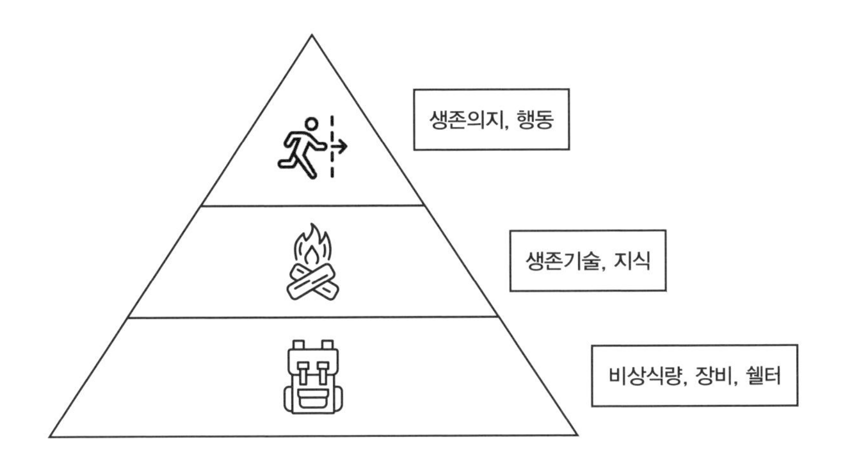

생존 우선 순위 3단계

식량과 장비, 쉘터는 위기 시 인간 생존에 가장 중요한 것이다. 특히 우리 같은 일반인에겐 더욱 그렇다. 평상시엔 돈을 주고 남의 서비스를 요청해 이용하거나 국가의 보호를 받을 수 있지만, 큰 재난이나 비상시엔 이마저 기대하기 어려우므로 문제를 직접 해결해야만 한다. 가령 펑크 난 차의 타이어를 교체하거나 수리하는 일, 고장난 보일러를 고치는 일, 가족이 먹을 먹거리와 생수를 구해오는 일, 화재가 났을 때 초기에 불을 끄고 진압하거나 대피하는 일 등이다. 톱니바퀴처럼 아귀가 잘 맞아서 딱딱 돌아가던 사회시스템은 큰 재난에 직면할수록 쉽게 멈추게 된다. 쉬운 예로 당장 핸드폰이나 통신만 끊겨도 우리는 망연자실한다. 더욱이 인간 생존에 꼭 필요한 4대 라이프라인, 즉 가스, 통신, 수도, 전기는 언제부터인가 너무도 당연하게 소비하고 있다. 마치 공기처럼 여기며 사용하고 있지만 비상시 단 그중 한 개 라인이라도 끊긴다면 대혼란이 올 것이다. 아니, 그 자체가 바로 재난이 된다. 그러므로 국가의 보호와 질서, 시스템에 일시적으로 혼란이 생길 경우를 대비하여 문제 발생 시 스스로 해결하는 법을 익혀두자.

일단 평소 모든 것이 풍족한 상황에서 필요한 생존물품을 준비해둔다. 바로 식량과 물, 생필품이다. 어떤 이유로든 하루라도 없으면 생존의 위협을 느끼게 될 물품이 바로 생존물품이다. 이런 것을 준비하는 일은 사재기가 아니라 나와 가족을 지키는 준비에 해당한다. 하지만 이 작업은 생존 피라미드 3단계 중 가장 아래에 해당한다. 사람들 대부분이 이 부분을 가장 중요하게 여기지만 실은 그보다 더 중요한 것이 있다.

생존 우선 순위 2단계

2단계는 바로 '생존기술과 지식 쌓기'이다. 장비는 있다가도 없는 것이며 준비한 것도 언젠가는 소모하게 마련이다. 하지만 내 머릿속에 집어넣은 생존기술과 지식은 남이 훔쳐가지도 못하고 소모되거나 닳을 일도 없다. 장비나 도구, 식량을 잃어버렸거나 빼앗겼더라도 그간 익힌 각종 생존지식과 경험이 있다면 얼마든지 해결할 수 있다. 심지어 이웃이 당면한 문제도 해결해 나가도록 도울 수 있다.

아무리 고성능 라이터와 화이어스타터, 나이프를 갖고 있다 하더라도 이것들을 제대로 활용하지 못한다면 없느니만 못하다. 눈보라가 세차게 치고 손발이 오그라드는 추운 상황에서는 일반 라이터나 점화도구만 가지고선 불을 피우기 힘들다. 이처럼 악조건과 주위의 제한된 상황에서는 각각의 장비와 환경에서 장점을 찾아내어 서로 결합하고 응용하는 등 나만의 해법을 찾아낼 줄 알아야 한다. 그러려면 반드시 생존기술과 지식이 있어야 한다.

처음부터 남들이 좋다고 하는 유명 메이커의 고가 장비에 마음을 빼앗겨 우선순위를 거기에 두게 된다면 다른 물건들을 사용하여 연결하는 창의력과 활용력을 키우기 어려울 것이다. 대개 고가의 전문 장비는 한 가지 목적에만 특화되어 있다. 그 분야에선 이견이 없을 만큼 특화된 것이라야 인정을 받기 때문이다. 그러나 우리에게 필요한 것은 고가의 장비 하나가 아니라 서로 연결하여 사용함으로써 장점을 최대치로 올릴 수 있는 다양하고 쓸모 있는 생존 필수 품목임을 잊지 말자.

- 라이프스트로우가 없어도 야외에서 물을 찾아 정수하고 마실 수 있다.
- 성냥과 라이터가 없어도 불을 피우고 모닥불을 만들 수 있다.
- 그릇과 수저가 없어도 음식을 요리하여 가족에게 제공할 수 있다.
- 차 타이어가 펑크 나거나 연기를 내며 멈춰도 스스로 해결할 수 있다.
- 차에 연료가 떨어져도 임시로 단기간 쓸 수 있는 대체 연료를 찾거나 만들 수 있다.
- 차 배터리가 방전되어도 다른 차를 가져와 점핑 작업을 할 수 있다.

- 자전거의 체인이 빠져나오면 다시 응급조치해서 탈 수 있다.

- 각종 재난상황에서 최우선적으로 무엇을 해야 할지를 안다.

- 다치거나 아프면 어떤 응급조치를 해야 하며 어떤 약이나 도구가 필요한지 알고 있다.

- 들이나 산에 있는 나물과 버섯, 칡 등을 구분하고 어떤 게 먹을 수 있는지 독이 있는지 감별할 수 있다.

- 물에 빠지거나 심정지에 처한 사람, 목에 먹을 것이 걸린 사람에게 심폐소생술을 처치하거나 하임리히법으로 응급조치를 할 줄 안다.

- 연기가 들어오는 실내나 기차 안에서 취해야 할 대처법을 안다.

- 아무것도 없는 야외에서 동서남북 4방위를 구분하고 주위 전봇대 표지판으로 정확한 위치를 알아낼 수 있다.

- 지도와 나침반을 볼 줄 알고 나의 위치와 가야 할 경로를 알 수 있다.

또 한 가지, 간과하기 쉬운 것이 있다. '생존기술과 지식'이 물론 중요하지만, 눈으로 구경하는 것과 내 것으로 체화하는 것은 별개의 문제다. 틈틈이 책과 인터넷, 유튜브를 보면서 남들이 보여주는 각종 생존스킬과 지식을 머릿속에 습득했다 해도 이를 "다 알고 있는 것" "나의 지식"이라고 착각하면 안 된다. 눈으로만 배운 것은 얼마가지 않아 눈이 녹아버리듯 잊게 마련이다. 따라서 꼭 필요한 지식과 스킬은 따로 노트에 기록하고 한 번 더 정리해서 반드시 머릿속에 저장해야 한다. 그리고 시간을 내어 실제로 해봐야 한다. 주말에 가족과 함께

집 밖으로 나가 눈으로 배운 지식을 손으로 연습하고 복습하라. 내 차의 스페어 타이어와 작키를 꺼내서 혼자서 교체하는 연습도 해보라. 눈으로 본 것과 직접 해보는 것의 커다란 차이를 알게 될 것이다.

생존 우선 순위 1단계

당신의 생존 우선 순위에서 가장 중요한 것은 바로 생존의지와 행동이다. 아무리 많은 장비와 식량, 차량, 무기를 갖고 있다고 해도 이보다 중요할 수는 없다. 대못도 씹어 먹을 것 같은 우락부락한 특수부대원이나 군인들도 귀를 찢는 폭음이나 비명, 옆에서 싸우던 전우가 죽어나가는 전장에서는 심리적으로 큰 충격을 받게 된다. 이를 트라우마 혹은 PTMS라고 하는데, 큰 재난과 사고 시에는 이것들이 은연중에 올라와 우리의 행동과 생각을 방해한다.

아무리 많은 지식과 경험을 가지고 있어도 용기를 잃고 첫발을 떼지 못한다면 무용지물일 뿐이다. 또 전쟁만 트라우마를 발생시키는 게 아니란 점도 잊지 말자. 지진이나 홍수 같은 큰 재난을 경험하고 나면 트라우마가 생기게 마련이다. 생전 처음 겪는 무서운 상황, 사람들의 비명, 굉음들, 서로 살겠다고 남을 밀치고 짓밟는 본능적 행동을 목격하게 되면 누구나 내상을 입게 된다. 그 뿐인가? 옆자리의 사람이 도와달라고 울거나 애걸할 수도 있다. 혹은 "이젠 다 끝났어. 우리는 죽을 거라고" 하면서 겁에 질려 불안감을 전파하거나 악소문을 퍼트리는 사람도 계속 나타날 것이다. 패닉에 빠진 대중, 책임자나 구조대는 보이지 않고, 119전화마저 연결되지 않는 최악의 상황이 닥치면 대부분의 사람은 군중심리에 휩쓸리게 된다. 이럴 때 우리는 대개 희망보다 절망에 빠지기 쉽다. 심지어 자포자기하거나 멍해지는 등 다양한 심리 상태를 보이기도 하는데 이런 사람들은 탈출방법을 알려줘도 거부하고 주저앉는다.

이런 현상은 비단 노약자에게만 나타나는 게 아니다. 모든 사람에겐 내면의 어린이가 있게 마련이어서 약하고 여린 마음이 언제든 표면으로 나타날 수 있다. 힘들고 겁이 나고 위험한 상황일수록 정신을 똑바로 차리고 침착해야 하는 이유다. 무섭고 혼란스러운 상황에 처해도 주위를 잘 살피고 파악해서 내가 할 수 있는 일은 하고, 탈출구가 있으면 찾아야 한다. 결국 나의 방어막은 강인한 정신력과 그간 쌓아온 훈련의 힘에 있다. 물론 믿을 만한 이웃과 가족, 친구, 전우가 함께한다면 큰 도움이 될 것이다. 만에 하나 부상을 당했을 때에도 빨리 회복할 수 있을 것이다.

마음의 방어막을 강화했다면 이제 행동하라. 무서운 상황에서는 발이 떨어지지 않는다는 말이 있는 것처럼 실제 상황이 닥치면 대체로 행동이 느려지거나 말이 어눌해지거나 행동을 주저할 수 있다. 그러나 건물에 화재가 난 상황에서 유일한 탈출 통로가 불에 붙기 시작했다면 어떻게 할 것인가? 위험을 각오하고 몸에 물을 끼얹고 달려가야 하지 않을까?

생존의지를 부여잡고 바로 행동하라, 움직여라, 도전하라. 가만있으면 아무런 희망이 없다. 어떻게든 비비고 움직여서 작은 틈을 벌리고 넓혀라. 닫힌 탈출구를 찾으면 맨손으로라도 열심히 두드리고 파내고 부셔서 밖으로 탈출하라. 이런 일은 남이 대신해줄 수 있는 것이 아니다. 오로지 혼자서 스스로 해낼 수 있다. 당신이 남성이든 여성이든 청소년이든 노인이든 환자든 상관없다. 먼저 나서서 움직이는 사람이 생존자가 될 것이다. 다시 한번 강조하지만 당신의 생존 우선 순위에서 가장 중요한 것은 바로 생존의지와 행동이다.

생존하고 싶다면 막아라!

야외에서 생존하기 위해 최대한 신경쓰고 막아야 하는 것들을 알아보자. 이를 소홀히 한다면 시간이 갈수록 급격히 지치고 에너지를 빼앗기게 된다. 아이나 여성, 노약자, 환자분들은 특히 더 신경써야 하는 부분이다. 쓰러지기 전에 먼저 막고 차단하라.

바람과 외기

야외서 잠시라도 쉴 곳을 찾을 땐 최대한 바람이 적은 곳을 고른다. 큰 나무나 바위 뒤, 움푹 팬 곳, 자동차나 조형물 등 큰 구조물 뒤, 하수구나 배수로, 웅덩이 같은 안쪽이다. 현재 상태에서 괜찮으니 걱정할 것 없다고 만만히 보았다가는 큰코다치기 쉽다. 해가 떨어지면 상하의 온도 차에 의해 바람이 점점 커진다. 패딩옷 등 보온대책을 세우지 않았다면 금방 지치고 체온이 급격히 떨어져서 오한이 몰려올 것이다. 그대로 더 버티다가는 주저앉거나 병에 걸릴지도 모른다. 이럴 때엔 잠시 바람을 피해 몸을 가리자. 옷은 여러 겹을 껴입는 것이 두꺼운 옷 한 벌을 입는 것보다 보온 면에서 훨씬 낫다. 주차해둔 자동차가 있다면 그 안에 들어가 쉬는 것도 좋다. 머리에서 체온을 많이 빼앗기니 모자나 머플러, 두건을 써서 보호하라. 아무것도 없다면 비닐이라도 가져다가 머리에 뒤집어써라.

바닥 냉기

보온이라 하면 체감하는 외기에만 신경쓰기 쉬운데, 바닥에서 올라오는 냉기를 막는 것도 매우 중요하다. 앉거나 누웠을 때 우리 몸이 직접 닿는 부분이 바닥면이며 열을 빼앗기는 속도도 수십 배 빠르다. 일단 잠들면 괜찮겠지 하며 억지로 누웠다가는 곧 등이 차가워지고 나의 에너지가 모두 빠져나간다는 것을 실감하게 될 것이다. 이런 상태라면 잠에서 곧 깨고 덜덜 떨게 된다. 서부영화에서 보듯 앞에 작은 모닥불을 하나 피웠다고 해서 맨땅에 담요 한 장으로 밤을 날 수 있는 건 아니다. 그런 낭만적인 장면은 영화에서나 가능한 일이다. 일단 바닥 냉기를 막기 위해 모든 것을 동원하라. 얇은 은박매트나 이불을 깔아도 몸무게에 눌려서 보온효과가 급격히 떨어진다는 점을 명심하고, 만일 바닥에 습기까지 배어 있다면 그런 자리는 피해야 할 것이다.

- 최대한 물기와 습기가 없는 곳을 찾아 잠자리로 삼아라.
- 땅바닥에서 조금이라도 띄워 잠자리를 설치하라.

- 두툼한 에어매트를 쓰는 것도 좋지만 야전에선 오래가지 못하고 금방 공기가 새거나 펑크 나게 된다. 실구멍을 때울 수 있는 수리용 테이프를 같이 휴대하자.

- 낙엽과 수풀을 긁어 모아서 바닥매트를 만들 때 생각보다 훨씬 더 많이 높게 쌓아야 한다. 몸무게에 눌리면 금방 꺼지고 곧바로 냉기가 전달되기 때문이다.

- 주위에 스티로폼이나 아이소핑크 패널 같은 건축용 단열재가 있다면 이를 이용하는 것이 가장 좋다.

- 나무판자나 방문을 떼어내서 바닥에 까는 것도 좋다.

- 신문이나 책, 옷가지, 방석, 종이박스 등 모든 것을 이용해서 바닥에 깔아라.

- 땅바닥이라면 돌을 불에 달궈서 바닥에 묻어라. 온돌 같이 느껴질 것이다.

- 등으로 바로 눕기보다 옆으로 돌려서 자라.

물, 젖는 것

땀이나 비에 젖으면 급격히 체온이 떨어져 저체온증이 된다. 물에 젖으면 30배 빨리 열을 빼앗겨 저체온이 오게 된다. 이동 중에는 웃옷을 벗거나 복장을 가볍게 해서 최대한 땀이 나지 않도록 하라. 특히 신발과 양말을 젖지 않게 한다. 한 번 젖으면 오래가고 말리기 힘들다. 오래 놔두면 옷이 소금기에 절은 것처럼 냄새가 심해져서 스트레스를 받게 된다. 젖은 신발과 양말을 신은 채 걸으면 곧 발이 부르트고 까지고 쓸리고 아파올 것이다. 젖은 양말은 바로 바꿔 신거나 불에 쬐어 말린다. 발이 젖은 채로 오래 두면 '참호족'이라는 발질환에 걸리기 쉽다. 머리가 젖는 것도 방지하라. 머리가 젖으면 체온이 더욱 더 급격하게 떨어진다. 머리에서만 체온의 30%가 방출된다는 사실을 명심하라.

체력 저하

등산이나 야외 이동 중엔 수시로 물과 음식을 먹으며 체력 저하를 막아야 한다. 비상상황에 직면하여 놀라거나 흥분하게 되면 입맛을 잃게 마련이다. 심하면 배고픈 것도 잊게 된다. 이렇게 밥 생각이 나지 않더라도 수시로 먹을 것과 물을 보충해주어야 한다. 걸어서 이동하는 중이라면 시간을 정해놓고 틈틈이 휴식시간을 갖고 쉬면서 체력 저하를 막아라. 환자나 무거운 배낭, 물건, 캐리어를 갖고 이동 중이라면 일행과 순번을 정해 교대하라. 이동 중에 간단히 먹을 수 있도록 먹을 것을 소분해서 포장하되, 가급적이면 재가열이 필요 없는 메뉴로 준비하라. 다만 안전한 장소에 있다면 라면처럼 국물이 있는 뜨거운 음식을 먹도록 하자. 마음을 안정시켜주는 심리적 포만감을 느낄 수 있다.

임시 쉘터 만들기

산이나 들판, 야외에서 노숙해야 한다면 비와 바람을 막는 것을 최우선으로 신경써야 한다. 시간이 없거나 힘이 들어도 임시 쉘터를 만들어야 한다고 강조하는 배경이다. 노숙을 시작했을 때 날씨가 따듯하거나 좋다고 해서 맨땅 위에서 지내게 된다면 새벽녘에 찬 이슬을 흠뻑 맞고 몸이 젖거나 호흡기에 해를 입을 수 있다. 주위에 어슬렁거리는 멧돼지나 들개 등 야생동물의 표적이 되거나 공격에 쉽게 노출될 수 있다. 간단하고 허술하게라도 비와 외기를 가리고 몸을 보호할 수 있는 쉘터를 만들자. 대피소나 지하도 안에서 많은 이재민과 섞여 지낼 때도 작은 텐트를 치면 큰 도움이 된다. 냉기를 차단할 수 있을 뿐더러 타인의 시야와 관심도 어느 정도 막아줄 수 있다.

김병만의 '정글의 법칙'을 보면 무인도에 도착해서 가장 오랫동안 힘을 쏟는 부분이 바로 하룻밤 묵을 쉘터를 만드는 것이다. 그만큼 임시 쉘터를 만드는 일은 중요하다. 조금이라도 바람이 덜한 곳이나 최소 1면 혹은 2면이 막힌 곳을 찾아 쉴 거처를 만들자. 비닐, 텐트

천, 나뭇가지, 나뭇잎, 판자, 주위 쓰레기, 자동차 등을 이용해서도 벽을 만들 수 있다. 새벽에 비가 내리면 누워 있는 사람들 위로 물이 쏟아지지 않게 지붕면을 특히 힘써서 방수처리해야 한다. 힘들고 귀찮다고, 혹은 배가 고프다고 이 과정을 간과하거나 건너뛰면 자는 동안 물벼락을 맞고 감기에 걸릴 수 있다. 배낭 안에 휴대하던 은박보온담요는 한 장의 크기가 210cm × 120cm 정도로 생각보다 큰 편이다. 이것들을 이용해서 A형 텐트나 타프, 가림막을 치도록 한다.

텐트 치기

무게만 아니라면 생존배낭에 2인용 소형 텐트를 휴대하는 것이 가장 효율 좋고 편히 쉴 수 있다. 캠핑용으로 나온 소형 텐트는 합성섬유 천과 유리섬유 폴대를 연결하며 바로 칠 수 있고 무게도 적당하다. 좀더 나은 것을 하려는 욕심에 4-5인용 큰것이나 원터치 텐트, 에어텐트등을 선택한다면 장기간 좀 더 편하게 지낼 수는 있겠지만 들고 이동이나 설치가 힘들다. 2인용 텐트는 시중에 2만 원 정도의 저렴한 것들도 괜찮다.

비닐로 간이 텐트 치기

제대로 된 텐트가 없더라도 우리 주위에서 흔히 볼 수 있는 것들로 간단히 간이 쉘터를 만들 수 있다. 비닐, 천, 플래카드, 은박시트, 종이박스, 가구, 라면 봉지들을 이용해서 나만의 쉘터를 만들자. 맨몸으

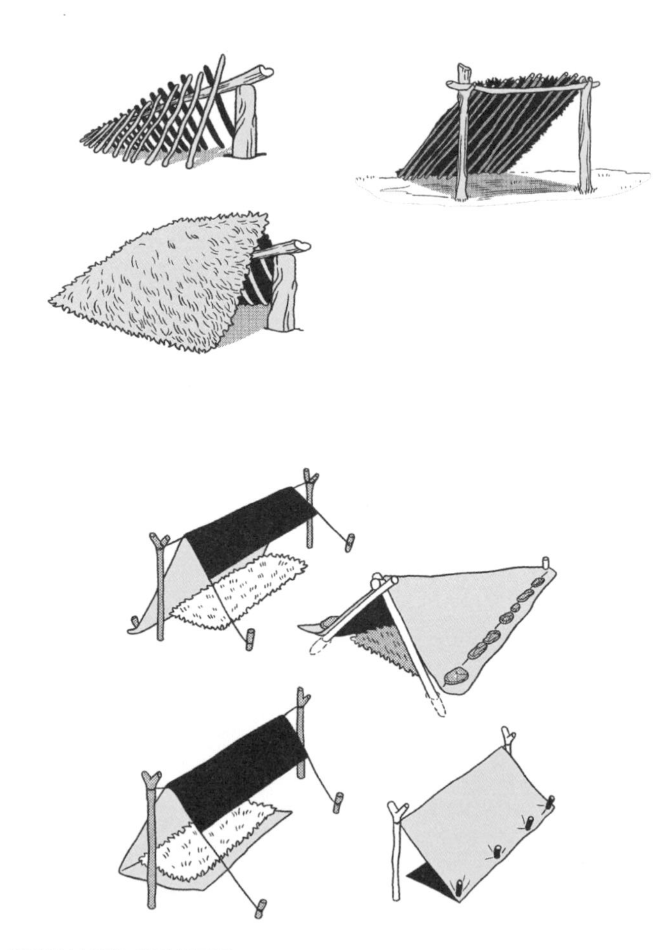

야외에서 간이 쉘터 만들기

로 버티는 것보다 훨씬 더 안락하고 따듯하고 오랫동안 견딜 수 있게 해줄 것이다.

등산스틱이나 각목, 파이프를 세우고 좌우로 줄을 연결한 후 땅에 팩으로 고정한다. 위에 비닐이나 천을 덮어씌우면 간단한 오픈형 텐트가 완성된다. 이 경우 비나 떨어지는 낙엽은 피할 수 있지만 앞뒤로 오픈되어 있어서 바람은 막을 수 없다는 점에 유념한다.

땅굴 만들기(일명 비트)

한국의 특전사는 훈련 시 야산 경사지의 흙을 3-4인이 들어갈 수 있을 만큼 파내고 위에는 굵은 나뭇가지를 얹은 후 다시 작은 가지와 나뭇잎, 흙, 눈, 이끼를 덮어서 무덤 같은 쉘터를 만든다. 이것을 비밀 아지트, 줄여서 '비트'라고 부르는데, 3명이 4-5시간 공을 들이면 충분히 만들 수 있다. 비트는 땅속 거처라서 눈보라가 치는 겨울산이라 해도 춥지 않게 며칠 동안 지낼 수 있다. 위장이 잘 되므로 밖에서는 여간해서 찾기 힘들다.

야외용 쉘터 만들기

야외에서는 큰 나무 두 그루 사이에 줄을 치거나 사선으로 나무를 얹어서 기둥을 만든 후 천, 비닐 등을 걸쳐서 쉘터를 만든다. 기둥이 한 개인 쉘터를 만드는 것도 어렵지 않다. 나무가 없다면 가지고 있는 등산스틱이나 쇠파이프, 행거파이프, 청소용 밀대자루, 자동차 본넷의 지지대 등을 빼내어 활용할 수 있다. 이렇게만 해도 한 사람이 쉴 만한 임시 쉘터를 빨리 만들 수 있다. 종류도 여러 가지인데, 숲속에 있는 말라서 꺾인 나뭇가지들을 모아서 만들어도 좋다. 인터넷이나 유튜브로 더 자세히 배울 수 있다.

버려진 차에 들어가기

주위에 버려진 차가 있다면 이를 이용하라. 차 안에 들어가 쉬는 것이 가장 빠르고 안전하다. 스타렉스 등 커다란 승합차가 가장 좋지만 승용차도 나쁘지 않다. 최대한 파손하지 않고 문을 열도록 한다. 유튜브와 틱톡엔 현대, 기아에서 생산된 자동차의 문을 간단히 열고 들어가 시동 거는 방법이 많이 나온다. 고전적인 방법으로는 앞 유리 와이퍼를 떼고 안의 철사를 뽑아내서 구부려 문을 여는 도구를 만드는 것이다. 최후의 수단은 유리창을 깨서 문을 여는 것이다. 이때 파손을 최소화할 수 있도록 뒷자리 유리를 깬다. 하지만 차 유리는 충격을 견딜 수 있도록 내구성이 강한 재질이라 웬만해서는 잘 깨지지 않는다. 뾰족한 쇠붙이나 전용 파쇄도구를 써야 쉽게 깰 수 있다. 큰 돌로 내리칠 때는 창유리 가운데보다 양옆의 모서리를 공략하라.

집이나 건물에 들어가기

주위 집이나 건물에 들어가 쉴 수 있다면 이보다 더 좋을 수 없을 것이다. 비나 외부의 위험을 피하는 가장 확실한 방법이다. 시골 동네

라면 마을 회관에 하룻밤 묵기를 부탁해보자. 혹은 약간의 비용을 지불하고라도 방 하나를 빌릴 곳이 있는지 주민들에게 물어보자. 최대한 공손히 예의를 지키며 나쁜 사람이 아니라는 것을, 또한 지금 상당히 힘든 상황이라는 것을 보여주어야 한다. 방을 구하기 힘들다면 비닐하우스나 컨테이너, 창고라도 이용할 수 있게 해달라고 사정해보라.

만약 버려진 집이나 건물을 발견했다면 임시로 비어 있는 건물인지 오랫동안 비어 있었던 건물인지 확인해야 한다. 문 앞의 우편물이나 건물의 청소와 관리 상태를 보면 어느 정도 짐작할 수 있을 것이다.

잠긴 문을 열어야 한다면 쇠지렛대 일명 빠루가 필요할 것이다. 없다면 유리창을 통해서 들어간다. 주인이 없더라도 쉬는 것 외에 물건을 훔치거나 개인의 사진첩이나 일기장을 본다든가 하면 안 된다. 실내를 훼손하거나 더럽혀서도 안 된다. 하룻밤 잘 이용하고 나올 때는 반드시 정리정돈을 한다. 메모지에 무례하게 침입해서 미안하다, 나중에 반드시 사례하겠다는 인사말과 함께 연락처를 남기도록 하자.

눈과 얼음으로 이글루 만들기

겨울이나 설원지대라면 이글루를 만들어보자. 먼저 사람이 들어가 누울 정도의 장소를 정한 후 눈을 벽돌 모양으로 자르거나 파낸다. 눈덩이를 아랫면부터 둥그렇게 뭉쳐서 벽돌 쌓듯 이어간다. 꼭 제대로 만들 필요는 없다. 반지하 형식으로 만들거나 앞서 말한 비트처럼 만들어도 된다.

지붕면까지 눈으로 마감하려면 힘이 들므로 나뭇가지, 천, 비닐, 합판 등을 이용해서 지붕을 마감한다. 이글루는 눈으로 만든 집이지만 의외로 보온이 잘 되어서 영하의 추운 날씨에서도 실내는 따듯한 쉘터 역할을 해준다.

불 피우기

캠핑이나 군 훈련 시 야외에서 하룻밤이라도 지내본 사람이라면 한여름에도 외부 기온은 꽤 춥다는 것을 알게 된다. 만약 바람과 비까지 동반한다면 몸은 금방 축축해질 것이다. 이럴 때 움직임마저 멈추게 되면 금방 저체온증이 찾아와 위험해진다. 이를 방지하려면 생존배낭 안에 넣어놓은 스웨터와 우비, 방수자켓을 꺼내 입고 모자와 면장갑도 착용해야 한다. 배낭 안에 핫팩이나 손난로가 있다면 훨씬 도움이 될 것이다.

영화의 한 장면처럼 장작을 모아서 모닥불을 지피고 싶겠지만 이 역시 쉬운 것은 아니다. 땔감을 모아 불을 지피는 것 자체가 경험 없이는 하기 어려운 일이다. 산이나 야외에서 잘 마른 땔감을 구하는 것도 의외로 어렵고, 도끼나 톱, 삽, 쇠지레 등 전용 도구가 없으면 나무가 있어도 자를 수 없지 않은가? 쉽게 구할 수 있는 신문지나 종이박스, 책, 썩은 나무, 비닐 쓰레기 등을 태우면 연기만 나고 불은 금방 꺼지게 된다.

불을 피우는 데엔 3가지가 꼭 필요하다. 점화원, 탈 것, 온도이다. 앞의 두 가지는 쉽게 말하면 라이터와 장작이라고 할 수 있겠다. 사람들은 대개 이 두 가지의 중요성을 잘 인지하지만 마지막 요소인 '온도'에 대해서는 간과하곤 한다. 하지만 불을 피울 때의 온도는 의외로 중요하고 까다로운 요소다. 실제로 날이 추워 기온이 떨어지면 불이 잘 붙지 않고 금방 꺼진다. 장작이든 종이든 차갑게 냉각되어 있다면 아무리 라이터나 화이어스타터로 불을 그어도 옮겨 붙이기가 쉽지 않다. 습기 먹은 물건에 불을 붙이면 붙는 듯하다가 쉽게 꺼지는 이유도 수증기가 증발하면서 주위의 열을 빼앗아 온도를 낮추기 때문이다. 야외에서 불을 피울 때 필요한 것이 점화원, 탈 것, 온도라는 사실을 반드시 기억하자.

야외에서 불 피우기

잘 마른 나무와 낙엽, 솔방울, 솔잎, 송진, 종이, 비닐 쓰레기 등을 모아 불을 피운다. 다만 산속에 자연적으로 말라 쓰러진 나무들은 대부분 썩어 있게 마련이어서 가볍고 쉽게 부러진다. 이런 나무는 불이 붙었다가도 금방 꺼진다. 생나무는 처음엔 불을 붙이기 어렵지만 오래간다. 라이터와 화이어스타터, 성냥 등을 이용해서 불을 붙이는 것은 의외로 쉽지 않다. 평상시 야외 캠핑장에서 자주 해보는 게 좋다. 경험이 없다면 가스토치와 번개탄을 가지고도 불을 붙이지 못하는 법이다. 만일 생나무를 구했다면 옆면에 잘게 칼집을 내어 표면적을 넓혀주어라. 이렇게 하면 불을 붙이는 데 도움이 된다. 도끼나 나이프가 있다면 나무를 최대한 쪼개서 얼기설기 쌓아 장작 사이로 바람이 통하게 한다. 최근 젤 형태의 착화제가 나와 있지만 되도록 단순하게 불 피우는 법을 연습해두는 게 좋다.

입으로 바람을 불어주면 불을 붙이는 데 도움이 좀 되지만 금방 지치고 과호흡으로 어지러울 수 있다. 이럴 때를 대비하여 미리 작은 부채나 펌프, 비닐봉지, USB 선풍기 등을 준비한다. 장작 위에 양초 하나를 조각내서 이리저리 올리고 불을 붙이면 쉽게 붙일 수 있다. 이렇게 해서 일단 불이 붙으면 젖은 나무나 땔감을 주위에 쌓아 바람을 막고 서서히 마르게 한다. 뒤쪽엔 큰돌을 쌓아서 바람막이 겸 열 반사판으로 사용한다. 몇 시간 후 돌에 어느 정도 온기가 돌면 옷이나 천으로 감싸서 침낭 안에 넣으면 따듯하게 잘 수 있다.

다코타 화덕(Dakota Stove) 만들기

맨바닥에 불을 피우는 것은 의외로 힘이 드는 고수의 영역에 속한다. 벽돌이나 평평한 돌을 둘러 쌓아서 바람을 막고 연통을 만들면 공기의 흐름 덕분에 불 피우기가 더 쉬워진다. 유튜브에서 '벽돌 로켓스토브'로 검색하여 방법을 알아두자. 적당한 돌이 없다면 땅에 작은 구덩이 두 개를 얕게 파고 U자형으로 연결하면 다코타 화덕(Dakota Stove)이 된다. 먼저 땅에 지름 30cm의 구멍을 30cm 깊이로 판다. 그리고 40-50cm 떨어진 지점에 좀 더 작은 구덩이를 파고 아래쪽을 서로 뚫어 이어준다. 뒤쪽의 작은 구멍을 통해 큰 구덩이로 공기가 유입되면서 연소 효율을 높여주는 원리다. 바람이 세도 큰 영향을 받지

땅에 2개의 구덩이를 파고 연결해 만드는 다코타 화덕

않기에 불씨가 날려서 산불이나 화재가 날까 걱정할 필요도 없다. 비상시 멀리서 눈에 띄지 않게 불을 피워 물을 끓이거나 요리를 할 수도 있다. 다 쓴 후에는 파낸 흙을 덮어버리면 간단히 흔적을 없앨 수 있다. 다코타 화덕은 로켓스토브와 원리가 비슷해 불의 온도가 높고 연료가 적게 들어간다.

도시에서 불 피우기

도시에서 불을 피우는 것이 초보자들에겐 더 쉬운 일이다. 주위를 둘러보면 목재 파편이나 쓰레기, 자동차들이 넘쳐날 것이다. 목재로 된 가구나 울타리, 대문, 문짝, 책상, 데스크, 가로수, 팔레트 등을 떼어와 불을 붙이면 된다. 이미 잘 말라서 불을 붙이기 쉽다. 다만 페인트나 니스칠이 된 것, 연한 녹색의 방부목을 태우면 검은 연기와 유독가스가 발생하기 때문에 되도록 피한다. 합성섬유나 플라스틱, 타이어, 비닐과 나일론도 좋지 않다. 태우면 연기와 그으름이 엄청나며 호흡기에 영향을 미친다. 그러나 저체온증으로 떠는 것보다 나을 것이므로 현재 자신이 처한 상황과 장소를 잘 살핀 후 이용해보자.

빠루나 망치 등 간단한 도구가 있다면 주위에 방치된 버려진 차들에서 유용한 것들을 빼낼 수 있다. 가장 먼저 트렁크 하단부에 위치한 연료통에서 연료를 뽑아낸다. 뒷자리 시트의 하단부를 떼어내면 연료탱크로 연결된 연료펌프가 보이는데, 이걸 열면 좀 더 편하게 연료를 뽑아낼 수 있다. 차에서 뽑아낸 연료는 불을 수월하게 지펴주지만 실은 다른 차나 오토바이, 비상용 발전기의 연료로 더 중요하게 쓰일 수 있음을 명심하자. 그리고 휘발유를 뽑아내 불을 붙일 때는 정말 조심해야 한다. 조그만 통에 나눠담고 조금씩 뿌리는 것이 철칙이다. 욕심을 내어 큰통에 담았다가 사용 시 불이 유증기로 순식간에 옮겨 붙으면 정말 큰 변을 당할 수도 있다.

연료를 다 뽑아냈다면 앞쪽 엔진룸에서도 쓸 만한 것을 찾아보자. 엔진오일팬의 하단 볼트를 열면 4-5리터 정도의 엔진오일을 뺄 수 있고, 그 옆의 미션케이스에 달린 배출볼트를 열면 5리터 정도의 검붉은색 미션오일을 빼낼 수 있다. 이것 역시 불에 상당히 잘 타고 연료로 쓰기에도 좋다. 먹고 남은 참치캔에 오일을 조금 부어놓고 종이나 옷을 꼬아 심지를 만들어 불을 붙이면 오랫동안 켜둘 수 있는 등잔불이 된다.

구조 요청 및 119 신고하기

전 세계가 기후변화와 기상이변으로 각종 자연재해에 직면했다. 뿐만 아니다. 노후시설로 인한 안전사고도 급증하는 실정이다. 재난은 이제 남의 일이 아니다. 나에게도 언제든 닥칠 수 있다고 생각하고 사전에 대비해야 한다. 위급상황이 발생했다면 119로 연락해 도움을 요청하라. 그러나 2022년 여름 서울에 역대급 폭우가 내리면서 곳곳에 수해재난이 터지고, 119신고 전화가 연결조차 되지 않아 피해가 컸다는 점 역시 상기해야 한다. 119로 전화연결이 되지 않을 경우 당황하지 말고 문자나 신고 어플을 사용하라. 정 안 되면 112로 해도 된다.

2018년 여름, 청주 야산에서 등산하다 실종되었던 중1 여학생이 열흘 만에 기적적으로 구조되었다. 최근 깊은 산이나 강가, 무인도, 오지로 등산과 캠핑, 트레킹을 홀로 많이 가는데 이에 따라 사고나 조난도 빈번하게 발생하고 있다. 만반의 준비를 해야 한다고 강조하는 이유다. 가령 너무 외지고 깊은 곳에는 홀로 가지 않는다. 그리고 사전에 어디에 갈 것인지 주위에 미리 알려야 한다. 또 지름길로 간다고 해서 입산통제 구역으로 들어가면 안 된다.

일반적인 주의 사항

만약 낯설고 깊은 산이나 야외에서 길을 잃었다면 일단 그 자리에서 움직이지 말고 있어야 한다. 핸드폰의 내비게이션으로 위치를 파악하거나 일행에게 전화하고 기다리는 것이 가장 좋은 방법이다. 다급한 마음에 일행을 찾으려고 이동할수록 더 깊고 외진 곳으로 들어가게 마련이어서 구조가 힘들어질 수 있다. 깊은 산은 수풀이 우거져서 길을 헷갈리기 쉽다. 등산 시엔 길 중간마다 있는 이정표 번호를 기억하거나 나무에 달린 리본 등의 사진을 찍어두자. 반드시 해가 지기 전에 내려오도록 일정을 짜고, 일행 중에 노약자가 있다면 가장 속도가 느린 사람을 기준으로 일정을 잡는다.

만에 하나 조난을 당했을 경우, 당황하지 말고 구조대가 올 때까지 체온유지를 잘 하며 버티는 게 관건이다. 산중에서는 한여름에도 밤에 기온이 뚝 떨어지게 마련이다. 특히 비에 옷이 젖거나 바람까지 불게 되면 체온이 급격히 떨어져서 몇 시간 만에도 사망할 수 있다. 때문에 등산자켓, 우비, 은박담요, 낙엽으로 덮어 몸을 잘 보온하고, 비바람을 피할 수 있는 바위나 나무 아래로 가서 체온과 힘을 아끼면서 구조대를 기다려야 한다.

산에서 조난당했을 때 나의 핸드폰이 터지지 않는다면 다른 사람 것을 써보아라. 통신사가 다르면 연결될 수도 있다. 통화가 되지 않아도 문자나 SNS는 될 수 있으므로 포기하지 말고 시도해본다. 좀 더 높은 봉우리나 바위 위로 올라가면 신호가 잡힐 수도 있다. 이때 산길 중간마다 있는 이정표 번호를 불러주는데, 정 아무것도 모르겠다 싶으면 스마트폰 구조앱으로 신고하라. 큰 산일수록 휴대폰 연결이 힘드니 등산 시 미리 무전기를 휴대해서 일행들 선후미간 수시로 연락하는 것이 제일 바람직하다.

구조 요청

고립되거나 조난되었을 때 다급한 마음에 살려달라고 큰소리로 외치기 쉬운데 이것은 좋지 않은 방법이다. 큰소리를 치면 금방 체력이 떨어지고 목도 마르게 된다. 이럴 때는 호루라기를 소리내어 부는 게 제일 좋다. 주위에 있는 나무토막이나 돌을 부딪쳐서 SOS신호를 보내도 된다. 〈엑시트〉에 나오는 것처럼 '따따따 따아따아따아 따따따' 하고 외쳐라. 짧게 3번, 길게 3번, 다시 짧게 3번 연속으로 하면 된다.

그래도 구조가 늦어져서 혼자 산에서 밤을 지내게 된다면 너무 걱정하지 말고 비바람을 막을 수 있는 바위나 큰나무 밑 혹은 안전지대로 가서 체온을 보존하고 체력을 아끼며 구조대를 기다려야 한다. 아무것도 없다면 등산배낭 바닥을 뚫어서 그대로 뒤집어 입는다.

다만 너무 산속 깊은 곳으로 들어가면 구조대가 발견하기 힘드니 눈에 잘 띄는 곳이나 입구 쪽에 모자나 스카프, 소지품 등을 걸어놓아 사람이 있다는 표시를 해둔다. 필자가 이 책의 서두에서 밝힌 '생존의 333 법칙'을 기억하는가? 숨 안 쉬면 3분, 물 없으면 3일, 밥을 안 먹으면 3주 버틴다는 것 말이다. 그러니 무작정 겁을 먹을 필요가 없다. 자신이 처한 상황을 잘 파악하여 대처한다면 어린아이도 버틸 수 있다. 위기에 빠졌다고 너무 크게 두려워하지 말자.

SOS 신호 보내는 법

위기에 처했을 때 다양한 방법으로 SOS 구조 요청을 보낼 수 있다. 호루라기나 소리, 소음, 플래시 불빛, 연기, 차의 클랙슨, 거울 햇빛 반사, 두드리기, 진동, 눈 깜박임, 크기 구별 등 많은 것들을 사용할 수 있다. SOS 구조 요청 신호는 주로 '모르스 부호'를 의미한다. 모르스 부호는 짧은 점과 긴 선의 조합으로 되어 있는데 이를 소리와 빛, 진동 등에 모두 이용할 수 있다. 가장 널리 알려진 SOS 모르스 부호는 짧게 세 번, 길게 세 번, 짧게 세 번을 보내는 것이다.

영문	한글	모르스부호	영문	한글	모르스부호
A	ㅗ	·−	N	ㅛ	−·
B	ㄷ	−···	O	ㅍ	−−−
C	ㅊ	−·−·	P	ㅈ	·−−·
D	ㅡ	−··	Q	ㅐ	−−·−
E	ㅏ	·	R	ㅠ	·−·
F	ㄴ	··−·	S	ㅕ	···
G	ㅅ	−−·	T	ㅓ	−
H	ㅜ	····	U	ㅣ	··−
I	ㅑ	··	V	ㄹ	···−
J	ㅎ	·−−−	W	ㅂ	·−−
K	ㅇ	−·−	X	ㅋ	−··−
L	ㄱ	·−··	Y	ㅔ	−·−−
M	ㅁ	−−	Z	ㅌ	−−··

영문/한글/모르스 부호

야외에서 방향 찾기

생존의 시작은 내가 지금 어디에 있는지 정확히 아는 것부터다. 현재 위치를 알아야 갈 곳도 정할 수 있다. 도시재난 상황도 산이나 오지, 정글 못지않게 방향 찾기가 중요하다. 스마트폰의 구글지도와 티맵은 편리하지만 어느 순간 먹통이 될 수 있다. 고층빌딩 숲에서도 길을 잃고 헤맬 수 있다. 지도와 나침반 같은 구시대의 아날로그 기술은 단순하지만 믿을 수 있다. 어떤 상황에서도 방향과 길을 찾을 수 있도록 준비하자.

1. 나침반 보는법

- 지구의 자기장으로 나침반 바늘이 움직인다.
- 방위는 동(E)서 (W) 남 (S) 북 (N)으로 표시된다.
- 빨간 바늘은 북쪽(N)을 표시한다.
- 북쪽은 딱 하나의 방향만 표시되지 않는다. 자북, 도북, 진북으로 미세한 차이가 난다.

자북: 나침반의 북쪽(매년 변동)

도북: 지도의 북쪽(지도의 세로줄)

진북: 북극성 방향

2. 시계와 해로 남쪽 찾기

먼저 손목시계의 시침을 태양의 방향으로 향하게 한다. 이때 숫자판의 '12'와 시침 사이의 정중앙이 남쪽, 반대편은 북쪽이 된다

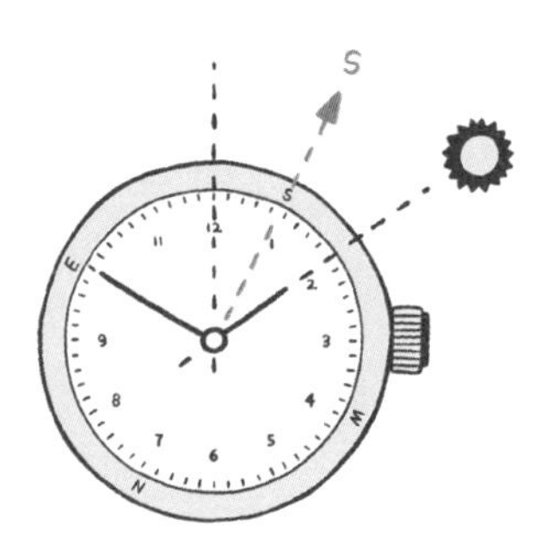

3. 별자리로 방향 찾기

- 낮엔 태양, 밤엔 북극성을 이용하여 방향을 찾는다.
- 해는 동쪽에서 떠서 서쪽으로 진다. 한낮의 태양은 남쪽에 위치하며 막대기를 땅에 꽂아서 방향을 확인한다.
- 밤엔 진북쪽을 가리키는 북극성을 찾는다.
- 밤하늘에서 가장 쉽게 찾을 수 있는 별자리는 국자 모양으로 된 북두칠성이다. 국자의 위쪽으로 5배쯤 거리에 북극성이 위치한다. 북극성은 사계절 상관없이 움직이지 않고 항상 고정되어 있다.

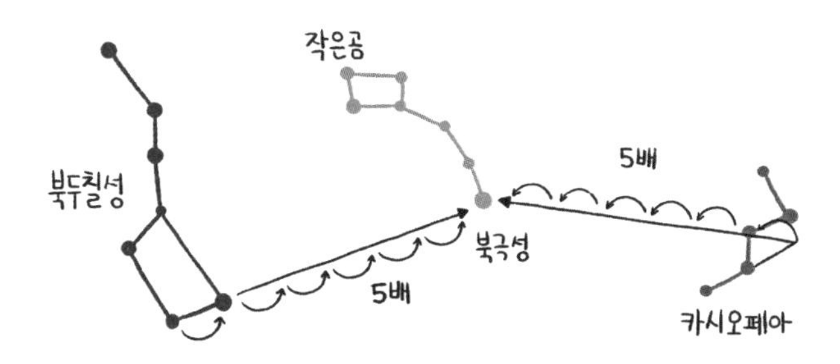

4. 이끼와 나이테로 방향 찾기

- 이끼는 햇빛이 적게 들어오는 북쪽 바위나 나무에 많다.
- 나무의 나이테가 넓은 쪽이 남쪽, 좁은 쪽이 북쪽이다.

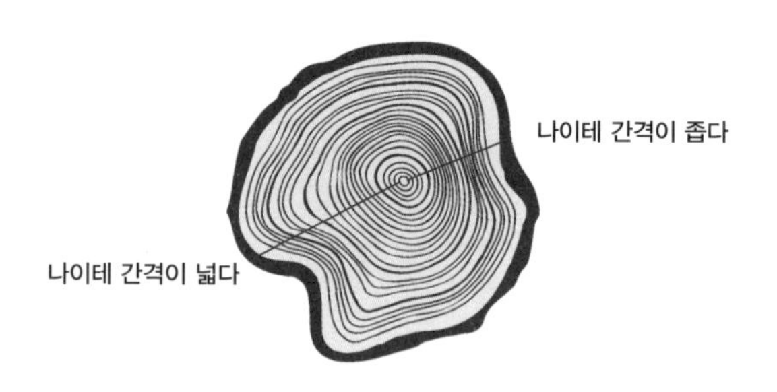

서로 돕고 같이 노래하라

보통 사람들은 갑작스런 위기에 처하면 크게 놀라고 제대로 대처를 못해 더 위험해진다. 비상상황일수록 빨리 정신을 차리고 움직여야 하는데 겨우 10-20%의 사람들만이 냉정하게 행동하게 된다. 그외 70%는 당황해서 우왕좌왕하거나 주위 사람을 따라 하고 나머지 10%는 심한 패닉에 빠져 얼어붙어 꼼짝 못 하고 멍해지거나 울거나 비명을 질러댄다. 재난영화에서 자주 보듯 정신이 붕괴되는 것이다.

1. 일반적인 재난심리

갑작스런 사고나 재난 시 놀라면 몸과 머리가 마비되는 '얼음 증후군'이 있다. 크게 놀라거나 공포가 셀수록 이성이 마비되고 실제로도 꼼짝하지 못한다. 보통 발이 안 움직인다고도 하는 바로 그 현상이다. 심리적으로 약하거나 관련 트라우마 영향도 큰데 위기 시에 제때 도망가지 못하게 만드는 원인이 된다.

'해리'라는 무관심 반응도 있다. 넋이 나간 것 같은데 감당할 수 없는 공포나 상황에서 스스로를 보호하기 위한 본능이다. 비상상황에서 오히려 위험을 외면하는 일종의 '현실거부' 심리다.

사람의 뇌는 이상해서 주위의 각종 위험 신호들을 봐도 애써 무시하고 외면하기도 한다. 사자에 쫓기는 사슴이 수풀에 머리를 박는 것과 같다. 더 심해지면 행동이 느릿느릿하거나 남의 일인 듯 무관심한 모습을 보이기도 하고, 실실 웃거나 주절주절거리는 등 상황에 맞지 않는 이상행동을 하기도 한다. 하지만 외면한다고 사자나 위험이 그냥 지나가는 것은 아니다. 그러나 이들 역시 훈련이나 주변의 자극으로 외면 상황에서 벗어날 수 있으므로 평소 더욱더 적극적으로 훈련에 임해야 한다. 또 급한 순간 도망가야 할 때는 "정신 차려, 빨리 도망쳐"라고 옆에 큰 소리로 외쳐주면서 같이 도망갈 수 있게 돕는다.

반대로 과도하게 흥분하여 격하게 반응하는 분들도 많다. 공포에 질려 비명을 지르며 어쩔 줄 몰라하는 것이다. 뇌가 과하게 흥분해 패닉에 빠진 것으로 이는 예전 선사시대 때 맹수를 만나면 큰 소리로 울부짖어 내쫓고 주위에 알리던 본능과 비슷하다. 하지만 이런 행동은 오히려 빠른 위기대처에 방해가 될 수 있다. 역시 평소 대처 훈련을 하면 실제 상황에서 놀라지 않고 올바르게 행동할 수 있을 것이다.

공포와 패닉은 육체적으로도 영향을 받게 된다. 크게 놀라면 시야나 청력이 줄어드는 '터널시야' '터널청력' 현상이 나타난다. 이는 파이프로 앞을 보는 것처럼 좌우는 깜깜해지고 아주 조금만 보이는 현상이다. 그래서 코앞의 비상구나 탈출구를 못 보고 옆 사람 말도 들리지 않게 되며 심하면 일시적으로 눈이 보이지 않게 되는데 '눈앞이 깜깜해진다'라고 하는 게 바로 이런 상황이다. 하지만 곧 회복되니 절대 당황하지 말아야 한다.

2. 재난 피해를 키우는 문제적 심리

평소 사람들이 자신의 위험을 과소평가하는 것이 가장 문제적이다. '나에게 위험이란 없다' '설마 내게 별일이 있겠냐' 하면서 뉴스나 주위 사고소식에 안타까워하지만 나의 일은 아니라고 여기는 성향이다. '이제까지 괜찮았으니까' 하는 일종의 방심인데 이것이 제일 문제다. 그러다 갑자기 큰 위기가 닥치면 더 크게 놀라고 패닉에 빠진다. 앞서 언급한 이상행동들을 하게 된다. '언제든 나도 큰일을 겪을 수 있다'는 마음가짐을 가져야 한다.

또한 혼자 있을 때보다 여럿이 있을 때 위험을 과소평가하는 성향도 있다. 무단횡단도 혼자 할 때는 조심하지만 다같이 할 때는 좌우도 안 보고 안심한 듯 행동한다. 하지만 다같이 모여 있다고 해서 안전한 것은 아니다. 타인에게 의존하는 '동조 경향'도 위험하다. 뭔가 위험하지만 확실치 않을 때 다른 이들의 눈치를 보고 주저하고 망설이게 된다. 한국, 일본, 중국처럼 남의 이목을 신경쓰는 유교문화권이나 사람이 많을수록 더욱더 그런 분위기에 휩쓸리게 된다. 하지만 위험 징조를 본다면 당장 일어나 확인하고 혼자라도 대피하거나 행동하라. 2022년 이태원 할로윈데이 참사도 여러 원인이 있지만 개인과 군중의 심리가 위험을 간과하게 하고 재난으로 확산시킨 면도 있다.

3. 교육과 훈련으로 극복하라

평소 경각심을 갖고 교육이나 훈련을 통해서 이런 여러 취약점을 극복할 수 있다. 비상시 인간 심리와 올바른 대처법에 대해서 연구하고 미리 아는 것이 중요하다. 이것 역시 생존의 한 분야다. 비상 매뉴얼을 만들 때도 사람 심리를 중요하게 여겨서 반영해야 한다. 재난영화를 보면서 사람들이 왜 저렇게 행동할까를 연구하는 것도 좋은 방법이다.

비상시에 당황하지 않고 빨리 정신을 차릴 수 있는 방법들을 찾아라. 위기 시 심장이 빨라지고 과호흡이 되는데 이렇게 되면 상황이 더 악화한다. 악순환이 지속되는 것이다. 이때는 천천히 심호흡을 하고 마음을 안정시켜야 한다. 좋은 방법 중 하나가 큰소리로 노래를 부르는 것이다. 무서운 밤거리를 걸을 때 홀로 노래를 부른 경험이 한번쯤 있을 것이다. 이는 심리학적으로도 입증된 방법이다.

4. 합창하라

한 걸음 더 나아가서 재난을 당했을 때 많은 사람과 큰소리로 합창해보라. 미국 9·11테러 당시 무역센터에 입주했던 금융회사 모건스탠리 직원들의 생존일화는 유명하다. 당시 이 회사의 안전관리자 '릭 레스콜라'는 앞 건물이 비행기 테러로 공격을 받아 불타오르자 바로 대피명령을 내렸다. 건물 안내방송에서는 가만히 대기하라고 나왔지만 릭은 회사 전체에 비상벨을 울리고 계단을 통해서 전 직원을 대피시킨다. 회사직원과 손님들 3천 명가량은 좁은 계단을 통해 거의 모두 내려왔고 안전하게 대피할 수 있었다. 그러고 나서 잠시 후 그들이 내려온 빌딩이 붕괴했다. 이때 3천 명의 모건스탠리 사람들은 겁을 먹거나 서두르지 않고 단체로 노래를 부르며 대피했다. 평소 안전관리자인 릭 레스콜라의 지도 아래 훈련하던 대로 행동한 것이다. 이후 지진현장에서도 사람들이 대피할 때 다같이 합창하는 장면이 많이 보도되었다.

불안할 때 노래를 부르는 것처럼 큰 사고나 재난상황에서 부를 노래를 준비하자. 대피노래는 누구나 알고 적당한 리듬의 노래여야 한다. 다같이 합창하면 마음도 안정되고 동료애도 생긴다. 유행가나 동요, 회사사가나 학교교가도 좋다. 미리 어떤 노래가 좋을까 몇 곡 정도 생각해두자. 학교나 직장에서 대피훈련을 할 때도 합창하면서 이동하는 훈련을 해보자.

5. 먼저 나서고 먼저 도우라

재난은 언제 어디서든 일어나게 된다. 하지만 얼마나 빨리 극복해서 그 피해를 회복하냐 못 하냐의 차이는 119소방관이나 정부, 공무원보다 우리 모두에게 달려 있다. 주변 사람들 가운데 곤란에 처한 이들이 있다면 내가 먼저 나서서 도와야 한다. 우리 모두가 먼저 나서야 한다. 앞서 군중 밀집 현장에서 내 옆의 누군가가 넘어지면 얼른 일으켜 세워야 한다고 말했다. 군중 속에서 가장 약한 한 명이 넘어지면 그뒤로 많은 이들이 도미노처럼 넘어지고 결국은 집단 압사 사고로 이어진다. 내 옆의 한 명을 일으켜 세우는 것이 우리 전체와 나를 살리는 길이다.

사고와 재난상황을 본다면 먼저 나서서 돕고 자원봉사에 적극적으로 참여하라. 무리나 동호회 등 평소부터 자원봉사 모임을 만들어서 익숙해지는 것도 좋다. 직장, 학교, 같은 아파트 단지, 인터넷 모임 등 모두 가능하다. 사회공동체를 지켜야 우리 모두가 살 수 있음을 명심하자.

각종 신고전화 및 홈페이지

1. 위기상황, 긴급상황 시 신고전화

- 재난신고 119, 범죄신고 112, 민원 상담 110
- 행정안전부 중앙재난안전상황실 044)205-1542~3

2. 행정안전부 국민행동요령, 임시주거실 등 안내

- 행정안전부 홈페이지 http://www.mois.go.kr
- 행정안전부 국민재난안전포털 http://www.safekorea.go.kr
- 스마트폰 어플리케이션 '안전디딤돌'

3. 유관기관 연락처 및 홈페이지

- 행정안전부 044)205-6366, http://www.mois.go.kr
- 기상청 02)2181-0900, http://www.kma.go.kr
- 고용노동부 044)202-8972, http://www.moel.go.kr
- 보건복지부 044)202-2652, http://www.mohw.go.kr

(질병관리청 043)719-7082, http://www.kdca.go.kr)

- 농림축산식품부 044)201-1474, http://www.mafra.go.kr
- 농촌진흥청 1544-8572, http://www.rda.go.kr
- 해양수산부 044)200-5617, http://www.mof.go.kr
- 교육부 044)203-6355, http://www.moe.go.kr

출처: 국민재난안전 포털

안전 및 봉사 관련단체

• 한국자원봉사센터협회 www.kfvc.or.kr • 02-715-8008

자원봉사센터 상호간의 활동과 정보교환 및 한국자원봉사 활동의 효율적 조정, 지원, 육성을 통해 민주시민의 공동체 의식배양과 공익증진에 기여하는 단체.

• 사회복지공동모금회 www.chest.or.kr • 02-6262-3000

'사랑의 열매'를 캠페인 상징으로 하여 주민들의 자발적인 참여로 성금을 모금하고, 우리나라 사회복지 전 분야에 성금을 배분하는 민간의 대표적인 모금기관.

• 한국자원봉사협의회 www.vkorea.or.kr • 02-737-6922

자원봉사활동 기본법 제17조 규정에 의한 법정단체로서 국내 200여 자원봉사단체에 가입되어 있는 자원봉사계의 기본 인프라 기구.

• 희망브릿지 전국재해구호협회 www.relief.or.kr • 1544-9595

재난에서 희망으로! 갑작스런 재난·재해로 힘들어하는 이웃을 돕기 위해 설립된 '재난 구호모금 전문기관'.

• 국민안전관리진흥원 www.psaa.co.kr • 1577-4308

안전사고 예방을 위한 안전전문인력양성 및 안전교육사업, 안전관련 인증·평가를 수행하는 단체 및 행정안전부 국민안전교육기관으로 지정된 단체.

• 안전생활실천시민연합 www.safelife.or.kr • 02-843-8616

"교통/가스/화재사고 등 각종 안전사고를 시민의 힘으로 예방하자"는 취지로 활동 중인 비영리 시민단체.

• 한국아마추어 무선연맹 www.karl.or.kr • 02-575-9580

정당한 아마추어 무선통신과 실험을 장려 지도하고, 무선통신 분야의 기술 향상과 이의 보급 및 천재지변 등 긴급한 재해발생 시 통신지원과 인명구조 및 구호활동을 하며 무선국을 통한 사회봉사와 회원권익 및 상호간의 친목을 도모.

• 해병대전우회중앙회 http://rokmcva.kr • 02-417-0928

80만 전우들이 함께 뭉쳐 국가에 헌신 봉사하는 국민의 봉사대로서, 국가수호는 물론 "무적해병" "귀신 잡는 해병"의 전통을 지켜가고 있는 단체.

▶ 재난영화로 배우는 생존법7

서바이벌 패밀리

타이틀	서바이벌 패밀리(Survival Family, 2017)
장르	코미디
국가	일본
등급	전체관람가
러닝타임	117분
감독	야구치 시노부
출연	코히나타 후미요, 후카츠 에리, 이즈미사와 유키
줄거리	어느 날 아침 갑자기 일어나보니 모든 전기가 끊겼다. 집 안의 전기와 형광등은 물론 아파트 승강기도 핸드폰도 거리의 자동차, 전철, 버스 등 모든 것들이 동시에 멈췄다. 처음엔 며칠만 지나면 회복될 줄 알았지만 물도 식량도 모두 떨어졌다. 주인공 스즈키 가족은 도쿄를 탈출해 친척이 있는 먼 시골로 가기로 마음먹고 자전거를 꺼내 페달을 밟는다. 전기가 사라진 세상에서 이 가족은 무사히 도쿄를 벗어나 탈출하고 살아남을 수 있을까?

▶ 감상평 & 영화로 배우는 생존팁

현대문명의 4대 라이프 라인이란 전기, 통신, 수도, 가스를 말한다. 실제 한국에서도 2011년 9월 15일 추석 연휴가 끝나자마자 전국 거의 곳곳에서 연쇄 정전 사태가 발생하여 거의 대 정전 직전까지 갔다 복구되었다. 과학자들은 여러 인류 재난 시나리오 중 전지구적 대 정전도 가능하다고 전망하고 있다. 대규모 태양 흑점 폭발로 인한 태양풍이나 고에너지 우주선 (宇宙線), 혹은 EMP전자폭탄 공격이나 사이버 테러로 인해 한 도시나 국가, 혹은 전 세계가 동시에 먹통이 되는 것이다. 대 정전은 단순히 전기만 문제가 아니라 바로 통신망이 끊기고 이후 수도와 가스까지 멈추게 된다. 이런 상황이 빨리 복구되지 못하면 물류망이 멈추면서 전 세계 인류가 식량난과 물부족, 전염병으로 많게는 수십억 명에 이르는 사망자가 날 것으로 예측하고 있다.

영화는 어느 날 갑자기 전 세계의 전기가 끊기면서 서민 일가족이 웃픈 생존상황을 경험하는 내용이다. 전기를 못 쓰게 되면서 격는 혼돈상황을 가족 중심으로 담아낸 게 장점이다. 정전재난이 이어지자 생수나 쌀 등 생필품 값이 시간이 다르게 폭등한다. 결국 돈도 무용지물이 되고 롤렉스 시계나 외제차조차 아무도 거들떠 보지 않는 상황. 하지만 전업주부였던 엄마는 노련한 협상력으로 물과 식량을 확보한다. 처음엔 집에서 휴대폰만 보며 징징거리고 철없던 아들딸도 힘든 피난을 같이하면서 성장해간다. 평소 투덜거리기만하고 무능했던 아빠도 가족들을 먹여 살리기 위해서 남에게 빌고 맨손으로 뗏목을 만들고 돼지를 잡는 등 최선을 다하며 함께 성장하는 모습이 훈훈하다. 차 대신 증기기관차와 자전거가 요긴한 장비로 쓰이는 것, 깨끗해 보이는 개울물을 마시고 설사하는 장면, 목이 마르자 자동차 배터리 보충액과 고양이 캔 사료를 먹고, 먹을 것은 말리고 훈제해서 장기보관하기, 수동 물펌프와 호롱불을 쓰는 법, 핸드폰 커버로 펑크 난 자전거 타이어를 수리하는 장면들이 특히 인상적이다. 영화 속 일가족의 꾸질하고 짠내나는 생존과정이 실제 상황에도 잘 들어맞아서 유용하며, 의외로 좋은 생존교과서 역할을 한다.

▶ 한줄평

재난생존 영화지만 발암 캐릭터나 큰 스트레스 없이 결말도 해피엔딩. 온가족이 모여서 보고 우리가 만약 이런 상황이 되면 어떻게 할까, 가볍게 논의해보면 좋겠다.

에필로그_내가 할 수 있는 것을 하라

생존배낭. 거창한 듯싶으면서도 별거 아닐 수도 있다. 쓸모든 만드는 것이든 다 그렇다.

잘 준비해두었다고 해서 어떤 상황에서든 다 쓸 수 있는 것도 아니다. 큰 재난이 벌어지면 도움이 되지 않을 수도 있다. 남들처럼 모르고 있는 게 약일 수도 있다. '죽고 살고는 다 팔자소관이지'라고 생각하는 사람도 있을 법하다. 어쩌면 그 편이 마음 편할지도 모른다. 물론 정말 운이 좋아서 평생 내게는 아무 사건도 문제도 닥치지 않을 수도 있다. 대신 좋지 않은 뉴스를 보면서 희생자들을 안타까워하고 애도하면서 책임자를 빨리 처벌하라고 화를 내기도 할 것이다. 우리 대다수는 사실 이렇게 살고 있다. 하지만, "그래도 필요한 분"이 있을 것 같아서 이 책을 쓰게 되었다. 어르신들은 종종 "생사는 종이 한 장 차이"라고 말씀하신다. 이 책이 당신에게 단 1%라도, 아니 종이 한 장만큼이라도 안전에 도움을 주게 된다면 더는 바랄 게 없을 것 같다.

필자는 이 책에서 생존배낭에 대해서 이것저것 설명하고 다양한 방법들을 제시했다. 하지만 가장 중시한 파트는 비상시 생존에 도움되는 여러 훈련과 대응법이다. 한국 정부의 재난대처 매뉴얼은 미국과 일본에 비해서 많이 부실하다고 비판을 받고 있다. 미국의 재난방재청 페마의 매뉴얼은 홈페이지에 각 상황별로 시민들이 어떻게 대처해야 하는지 자세하고 실질적인 대처방법을 소개한 것으로 유명하다. 이민자의 나라답게 수십 개국의 언어로 번역이 되어 있어서 영어를 한 마디도 못하는 사람이라고 해도 읽고 따라 하는 데엔 아무 문제가 없다. 심지어 반려동물들을 어떻게 데리고 탈출해야 하는지에 대해서도 구체적으로 나와 있다. 일본은 매뉴얼의 나라인 만큼 지진과 재난에 대한 책도 많고 갖가지 매뉴얼이 잘 정비되어 있다. 한국에서 경주포항 지진 이후 도쿄시의 방재매뉴얼이 소개되었는데 이를 본 많은 한국민이 깜짝 놀랐다. 아이들도 쉽게 이해할 수 있을 만큼 자세한 설명과 그림으로 실용적인 대처방법을 소개했기 때문이다. 그 양 역시 어마어마해서 무려 300페이지가 넘을 만큼 방대했다.

이에 반해 한국의 재난대처 매뉴얼은 너무 간략하고 형식적이라고 비판받는다. 지금은 소용없는 오래전 내용들이 버젓이 들어가 있고, 앞장의 년도만 바뀐다 해서 '표지갈이'라고 비난받기도 했다. 필자가 본 우리나라 매뉴얼의 진짜 문제는 정말 최악의 상황 시 할 수 있는 대안과 대처방법들을 제시하지 않았다는 점이다. 가령 수도가 단수되었을 때 "깨끗한 물을 구해 마셔라"라고 말할 뿐 어디 가서 어떻게 물을 구하면 되는지 언급이 없다. 이에 반해 미국 매뉴얼에는 빗물이나 고인물 등 약간 오염이 의심스러운 물을 정수해 마실 수 있는 여러 대안을 제시하고 있다. 그중에는 어느 집 주방, 부엌에도 있는 청소용 락스를 이용해 물을 정수해 마시는 방법도 나온다. 하지만 우리의 매뉴얼에는 이런 논쟁이 없다. 시민들의 우려 제기나 논쟁 소지가 조금이라도 있을 만한 부분들은 아예 빼버리고 아무도 책임지지 않으려는 자세가 매뉴얼에도 그대로 드러난다. 참으로 답답한 부분이다. 그래서 매뉴얼을 봐도 그만 안 봐도 그만이라는 자조 섞인 목소리가 커진 모양이다.

이 같은 상황 때문일까? 첫 번째 책이 출간되자 '한국 최초의 도시재난 생존법'이 나왔다며 큰 호응을 받았다. 이번 책은 당시 다루지 못했던 생존배낭과 자세한 대피방법에 관한 이야기다. 앞의 책과 연계되는 부분이 많으므로 첫 책을 읽지 못한 분들은 지역도서관에 가서라도 꼭 한 번쯤 살펴봐주셨으면 좋겠다.

갈수록 전 세계적인 기후변화와 기상이변이 급증하고 안전사고와 인재 역시 매번 더 커지는 상황이다. 강진과 거대 쓰나미, 화산폭발을 우리 한국도 피해가지는 못할 것 같다. 무엇보다 가장 큰 문제는 전쟁이다. 우크라이나 전쟁을 넘어 이제 대만과 한반도까지도 전쟁 위험이 스며들고 있다. "괜찮겠지" "어떻게든 되겠지" 하는 식의 막연한 낙관론 대신 보험에 들듯 최소한의 대비책을 세우는 것은 어떨까? 재난은 이제 현실이 되었다. 누구나 조금씩 대비해야 한다.

또 하나, 너무 이쪽 방향을 강조하면서 자칫 사람들을 종말론, 음모론, 예언론에 심취하게 만들거나 일상을 저버리게 하는 사람들도 종종 보았다. 이런 분들은 공포만 강조하면서 내가 직접 할 수 있는 것은 거의 알려주지 않는다. 그래야만 사람들의 공포가 오래 유지되고 추종 세력이 늘어나기 때문일까? 어떤 분야든 모르면 무섭고 알면 만만해진다. 공부하고 준비하면 재난생존도 만만해진다. 재난과 생존이란 주제가 역시 무겁기는 하지만 그럴수록 가볍고 만만하게 접근해야 한다. 외국도 이미 하나의 취미처럼 많은 이들이 즐기고 있지 않은가?

재난은 교통사고와 같다. 화재나 지진, 각종 안전사고, 자연재난 등은 예상치 못한 순간에 갑자기 닥쳐온다. 우리는 재난영화의 등장인물이 아니기에 위기에 처했다 해도 슈퍼맨이나 아이언맨이 날아와 도와주지 않을 것이다. 단독화재와 사고라면 소방관, 경찰관이 바로 달려와 사태를 해결하고 도와주겠지만 만약 도시급 대재난이라면 그것도 기대하기 힘들다. 112나 119로 전화하는 것조차 어려워질지 모른다. 시민들도 이 점을 이해하고 인정해야 한다. 각자도생이라는 말을 쓰기 싫지만, "생존은 셀프"라는 것도 어느 정도 인정해야 한다.

이 책은 그 첫 단계로서 나에게 필요한 생존배낭을 설명한다. 집을 떠나 대피해야 할 때 빈손으로 나가면 하루 이상 버티기 힘들다. 미리 음식과 물, 옷, 플래시와 라이터 등 필수 비상용품을 챙겨야 한다. 이런 필수품을 꼼꼼히 챙긴 생존배낭을 준비했다가 가져가면 생존확율을 높일 수 있다.

내가 할 수 있는 것을 하라.

세상이 흔들리고 뒤집어지는 혼란 속에서도 내 발로 서서 걸어라.

살 길을 찾아라. 신도 스스로 돕는 자를 돕는다고 했다.

기억하라.

"강한 자가 살아남는 것이 아니라 살아남는 자가 강한 것이다."

미리 준비하면 강해진다. 준비할수록 예상하지 못한 재난과 사고는 줄어든다. 그렇게 생존의 기회를 높여라. 그게 당신과 당신의 가족이었으면 좋겠다. 아무쪼록 나의 노력이 조금이라도 여러분에게 전달되어서 도움이 되었으면 좋겠다.

생존하라.

부록

각국의 긴급 전화번호

아시아

국가	소방	경찰	응급
대한민국	119	112	119
일본	119	110 /118(해양)	
중국	119 /999	110 /122(교통)	
태국	199	1155	
대만	119	110	119
인도	101	100	102(구급차)

인도네시아	113	110	118
몽골	101 /105(재난재해)	102	103(구급차)
말레이시아		999	
몰디브	118	191(해양)	119 /102(구급차)
네팔	101	100	
북한	119	110	119
싱가포르	995	999	995
베트남	114	113	115
필리핀	116	117	911
홍콩		999	
뉴질랜드		111	
호주		000, 106(문자)	

아메리카, 중동, 아프리카

국가	소방	경찰	응급
미국		911	
멕시코		911	
브라질	193	190 /181	192
아르헨티나	911	911 /101	911 /107
칠레	132	133	131

남아프리카 공화국	10177	10111	10177
사우디 아라비아	998	993	997
이란	125	110	115
이스라엘	102	100	101
이집트	180	122	

유럽

국가	소방	경찰	응급
그리스	199	100	166
네덜란드		112	
노르웨이	110	112	113
덴마크		112	
독일	112	110	112
러시아	112- 01	112- 02	112- 03
세르비아	193	192	194
스웨덴		112	
스위스	118	117	144
스페인	112	091(국가경찰) /092(자치경찰)	61 /112
아이슬란드		112	
아일랜드		999 /112	
영국		999	

오스트리아	122	133	144
폴란드	998	997	999
이탈리아	115	113	118
터키	110	155	112
포르투갈		112	
프랑스	18	17 /112	

국내 지도 만들기

종이 지도는 비상용품으로도 아주 중요하다. 핸드폰의 GPS나 내비게이션은 편리하지만 먹통이 될 수도 있다. 네이버나 다음카카오의 지도앱으로 프린터 출력해서 지도로 만들자. 우리집 주변과 동네는 물론 내가 살고 있는 도시전체, 한국전도, 그 외 중요 도시들이다. 이보다 더 쉽고 좋은 방법은 믿을 만한 곳에서 최신의 지도데이타를 다운받아 두는 것이다.

정부의 '국토정보플랫폼'에 들어가면 1:1,200,000 축척의 대한민국 지도를 회원가입 없이 누구나 바로 다운받을 수 있다. 한국 전도 외에도 우리나라 각도시의 지도가 다양하게 나오며 JPG나 PDF 파일로 바로 내려받을 수 있다. 핸드폰이나 태블릿, PC에 저장하고 중요한 부분은 인쇄해서 지도로 활용하자.

'국토정보플랫폼' 지도 바로검색 http://map.ngii.go.kr/ms/map/NlipMap.do

'국토정보플랫폼' 지도 내려받기 http://map.ngii.go.kr/world_renew/mapdownload05.html

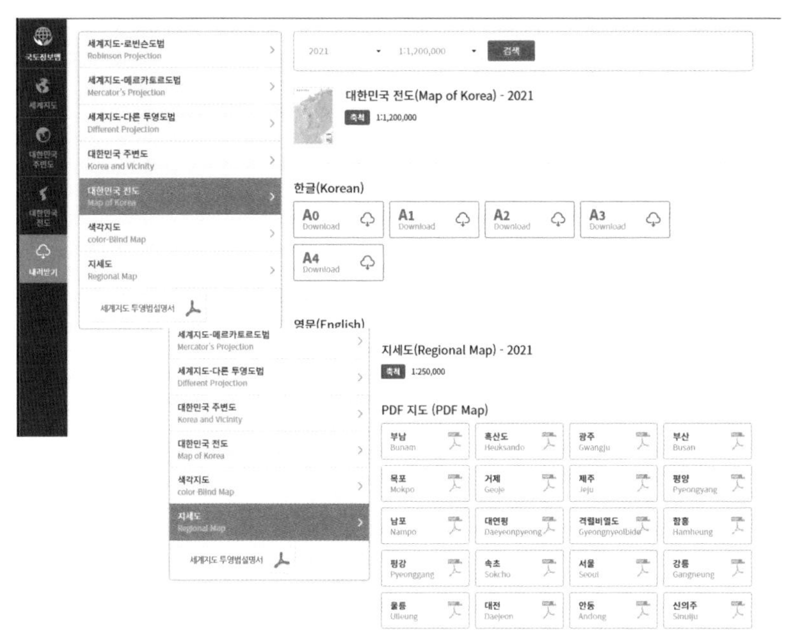

한국 전도는 물론 각 도시의 지도 파일까지 한글판, 영문판으로 받을 수 있다.

한국 전도(국토정보플랫폼, 2021년판)

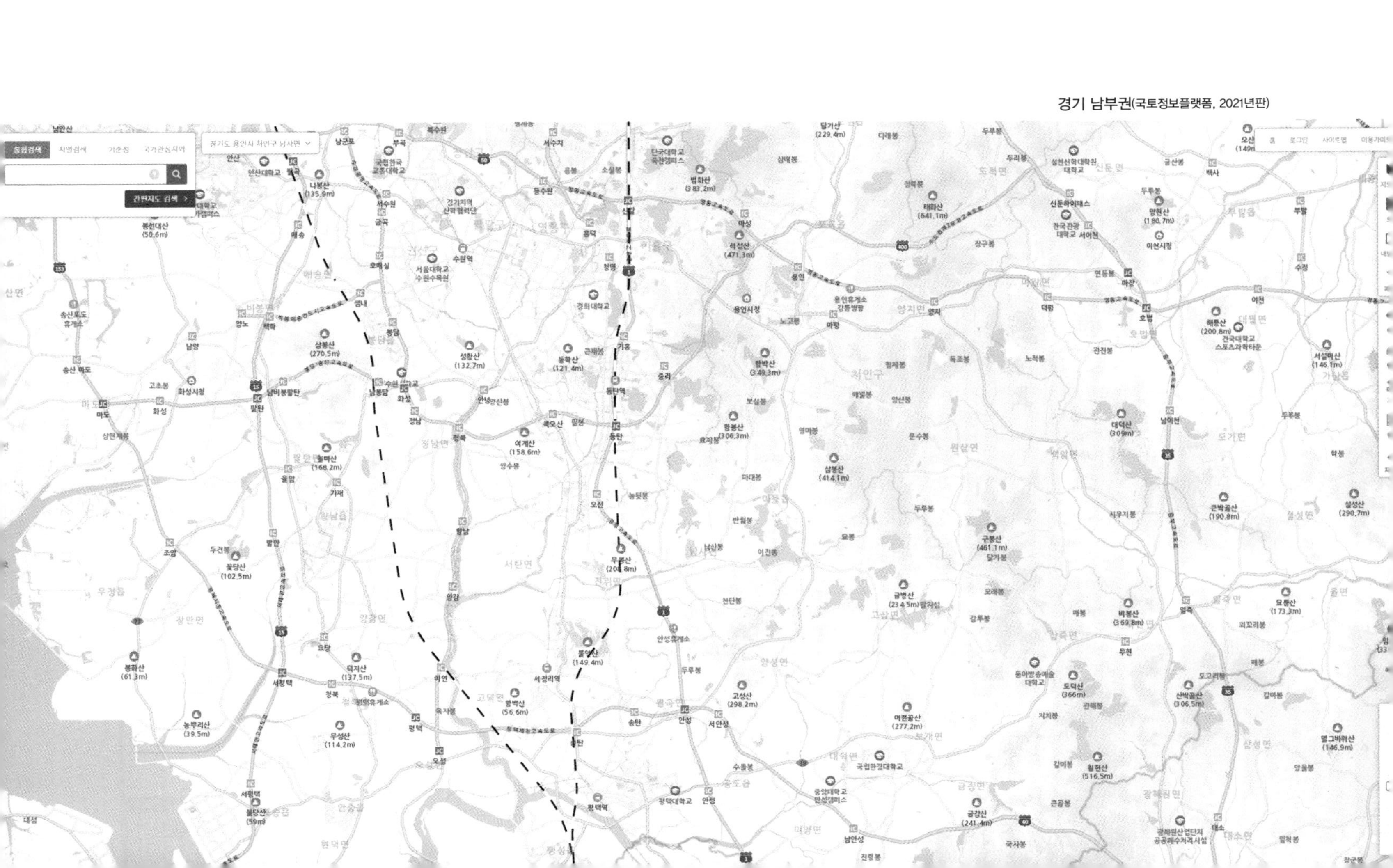

경기 남부권(국토정보플랫폼, 2021년판)

중부권(국토정보플랫폼, 2021년판)

남부권(국토정보플랫폼, 2021년판)

서울(국토정보플랫폼, 2021년판)

인천(국토정보플랫폼, 2021년판)

대전(국토정보플랫폼, 2021년판)

부산(국토정보플랫폼, 2021년판)

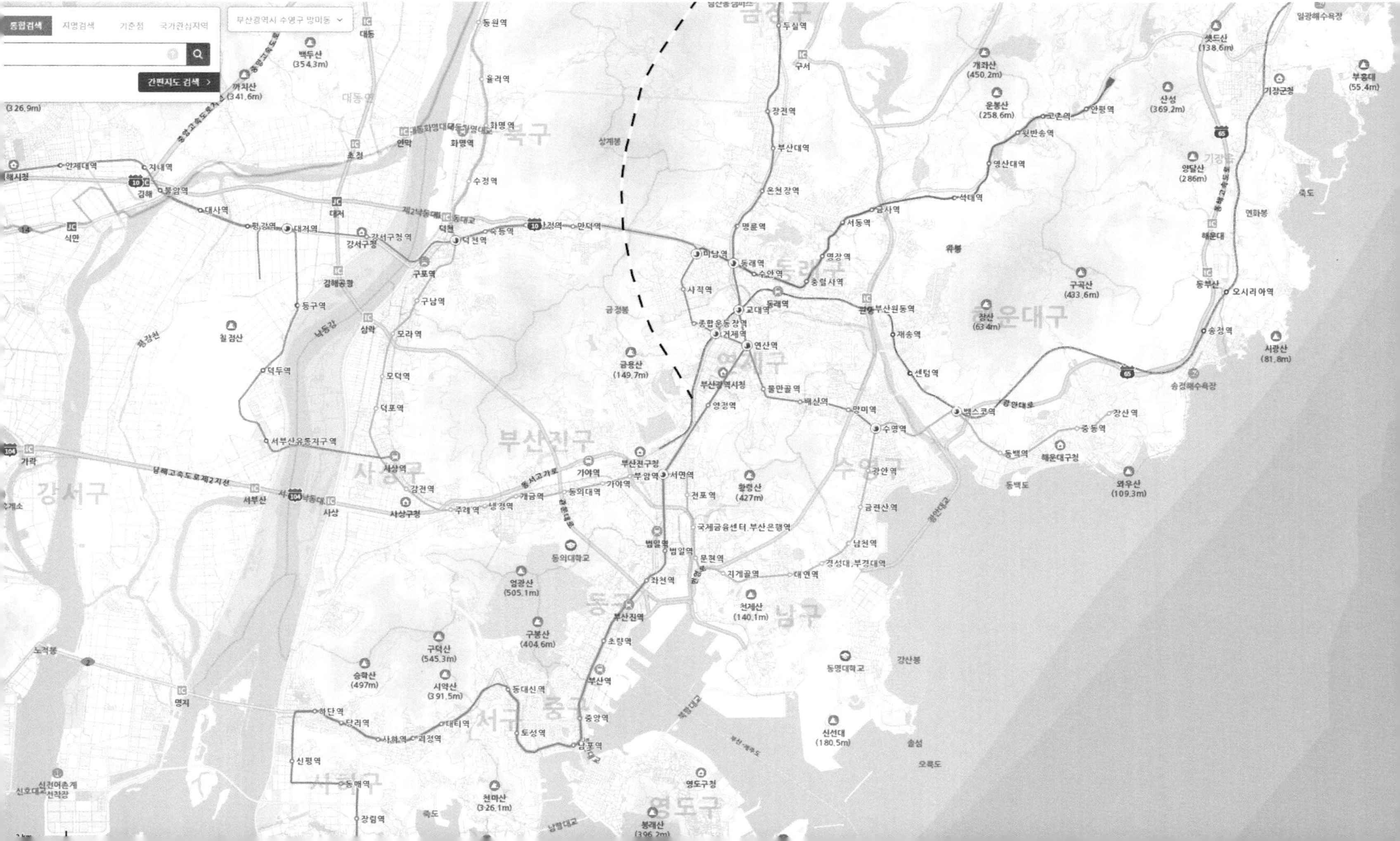

통합검색 지명검색 기준점 국가관심지역
간편지도 검색
부산광역시 수영구 망미동

강서구
사상구
부산진구
북구
금정구
동래구
연제구
해운대구
수영구
남구
동구
중구
서구
사하구
영도구
기장읍

백두산 (354.3m)
까치산 (341.6m)
칠점산
금용산 (149.7m)
황령산 (427m)
엄광산 (505.1m)
구봉산 (404.6m)
구덕산 (545.3m)
시약산 (391.5m)
승학산 (497m)
천마산 (326.1m)
봉래산 (396.2m)
천제산 (140.1m)
신선대 (180.5m)
장산 (634m)
구곡산 (433.6m)
와우산 (109.3m)
시랑산 (81.8m)
개좌산 (450.2m)
운봉산 (258.6m)
산성 (369.2m)
양달산 (286m)
셋드산 (138.6m)
부흥대 (55.4m)

동원역
율리역
화명역
수정역
덕천역
구포역
구남역
모라역
모덕역
덕포역
사상역
괘법르네시떼역
대저역
평강역
대사역
불암역
지내역
안제대역
강서구청역
등구역
덕두역
서부산유통지구역
만덕역
미남역
동래역
수안역
명륜역
온천장역
부산대역
장전역
두실역
사직역
종합운동장역
거제역
연산역
교대역
부산광역시청
양정역
물만골역
배산역
망미역
수영역
광안역
금련산역
남천역
경성대.부경대역
대연역
지게골역
문현역
국제금융센터.부산은행역
전포역
서면역
부암역
가야역
동의대역
개금역
냉정역
주례역
감전역
범일역
좌천역
부산진역
초량역
부산역
중앙역
남포역
토성역
동대신역
대티역
괴정역
사하역
당리역
하단역
신평역
동매역
장림역
충렬사역
명장역
서동역
금사역
석대역
영산대역
윗반송역
고촌역
안평역
부산원동역
재송역
센텀역
벡스코역
동백역
중동역
장산역
송정역
오시리아역
일광해수욕장
송정해수욕장

해운대구청
동의대학교
동명대학교
부산진구청
사상구청
영도구청
기장군청
김해공항
서부산
사상
가락
대저
초정
명지
식만
김해
해시청
동부산
해운대

남해고속도로제2지선
제2낙동대교
동서고가로
광안대교
북항대교
남항대교
낙동강
평강천

상계봉
금정봉
강산봉
연화봉
동백도
오륙도
솔섬
죽도
노적봉
주계소
신호대교
식전어촌계 선착장

긴급 연락카드 (20 . .)

이름		생년월일/ 신체특징	
주소		혈액형/성별	/
이메일, SNS		전화번호	
비상연락처	이름1	관계 및 전화	
	이름2	관계 및 전화	
비상시 가족 만남장소	1	2	

긴급 연락카드 (20 . .)

이름		생년월일/ 신체특징	
주소		혈액형/성별	/
이메일, SNS		전화번호	
비상연락처	이름1	관계 및 전화	
	이름2	관계 및 전화	
비상시 가족 만남장소	1	2	

긴급 연락카드 (20 . .)

이름		생년월일/ 신체특징	
주소		혈액형/성별	/
이메일, SNS		전화번호	
비상연락처	이름1	관계 및 전화	
	이름2	관계 및 전화	
비상시 가족 만남장소	1	2	

긴급 연락카드 (20 . .)

이름		생년월일/ 신체특징		
주소			혈액형/성별	/
이메일, SNS			전화번호	
비상연락처	이름1		관계 및 전화	
	이름2		관계 및 전화	
비상시 가족 만남장소	1		2	

긴급 연락카드 (20 . .)

이름		생년월일/ 신체특징		
주소			혈액형/성별	/
이메일, SNS			전화번호	
비상연락처	이름1		관계 및 전화	
	이름2		관계 및 전화	
비상시 가족 만남장소	1		2	

긴급 연락카드 (20 . .)

이름		생년월일/ 신체특징		
주소			혈액형/성별	/
이메일, SNS			전화번호	
비상연락처	이름1		관계 및 전화	
	이름2		관계 및 전화	
비상시 가족 만남장소	1		2	

긴급 연락카드 (20 . .)

이름		생년월일/ 신체특징	
주소		혈액형/성별	/
이메일, SNS		전화번호	
비상연락처	이름1	관계 및 전화	
	이름2	관계 및 전화	
비상시 가족 만남장소	1	2	

긴급 연락카드 (20 . .)

이름		생년월일/ 신체특징	
주소		혈액형/성별	/
이메일, SNS		전화번호	
비상연락처	이름1	관계 및 전화	
	이름2	관계 및 전화	
비상시 가족 만남장소	1	2	

긴급 연락카드 (20 . .)

이름		생년월일/ 신체특징	
주소		혈액형/성별	/
이메일, SNS		전화번호	
비상연락처	이름1	관계 및 전화	
	이름2	관계 및 전화	
비상시 가족 만남장소	1	2